흙의
숨

흙의 숨

1판 1쇄 인쇄 2025. 7. 31.
1판 1쇄 발행 2025. 8. 12.

지은이 유경수

발행인 박강휘
편집 강영특 | **디자인** 조명이 | **마케팅** 고은미 | **홍보** 박은경
발행처 김영사
등록 1979년 5월 17일(제406-2003-036호)
주소 경기도 파주시 문발로 197(문발동) 우편번호 10881
전화 마케팅부 031)955-3100, 편집부 031)955-3200 | 팩스 031)955-3111

저작권자 ⓒ 유경수, 2025
이 책은 저작권법에 의해 보호를 받는 저작물이므로
저자와 출판사의 허락 없이 내용의 일부를 인용하거나 발췌하는 것을 금합니다.

값은 뒤표지에 있습니다.
ISBN 979-11-7332-281-5 03400

홈페이지 www.gimmyoung.com   블로그 blog.naver.com/gybook
인스타그램 instagram.com/gimmyoung   이메일 bestbook@gimmyoung.com

좋은 독자가 좋은 책을 만듭니다.
김영사는 독자 여러분의 의견에 항상 귀 기울이고 있습니다.

흙의 숨

흙과 인간은 어떻게 서로를 만들어 왔는가

유경수

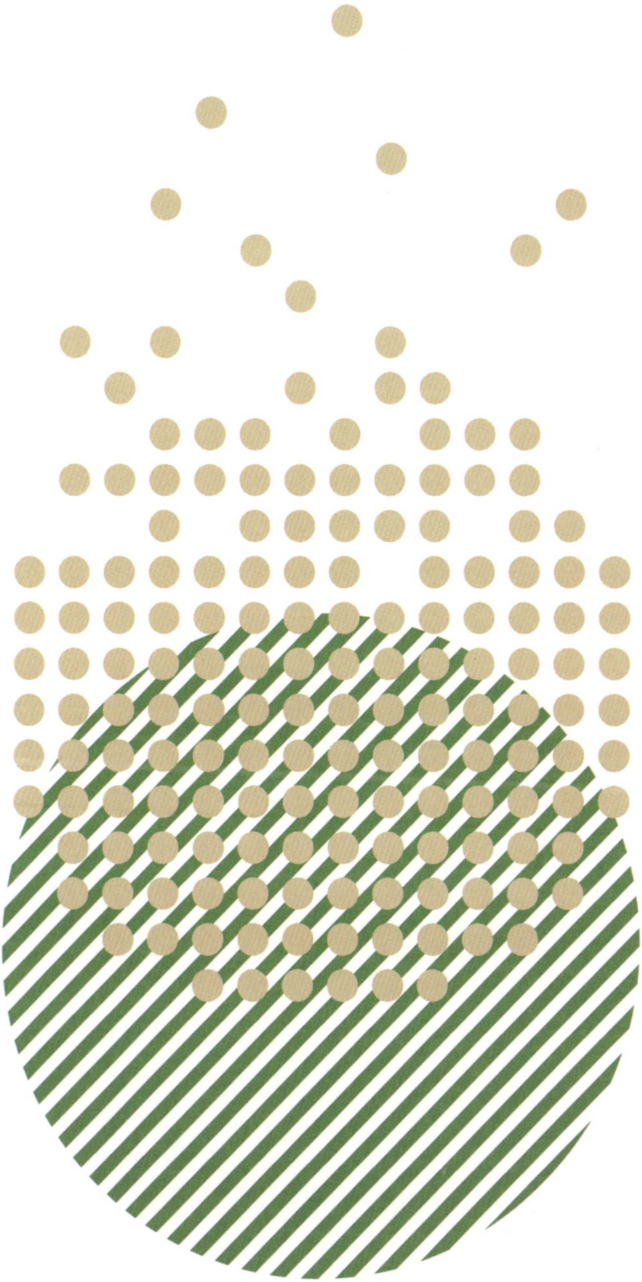

추천사

직업상 남의 글을 보고 이래저래 딴지를 걸거나 반대로 경의를 표하는 것이 잦지만 이번만큼 많은 물음을 품고 설레는 가슴으로 페이지를 넘긴 적은 없었던 것 같다. 흙을 자주 들여다보는 연구자로서 내가 가장 먼저 주목한 것은 지은이가 흙의 어떤 면을 어떻게 소개하는가 하는 점이었다. 이 책은 흙의 과학이 오래도록 천착한 핵심 주제들, 즉 탄소와 질소 순환, 영양물질의 이동, 토양 호흡, 풍화와 침식, 물 그리고 강과 맞물려 돌아가는 토양 생성 등을 빼놓지 않고 다룬다. 그러면서 흙을 생태 또는 지질 작용만이 아니라 문화 작용의 산물로도 보고 지구 곳곳의 흙을 사람들의 삶과 함께 살핀다. 즉 흙의 과학을 자연뿐만 아니라 동시에 인간의 문화 속에서 다루는데, 이를 통해 흙에 기대어 존재하는 뭇 생명과 문명의 발자취를 들여다보며 미래의 지속가능성을 고민한다.

자연과학자인 저자는 흙을 연구하러 떠났던 먼 여행에서 돌아올 때마다 쌓여가는 사람 이야기, 문화 다양성의 이야기가 자신에게 아픈 손가락이었다고 고백한다. 그의 아픈 손가락은 내게도 특별한 의미를 갖는데, 그것은 생태학과 환경학을 가르치고 연구하는 나의 경력의 많은 부분이 아프리카의 에티오피아에서 이루어졌기 때문이다. 정치, 경제, 사회 모두가 불안한 에티오피아에서 살고 연구하고 가르치면서, 서구 중심, 경제력 중심으로 돌아가는 생태학계가 지구 남반부의 문제를 고민하고 해결하는 데 뿌리 깊은 무관심과 편견이 있음을 뼈저리게 느껴왔다. 가령 에티오피아 사람들에겐 익숙한 화전은 인류의 가장 오래된 식량 생산 방법 중 하나로서 흙, 식물과 동물, 그리고 인간 사이에 물질 순환을 지혜롭게 활용하는 농업 방식임에도, 서구 위주의 논의에서는 줄곧 열대우림의 지속가능성에 대한 심각한 위협으로만 다루어지곤 한다. 책의 앞쪽에서 저자가 펼쳐낸 화전에 대한 탁월한 서술을 읽을 때, 나는 저자와 내가 공유하는 아픈 손가락이 있음을 느꼈다. 남반구 국가들이 직면한 기후변화와 식량 문제를 두고 고민하며, 아프리카와 남아메리카 사이의 다양한 협력을 통해서 그 해결의 실마리를 찾으려 하고 있는 나로선 이런 관점이 매우 흥미로울 뿐만 아니라 큰 격려가 된다. 또한 고민을 좀 더 구체화하고 실천적 대안을 찾아가는 나의 긴 여행에 나침반이 되어주리라는 기대가 크다.

　이 책은 공간적으로는 동서양을, 시간적으로는 1만 년 전부터 현재를 지나 미래 시점인 2100년까지를 아우른다. 그 장대한 여정에서 흙에 기반한 인간과 자연의 상호작용을 이야기하고 지속가능성을 같이 고민하자고 집요하게 설득한다. 저자와 마찬가지로 연구차 세계 곳곳을 여행하지만, 저자가 이 책에서 세계 곳곳의 현지 탐사를 실감나게 기록해둔 것은 정말로 감탄스럽다. 이 책에는 종으로는 스웨덴의 라플란드에서 미국의 오대호와 캘리포니아를 거쳐 남태평양 사모아의 타우섬까지, 횡으로는 대한민국에서 인도, 유럽을 거쳐 아마존까지, 40개가 넘는 나라가 등장한다. 그가 찾는 곳은 현지인조차도 잘 알지 못하는 오지가 많다. 이 고된 탐사를 지켜보노라면 집 떠나면 고생이라는 생각이 자연스럽게 따라오지만, 저자의 노고 덕분에 우리는 세계 곳곳의 흙을 눈으로 만져볼 수 있고, 그 속의 생태를 이해할 수 있고, 거기에 기대어 살아가는 여러 다른 삶을 간접 체험할 수 있다.

또 하나 내게 특별히 인상적이었던 것은 80명이 넘는 인물이 책에 등장한다는 점이다. 나이, 성별, 인종, 직업이 모두 다 제각각인 많은 사람들이 책의 여기저기에서 단역으로 스쳐 지나가기도 하고 때로는 과학적 사실과 주장을 전달하기 위해 진중한 모습으로 긴 이야기를 들려주기도 한다. 하지만 이들 모두는 흙이 갖는 생태학적, 인문학적, 사회적 의미를 탐구하고 새로운 관점을 제시하는 데 한몫을 한다. 흙을 자세히 들여다보고 흙을 귀하게 여기는 만큼 저자가 사람 또한 얼마나 유심히 관찰하는지, 그들과의 인연을 얼마나 소중히 여기는지 볼 수 있다. 저자에게 흙이 자연과 인간 사이에 자리잡은 것은 우연이 아니다.

생태학자가 아닌 평범한 독자로서의 소감을 덧붙이자면, 진지한 주제를 다루면서도 중간중간 재치 있는 표현이나 상황 묘사를 통해 독자에게 웃음을 선사하려 의도했다는 점을 먼저 짚고 싶다. 저자는 심혈을 기울여 수준 높은 유머 코드를 넣었다고 자부했을 테고, 적어도 내게는 과학적 설명과 학술용어에 무거워지는 분위기를 중간중간 재치 있게 전환하는, 퍽 효과가 있는 장치였다.

  더럽고, 냄새나고, 지저분한 것, 사람들이 최선을 다해 회피하려 하는 그것, '똥'에 관한 글로 책을 여는 것부터가 심상치 않았다. 이 유쾌하지 않은 대상을 두고 이렇게 과학적 심지어는 철학적이기까지 한 해석을 묵직하게 보여주다니. 이어지는 장들에서는 화전, 쟁기, 논, 물, 강, 지렁이, 심지어 죽음에 관한 이야기들이 이어진다. 평소 관심을 두는 데 인색했던 것들이다. 저자는 흙과 흙에 깃든 것에 대한 통념과 피상적 이해를 넘어 그 이면의 실상과 내포된 의미를 탐구하고 새로운 관점을 제시한다. 한 줌의 흙이 갖는 진정한 가치, 즉 흙이야말로 우리의 삶과 생태계를 지탱하고 미래 지속가능성을 담보하는 근원임을 조곤조곤 일러주면서 말이다.

  저자의 이야기에 빠져 마지막 페이지까지 읽고 난 지금, 자신 있게 말할 수 있다. 저자는 이 책을 쓰기 위해 살아왔다.

김동길(에티오피아 하와사대학교 환경생태학 교수)

아주 흥미롭게 읽었다. 이 책에서 토양학자 유경수는 장마와 가뭄의 위험, 습지 식물의 생존 메커니즘, 자연의 판을 새로 짜며 진화한 농업, 잡초와 전투를 벌이는 농부의 주무기인 쟁기와 가축의 역사, 중세 북유럽의 농업혁명에 이르기까지 땅과 뭇 생명과 인간의 공생 및 투쟁의 면면을 생생하게 그려내주고 있다. 그는 오늘날 지구를 절멸의 장소로 만든 것은 '인간의 몸' 자체가 아니라 '인간의 활동'이라며, 지렁이까지도 침입자로 만든 '포식자 인간'의 활동을 과학자답게 세세히 관찰하고 기록한다. 흙을 질식시키는 인간의 탐욕스런 활동을 확인하는 것은 고통스럽지만 흙에 관한 그의 애정 어린 수다에 위로를 받는다. 결국 흙으로 돌아갈 존재, 흙을 파며 살 수밖에 없는 인간 존재에 대한 따뜻한 시선이 돋보인다. 도나 해러웨이는 말했다. "아기 대신 비인간 친척을 만들라!" 인류가 직면한 생태 위기 속에서 우리가 관계 맺고 공생할 범위를 급진적으로 확장하자는 제안을 담은 말이다. 땅도 사람도 전환의 시간에 들어섰다. 이 책은 그 전환의 시간, 성찰적 논의를 위한 중요한 씨앗이다. '흙의 숨결'을 느끼고 있는 저자가 부럽다. 흙과 친척이 되려는 모든 이들에게 일독을 권한다.

조한혜정(문화인류학자, 연세대학교 명예교수)

 차례

추천사 5 머리말 12

1 똥 - 먹고살기 위해 지구를 파괴하지 않는 세상을 향한 첫걸음

식구의 자세 35 · 사람의 똥오줌 36 · 두 갈래 길 38 · 가축의 똥오줌 40 · 진짜 똥, 가짜 똥 43 · 질소와 탄소 47 · 질소 곡예 51 · 질소 중독 53 · 풀을 뜯지 않는 가축 56 · 유기물을 잃은 흙 58 · 지구 그리고 인간과 사람 62

2 화전 - 순환과 재생의 오래된 지혜

머리 사냥 69 · 화전이라는 이름 72 · 나갈랜드 74 · 줌 달력 77 · 나무와 뿌리가 하는 일 81 · 탄소, 질소, 인 84 · 후진성 비판에 대한 변론 86 · 인구와 화전의 위태로운 균형 89 · 줌을 향한 시선 90 · 화전도 혁신한다 94 · 건재한 화전 97

3 쟁기 - 생명을 배신하지 않는 노동을 향하여

밭갈이라는 형벌 105 · 인류 보편 노동 107 · 농부의 무기 110 · 쟁기 기술의 혁신 112 · 쟁기와 가축이 이끈 사회 혁신 116 · 자유 소, 미툰 120 · 트랙터의 등장 124 · 마지막 풀 한 포기까지 126 · 홀리 그레일 130 · 살리는 노동 132

4 논 - 무논에서 펼쳐지는 마법

쌀 141 · 무논이라는 마법 145 · 벼와 무논의 상승효과 154 · 논과 밭 그리고 한국 160 · 녹색혁명 이후의 논 164

5 물 - 땅의 진화를 이해하는 열쇠

얼음 173 · 눈 182 · 물 186 · 비 189 · 탄소의 여행 190 · 암석에 갇힌 탄소 193 · 숲, 빙하의 최전선 195 · 지렁이 고치의 묘기 197 · 토양 온도와 순록 발자국 201 · 매머드 스텝 203 · 물의 변용 206

6 강 - 우리가 다시 태어날 곳

두물머리 · **211** │ 브도트 · **213** │ 쌍둥이 도시 · **218** │ 물레방아 · **222** │ 매장된 강 · **226** │ 증발과 모세관의 허연 흔적 · **231** │ 소금밭이 된 땅 · **233** │ 강 그리고 관개수로 · **238** │ 흐르고도 지치지 않는 · **242**

7 지렁이 - 그 많던 낙엽은 누가 다 먹었을까?

지렁이 사냥 · **249** │ 침입 지렁이의 최전선 · **252** │ 낚시와 정원 · **258** │ 지렁이는 사람을 타고 · **263** │ 극지로 간 지렁이 · **266** │ 첫 정착민 · **271** │ 팬데믹과 알래스카의 지렁이 · **274** │ 아시아에서 온 침입자 · **279** │ 밟으면 꿈틀한다 · **281**

8 흙의 몸 - 벗겨지고 갈리고 부서지는

흙의 몸 · **289** │ 움직이는 하와이 · **296** │ 흙의 나이 · **298** │ 개울이 없는 섬 · **302** │ 강의 고삐 · **307** │ 창조적 파괴 · **309** │ 풍상과 나이 · **312** │ 간신히 존재할 뿐 · **316**

9 흙의 숨 - 인간의 숨, 흙의 숨, 그리고 기후변화

숨을 쉰다는 것 · **321** │ 흙이 쉬는 숨 · **324** │ 숨의 주체 · **328** │ 반지름 6미터의 숲 · **337** │ 탄소중립, 생명의 본질 · **338** │ 흙의 숨, 지구의 숨 · **343**

10 땅 - 미래는 흙에서 과거와 닿는다

흙구덩이 안에서 · **349** │ 할아버지의 무덤 · **353** │ 백 년 동안의 고독 · **355** │ 죽은 자의 땅 · **358** │ 진도에서 만난 이야기꾼 · **360** │ 땅을 나눈다는 것 · **363** │ 버려지는 땅 · **366** │ 아장목, 아이 장사 지내는 나무 · **373** │ 흙을 대하는 태도 · **377** │ 진도 사람이 되어부렀습니다 · **380**

맺음말 · **384**   주 · **393**   도판 출처 · **413**   찾아보기 · **415**

머리말

흙장난에 빠진 아이들을 보면 '인간이란 원래 흙을 공부하도록 태어난 것이 아닐까?' 하는 생각이 든다. 우리 집 첫째도 둘째도 셋째도, 흙장난만 시작하면 시간도 자기 몰골도 잊었다. 조몰락조몰락 흙을 주무르고 물에 개어 떡을 만들 때면, 잠시의 지루함도 못 참던 아이들이 열반의 경지에 머물렀다. 그런 아이들에게 흙으로 먹고사는 내 팔자가 나쁘지 않아 보일 듯했다. 흙을 공부한 뒤로 흙 덕분에 참 많은 인연이 시작되었고 참 많은 이야기를 들었다. "무슨 일 하세요?" 하고 물어왔을 때 "흙 공부해요"라고 답하면, 이 말이 기폭제가 되어 꿈도 못 꾸어본 재밌는 경험과 대화 속으로 빨려 들어가곤 했다. 사람들은 대부분 흙에 대해 간직한 이야기가 하나쯤은 있었다. 흙에서 와서 흙으로 돌아가는 여정이 모든 인간의 공통분모이기 때문이 아닐까?

흙이 정말 재밌는 것은 뒤죽박죽이기 때문이다. 흙을 만드는 데 식물과 동물 및 미생물이 맡은 역할이 너무나 크기 때문에, 또는 반대로 흙 없이는 식물, 동물, 미생물의 삶을 이해할 수 없기에, 흙 공부는 생태학으로 이어진다. 흙을 이루는 물질의 절대적인 부분을 차지하는 광물의 유래와 변용에 중점을 두고 흙을 보면 우주를 이루는 원소들이 규칙적으로 배열된 결정 구조를 만드는 과정과 해체 과정을 살피게 되고, 어느새 지질학에 이르게 된다. 뒤죽박죽인 것은 물질—죽어 있든 살아 있든—만이 아니다. 시간 또한 뒤죽박죽인 게 흙이다. 흙 속에서는 수억 년 전 마그마에서 주조된 광물만이 아니라 물에 녹은 양이온과 음이온이 결합 침전해 생긴 최신의 점토 광물이 섞여 있다. 수만 년 전 죽은 동식물에서 유래한 오래된 유기물부터 조금 전 뿌리에서 분비된 최신 유기물까지 서로 다른 시간이 뒤죽박죽 공존하는 곳이 흙이다.

잠깐 흙이 아닐 뿐인 인간은 그 잠깐의 시간조차 쟁기질—즉 흙을 가는 노동—로 지상에서의 생을 보낸다. 흙은 인간이, 자신의 육체를 제외하고, 가장 오랜 시간 가장 깊이 경험한 자연이다. 흙 이야기는 농업을 통해 인간이 근육으로 체험한 흙을 포함한다. 그러니까 흙은 지구라는 행성에서 인간과 가장 가까운 부분이다. 자연권이면서 동시에 문화권에 속한 것이 흙의 정체다. 이 점은 자연과학자인 나에게 늘 아픈 손가락이었다. 흙을 연구하러 먼 곳을 다녀올 때면, 흙에 대해 새롭게 밝혀낸 과학적 사실만큼이나 흙과 고리 지어진 사람들의 삶과 역사가 따라왔다. 하지만 흙의 과학을 논문으로 써내고 토양학 수업에 쓰고 나면, 사람-흙 이야기는 갈 곳을 잃은 채 남아 있었다. 버려지는 것은 먼 곳에서 온 이야기만이 아니었다. 식구들과 텃밭을 가꾸면서, 부모님의 옛이야기를 들으면서, 또는 죽어 흙으로 돌아가는 사람들을 보면서, 내 생활과 의식 속에 소리 없이 깊이 들어와 있던 흙을 거듭 발견하게 되었다. 주위를 둘러보면 그것은 나만의 것이 아닌 모두의 이야기였고, 이 작은 발견들에 반응하는 나의 느낌과 생각 또한 세월과 함께 차곡차곡 쌓였다.

이렇게 지층처럼 축적되는 이야기들이 어느 순간 논문에 넣을 과학 관찰의 결과와 토론 못지않게 가치 있어 보이기 시작했다. 그 이야기들을 혼자만 즐겼다는 은밀한 기쁨보다는 뱉어내지 못하는 답답함이 더 커졌다. 내가 알게 된 흙 이야기를 게워내지 않고는 참을 수 없게 되었다. 도통 경기에 등장할 기회가 없는 후보처럼 어정쩡하게 서 있는 남은 이야기들에 눈이 갔다. '주전으로 불러내려면 내가 뭘 해야 할까?' 머리를 굴렸고, 2018년 봄 '세계 문화 속의 땅과 사람'이라는 1학점짜리 미니 수업을 전교 학부생을 대상으로 처음 열었다. 재밌어하는 학생들에게 힘을 얻어, 폭과 깊이를 대폭 확장해 2020년 봄에 3학점 수업을 열었고, 그렇게 인간과 지구 사이의 흙, 그리고 사람의 삶과 의식에 깊게 자리잡은 흙을 안정적으로 살필 기회를 얻게 되었다. 수업은 천만다행 학생들의 인기를 누렸고, 2024년 봄에 이 수업으로 나는 우수 학부 강의상을 받기도 했다.

이 책을 쓴 첫째 이유는 이처럼 자연권이며 동시에 문화권에 속한 흙 이야기를 하고 싶어서이다. 두 '권圈'이 겹치는 곳에 흙이 위치함을 분명히 보여줌으로써만, 인류가 맞닥뜨린 커다란 문제—즉 기후변화, 그리고 지구를 망가뜨리지 않고 수많은 인구가 잘 먹고 잘사는 길—의 중심에 흙이 있음을 설득력 있게 이야기할 수 있다고 나는 믿었다. 그리고 지극히 개인적인, 그러나 누구나 하나쯤은 있을 흙과의 인연을 함께 다룸으로써만 흙이 인류의 문제이기 전에 우리 자신 그리고 나 자신의 문제임을 보여줄 수 있다고 믿었다.

책을 쓰게 된 둘째 이유는 인간과 자연의 관계 맺기에 다양한 가능성이 있음을 흙을 통해 보여주고 싶어서이다. 토지 이용의 자연과학과 역사를 알아가다 보면 문화권마다 고유한 지속가능성의 문제에 직면해 있음을 알게 되고, 이에 대해 섣불리 충고, 조언, 평가, 판단하는 것이 매우 비효율적임을 배우게 된다. 오늘날 대학의 환경과학 교과과정은 지나치게 문제 풀이 중심이다. 그런 방식을 따른다면, 망치를 들면 모든 것이 못으로 보인다는 말처럼 학생들은 인간과 자연이 맺은 모든 관계를 풀어야 할 문젯거리로만 보게 된다. 이는 지속가능성을 추구하는 다양한 방식의 도전에 담긴 개별적인 특성 외에도 오랜 시간과 세대에 걸쳐 해당 지역과 사회의 지질, 생태, 문화, 역사가 얽히고설킨 복잡한 연결고리를 간과하게 만든다. 관계 맺기가 가진 다양한 가능성을 나는 한 사람 한 사람 개인에서도 보여주고 싶었다. 내가 그랬듯 누구나 흙과의 인연이 있을 것이다. 책의 틈틈이 끼워 넣은 나의 사적인 흙 이야기들 때문에 읽는 분들 또한 흙과의 인연을 소중히 여기게 된다면 좋겠다. 이 책이 독자를 만나고 그들이 누린 흙과의 인연을 들을 기회가 내게 온다면, 나는 더욱 더 다채로워진 인간과 자연의 관계 맺기에 놀랄 수밖에 없을 것이다.

　책을 쓴 셋째 이유는 경이로움이다. 자연의 경이로움에 대한 찬미는 많은 과학 도서에서 볼 수 있고, 이것은 흙을 주제로 한 책에서 또한 마찬가지이다. 흙이라는 물질 또는 공간에서 물과 기체, 광물과 유기물, 그리고 생명체들이 벌이는 기적 같은 작용뿐만 아니라, 지구의 기후 그리고 생태계와 긴밀히 공조하는 흙에 대해 풀다 보면 책이라는 공간은 턱없이 부족했다. 기후변화, 식량 안보, 생태위기라는 시대의 어두운 과제들 때문에, 흙은 경이로운 것만큼이나 우리의 돌봄의 대상이어야 했다. 인간에게 흙이야말로 지구의 가장 친밀한 부분이라는 말은 인간이 흙에 하는 것이 곧 지구에 하는 것이라는 말과 같다. 흙의 경이로움은 그래서 우리의 책임으로 이어질 수밖에 없고, 흙을 중요하게 다루는 환경 생태 책들이 인간과 문명에 대한 고발로 수렴하는 이유이기도 하다. 그런데도, 자연권과 문화권에 모두 속한 흙에 관해 쓰면서 흙과 나란히 찬미하고 싶은 대상은 인간이었다. 특히 자연과 가장 오래 밀접한 관계를 맺어온 농부와 세계 곳곳의 토착민이 땅에서 거둔 탁월한 기술적 성취에 찬미와 박수를 보내고 싶었다. 또한 흙을 통해 자연 속 인간의 자리를 성찰해온 다양한 문화와 흙을 아끼고 궁금해하던, 내가 만났던 모든 사람들에게 존경을 표하고 싶었다. 그러나 고백하건대, 인류의 이런 성취 중 적잖은 부분이 빠르게 잊혀가고 있거나 이미 잊혔거나 짓밟힌 지 오래인 탓에, 이러한 찬미와 존경은 아픈 것이 되곤 했다. 자연과의 공존이라는 어려운 과제에서 이루었던 인류의 성취를 마치 없었던 것처럼 만들어버린 무자비한 힘과 그 배후에 있던 인간들이 보여, 인간에 대한 나의 존경심은 이내 복잡한 마음으로 바뀌곤 했다. 그럼에도 불구하고, 사라졌다고 믿었던 것들이 아직 살아 있음을 보게 될 때면 그리고 사라졌다고 믿었던 것들이 현대의 과학자나 활동가에게 새로운 활력을 불어넣는 것을 볼 때면 인간이 가진 회복력에 또다시 감탄하곤 했다. 인간에 대한 경탄, 찬미, 그리고 존경이, 토양학자라면 으레 가질 흙에 대한 경탄, 찬미, 존경과 똑같은 무게를 갖게 하고 싶었다.

오랫동안 책을 쓰고 싶었지만 막상 쓰려니 마음이 움츠러들었다. 하지만 학생들이 보내준 수업 평가와 격려에 용기가 들었다. 논문에 담으면 편집자와 리뷰어가 빨간펜으로 그어버릴 이야기, 과학 강의 들으러 온 학생의 잠 깨기용으로나 치부될 이야기에 나 스스로 안쓰러움을 느끼고 있어 그들을 주전으로 내보내길 두려워하고 있음을, 막상 용기가 생기고 나서야 알았다. 학생들이 준 용기와 내가 품었던 두려움에 대해 알게 되자 이 책을 쓸 준비를 마칠 수 있었다. 책을 쓰면서 오랫동안 후보로만 생각했던 이야기들이 진정 주전급이었음을 확신할 수 있었고, 그들을 진심으로 응원하는 감독으로서 보람을 느꼈다.

○

이 책의 짜임과 내용을 간단히 소개해본다. 흙을 무대로 인간과 자연의 운명이 질기게 엮인 것 중에 농사만 한 것이 없기에, 농사 이야기로 책의 포문을 열었다. 작물 생산을 위한 흙 관리의 첫째 문제인 토양 비옥도 유지의 문제를 짚는 것이 똥(1장)과 화전(2장)을 주제로 한 글이라면, 둘째 문제인 잡초는 쟁기(3장)를 통해서, 셋째 문제인 물은 논(4장)을 배경으로 이야기를 풀어나갔다.

여기서 이야기의 뼈대를 이루는 농사란 과거를 향하면 인간이 자연을 상대하면서 얻은 가장 오래된 경험이자, 미래를 향해 보면 지구를 망가뜨리지 않고 80억 넘는 인구를 먹여 살릴 무한 책임을 짊어진 생태문명의 핵심이다. 이 책을 이루는 씨줄과 날줄은 자연과 인간만이 아니라 과거와 미래이기도 하다. 그러므로 똥(1장)의 문제는 자연 또는 문화 여건에 따라 사람 똥이나 가축 똥 중 하나에 방점을 두어야 했던 과거의 농업 문명을 배경으로 다루어지기도 하고, 늘어나는 인구를 부양하기 위한 농업 생산력 증대에 필수적이었지만 한편으론 환경오염과 기후변화의 주범으로 등극한 질소 비료의 문제로 다루어지기도 하며, 먹을거리 생산을 지구의 희생과 교환하지 않는 성숙한 문명을 향한 시작점으로 다루어지기도 한다.

우리는 농사와 지구 사이의 관계에 대해 마치 선험적인 지식을 가진 양 기본은 안다고 생각하고 행동하지만, 흙을 중심으로 보는 둘 사이의 관계는 놀라움과 아이러니의 연속이다. "사랑하면 알게 되고 알게 되면 보이나니, 그때 보이는 것은 전과 같지 않으리라"라는 명언은 문화재만이 아니라 흙에 대해서도 사실이다. 다시 보게 될 흙에는 오래된 경험을 미래의 지속가능한 농업으로 승화시켜줄 경이로운 발견들이 기다리고 있다. 열대 생태계 생태학과 토양학이 21세기에 이르러서야 성취한 과학적 지식을 이미 수천 년 전에 실용화한 선구적 농업 형태가 화전(2장)이라고 한다면, 화전을 파괴적이고 열등한 것으로 여기는 우리의 상식이 설 자리는 어디이며, 화전민과 우리 둘 중 누가 배워야 할 사람이고 누가 가르쳐야 할 사람일까? 인공지능을 둘러싼 엘리트 과학의 진보가 거침없는 오늘, 문맹 소작농이 성취한 쟁기 혁신(3장)이 중세 유럽의 정치·경제·지리를 통째로 바꾸어놓았음을 상상할 수 있을까? 미래의 생태문명이 절실히 요구하는 노동 혁신과 기술 혁신의 자리가 다시 또 쟁기라고 주장한다면, 누가 귀 기울여줄까? 쌀 생산의 바탕인 무논(4장)이 장마와 가뭄 사이의 극한 변동성에 최적화된 마법 같은 과학기술임을 안다면, 인류를 자자손손 잘 먹고 잘살게 만들어야 한다는 책임을 짊어진 생태문명의 한 축으로서의 논 농사를 우리는 더 이상 무시할 수 없을 것이다.

책의 중간을 잠깐 건너뛰고 먼저 책의 끝으로 가보자. 먹고사는 문제의 중심에서 흙을 살피는 것으로 시작한 책은 "너는 흙에서 왔으니 흙으로 돌아갈 것임을 기억하라"는 말 속의 흙, 즉 죽음의 흙으로 끝난다. 땅(10장)은 우리보다 먼저 온 세대가 돌아간 곳이고, 우리가 돌아갈 곳이며, 미래 세대가 그 위에 발을 딛고 살아갈 곳이다. 과거와 미래는 땅에서 서로 닿아 있는데, 그것이 어렴풋하게 보이기 시작한 곳이 우리나라 진도였다. 그 섬에서 만난 사람들은 한결같이 노래도 춤도 잘했고, 그들이 한번 이야기를 꺼내기 시작하면 나는 그 재미에서 헤어날 수가 없었다. 거듭거듭 진도를 찾은 것은 그래서였다.

　남해 서쪽 끝 눈물 나도록 아름다운 풍경 중에서, 푸른 바다를 배경으로 보이는 대파밭과 올망졸망 그 대파밭에 맡겨진 양 버려진 무덤들이 오랫동안 내 눈길을 끌었다. 버려진 무덤은 숲에도 많았다. 한번은 남해를 바라보는 여귀산의 난대림에서 흙을 채취하다 전화를 받았다. 접도에서 씻김굿이 있다는 소식이었고, 몇 시간 후 나는 아들을 잃은 집에서 강신무인 송순단의 씻김굿을 보았다. 진도에 머물 때면, 산 자와 죽은 자 사이의 거리가 사라졌다. 이 거리감의 상실은 사람으로 한정된 것이 아니어서, 모든 살아 있는 것들의 생동감과 죽은 것들의 아련함이 함께 밀려와 뭐라 표현할 수 없는 마음의 상태에 나는 머무르곤 했다. 먹고살기 위해 가꾼 밭 한복판에 죽은 이가 묻혀 있고, 죽은 이를 흙으로 보내던 사람들이 다음 날이면 그 흙을 가꾸는, 산 자와 죽은 자 사이의 흙이 보였다. 돌이켜 보면 삶과 죽음이 되풀이하는 장이 내가 공부하는 흙이었다. 이 책을 마무리 짓는 땅(10장)은 그렇게 다가온 땅에 관한 토양학자의 이야기다.

　흙 속 산 것과 죽은 것들의 순환을 논하기 위해선, 물질로서의 흙 그리고 생명으로서의 흙, 즉 흙의 몸(8장)과 흙의 숨(9장)을 짚고 넘어가야만 한다. 먹은 음식을 태워 에너지를 얻기 위해, 인간은 대기에서 산소를 가져오는 들숨을 쉬고 부산물인 이산화탄소를 대기로 불어내는 날숨을 쉰다. 흙도 마찬가지로 호흡을 한다. 흙 위에 체임버chamber를 씌우고 체임버 속 공기 조성을 분석하면, 시간이 갈수록 산소는 줄고 이산화탄소는 늘어남을 알 수 있다. 그것은 흙 속에 사는 생물의 들숨과 날숨에서 오는 것으로, 식물 뿌리의 숨이기도 하고 죽어 흙 속에 묻힌 온갖 생명체의 유기물질을 먹는 미생물의 숨이기도 하다. 인간의 숫자가 80억이 넘은 현재에도, 인간의 날숨이 내뱉는 이산화탄소의 양은 흙의 날숨이 내뱉는 이산화탄소에 비하면 티끌 같은 것이다. 해마다 흙이 내쉬는 이산화탄소의 양은 인류가 화석연료를 태워 내놓은 이산화탄소 양보다 열 배나 많다. 다른 점은 흙과 대기는 지구 역사를 통틀어 얼추 탄소중립 상태에 있었다는 점이다. 즉, 흙이 내쉬는 이산화탄소의 탄소만큼 죽은 유기물의 탄소가 흙 속으로 들어가, 서로 주고받는 것을 합하고 나면 흙과 대기 사이에 남는 것이 없다는 뜻이다. 그러나 이 오래된 탄소중립은 깨지고 있다. 인간의 토지 사용을 통하여도 그렇고 대기의 온도 상승으로 인해 흙 속 유기물질의 분해 속도가 빨라져서도 그렇다. 거칠어지고 가빠지는 흙의 숨은 고장난 흙의 몸이 보내는 신호이자, 화석연료를 태워내는 산업문명이 일으키는 기후변화의 중요한 부분이다.

  무릇 생명을 가진 것은 끊임없이 외계와 물질을 주고받음으로써 몸을 이루고 동시에 몸의 활동과 경영에 필요한 에너지를 만들어낸다. 들숨 하면 산소, 날숨 하면 이산화탄소를 떠올리지만, 흙 속의 미생물들에게는 그보다 다양한 숨의 재료가 있다. 그들은 몹시도 각양각색이어서, 다양한 들숨으로 다양한 음식을 태우고, 그 결과 다양한 날숨을 내쉰다. 극미량의 산소에 치명상을 입는 미생물이 흙 속 가장 근본적인 영양물질의 순환을 맡기도 하고, 한 토양 미생물의 날숨이 다른 미생물에겐 독극물이 되기도 하는 복잡한 상황이 한 줌도 안 되는 흙 속에서 펼쳐진다. 그만큼 흙은 복잡한 몸을 지녔다. 그런데도 흙의 몸은 지표면에 간신히 존재한다고 할 만큼 연약하다. 숨 쉬는 연약한 흙의 몸이 농사의 가장 기본적인 재료이자 바탕이기에, 흙의 몸을 고장 내지 않는, 그럼으로써 흙이 제대로 숨을 쉬도록 하는(8~9장) 농사가 건강한 미래의 토대(1~4장)다.

농사 밖에 놓였다고 해서 흙의 몸과 숨이 인간의 손길에서 자유로운 것은 아니다. 북아메리카와 유라시아의 광대한 북극권은 농지가 아니면서도 앞으로 이어질 흙의 숨이 가장 걱정스러운 곳이다. 추위에 썩지 않고 쌓인 유기물의 부식이 기후 온난화에 의해 가속한다면, 대기 중의 이산화탄소 농도는 더욱 빠르게 올라갈 것이며 그렇게 올라간 대기 온도는 북극권 토양 유기물질의 부식을 더 빠르게 만드는 양의 되먹임 작용이 일어날 것이기 때문이다. 그러나 여기에는 정량적 예측을 힘들게 만드는 와일드카드들이 있다. 그중 하나가 지렁이다(7장). 심지어 지렁이는 극지의 동토에 기후변화에 못지않은 충격을 가할 수 있다. 7장은 누구나 아는 지렁이의 반전이자 재발견이다. 유기농 마스코트로 활약하는 지렁이는, 밟으면 꿈틀한다는 말만큼이나 얕잡아 보다간 큰코다칠 복잡한 동물이다. 지렁이와 극지 토양의 조합이 가져올 놀라운 일의 원인은 지렁이 자신이 가진 생리·생태적 특성이 3분의 1, 극지 흙의 특징이 3분의 1, 인간의 문화가 나머지 3분의 1임을 살필 것인데, 그 이야기를 논리적으로 펼쳐 나가기 위해선 1만 년 전에 있었던 마지막 빙하기와 수 세기 전부터 지구 규모에서 일어난 제국의 팽창 및 세계화를 같이 논해야 할 것이다.

삶과 죽음이 돌고 도는 흙과 함께 꼭 다루고 싶었고 다루어야만 했던 것은 물(5장)과 강(6장)이었다. 흙 속에 고이거나 흐르는 물과 땅을 깎는 강 없이는 흙과 땅을 생각할 수 없기 때문이다. 쉽게 쓸 줄 알았던 이 두 장은 이상하게도 쓰기가 힘들었다. 쓰고 지우고 다시 쓰기를 반복하다 물꼬가 트인 것은 지난겨울이었다. 한강 작가의 노벨 문학상 수상 소식에 다시 읽은 《흰》에서 떠오른 이미지에 기대어 '물'을 썼고, 중환자실에 누운 아버지를 보고 나만 보면 한강에 가자고 하시던 아버지와의 두물머리행을 떠올리며 '강'을 썼다. 5장은 겨울·봄·여름·가을에 따라 고체·액체·기체 사이를 오가는 물의 변용과 그 변용에 상응하는 흙의 변용에 관한 이야기이다. 책 전체에 걸쳐 가장 자연과학이 강조된 물 이야기를 쓰면서 어느 때보다도 시인이 된 느낌을 받았다. 두물머리로 시작하는 6장의 주인공인 강은 땅과 공진화하는 흐르는 물이자 인류의 귀한 문명들이 시작한 곳이고, 제국의 침략과 함께 토착민이 겪은 고통과 애환이 흘러간 곳이며, 수력을 요하는 산업과 자연 착취 농업이 만들어낸 댐과 토양침식으로 원래의 모습을 기억할 수 없을 정도로 상실한 강이다.

○

이야기를 풀면서 가장 중요하게 삼았던 원칙은 '현장 우선'이었다. 흙을 공부하는 사람으로 실로 오랜 시간 발품을 팔아 곳곳을 누비며 본 것들과 현지인들과 나눈 대화를 첫째가는 자료로 삼았다. 현장이 이야기를 끌어가도록 한 것이다. 가령 미네소타대학교에서 농학 박사학위 과정을 마친 사마당라 아오는 고향인 나갈랜드로 돌아가 화전에 관심이 많았던 나를 잊지 않고 불러주었다. 비행기를 네 번 갈아타고 험한 산길을 넘어 도착한 동히말라야 중턱에서 보고 들은 것이 2장 '화전'의 바탕이 되었다.

미국령 사모아에 속한 섬 타우의 밀림에서는 하와이대학교의 인류학자 세스 퀸터스가 이끄는 고고학 탐사팀과 한 달 동안 삽질을 했고, 그때의 경험으로 8장 '흙의 몸'의 기본 줄거리를 만들었다. 미네소타의 활엽수림대, 스웨덴 극지의 험준한 아비스코와 파디엘란타, 알래스카의 키나이반도에서 툴릭레이크까지 구석구석을 오로지 지렁이의 분포와 작용을 알겠다고 돌아다닌 여정은 7장 '지렁이'에 담았다. 지난 10여 년 거의 해마다 들락거린 우리나라의 진도는 죽은 자와 산 자를 연결하는 공간으로서의 '땅'(10장)뿐 아니라 쌀과 '논'(4장)을 숙고하는 계기가 되었다.

6장 '강'에서는 우리나라의 한강, 미국 펜실베이니아의 브랜디와인강, 미네소타에서 발원해 트윈시티스를 통과하는 미시시피강 등 평소 내게 친숙하거나 그곳의 흙을 파보았던 강들을 다루었다. 스페인 코르도바대학교에서 세미나를 하고 같은 토양학자인 톰 반왈레겜의 안내를 따라 돌아본 안달루시아의 올리브 농장들은 3장 '쟁기'를 쓰는 동기가 되었다. 그 외에도 많은 짧은 답사 여행들이 이 책의 곳곳에서 이야기의 뼈대 역할을 하고 있다.

그러나 흙을 체험하는 '현장'은 멀리에만 있는 것이 아니었다. 아주 가까이 있을 뿐만 아니라 널려 있었다. 캠퍼스에서 건물 복도에서 만나는 동료 교수나 대학원생과 나누는 대화도 종종 흙을 체험하는 현장이었다. 채취한 흙 시료를 준비하고 분석하고 지렁이를 흙 속에 넣어 키워보기도 하는 실험실도 현장이었다. 흙에 관심을 두는 눈만 있으면, 뒷마당 텃밭도 풍성한 흙 이야기를 생산해내는 현장이었다. 지나가던 이웃이 내 두엄에 대해 한마디 말을 걸면 거기서 곧바로 시작되는 것이 현장이었다. 널려 있는 현장은 피해갈 수가 없어 우리 가족 안으로까지 치고 들어왔는데, 막내와의 두엄 만들기, 두엄이 싫다면서도 한번씩 두엄을 뒤집어놓고 가던 첫째와 둘째의 기특한 모습도 내겐 흙과 인간 사이의 관계를 보여주는 현장이었다. 현장은 나의 내면까지 파고들어 무덤 체험을 해보겠다고 만든 흙구덩이가 되기도 했다. 흙 이야기를 눈앞에서 펼쳐주는 이 가까운 또는 개인적인 현장 또한 이 책의 뼈대를 이루었다.

미국의 대학에서 일하는 사람이 영어가 아닌 우리말로 책을 쓰는 이유에 관해서는 혼자 오랫동안 씨름했다. 연구 중심 대학에서 교수 평가의 가장 큰 부분은 논문으로 대표되는 연구 성과인데, 일반인 대상의 책, 그것도 영어가 아닌 언어로 다른 나라에서 내는 책이 큰 도움 될 일이 없었다. 일단 그래도 쓰고 싶었다. 앞에서 쓴 것처럼, 남들은 후보로 볼지라도 내가 보기엔 주전 못지않은 선수들을 믿고 내보내고 싶었다. 말하고 싶은 것은 쌓여가는데 그걸 풀어낼 만큼 영어를 잘하지 못한다는 것이 문제였다. 영어로 논문도 쓰고, 강의도 하고, 각종 모임을 끌어가기도 하지만, 삼십이 다 되어 미국에 온 나의 영어는 학교 밖에서는 이상하게 들릴 '아카데믹 잉글리시'다. 우리말을 쓸 때면 해방감을 느낀다. 내가 이 책에서 풀어내고 싶은 자연 현상이자 인문 현상으로서의 흙 이야기는 모국어의 해방감 없이는 제대로 해낼 수 없는 것이라고 나는 결론지었다.

주위를 보면 미국 대학에서 영어가 모국어가 아닌 학자들은 쌓이고 쌓였다. 미국만의 이야기가 아니다. 스웨덴에 가보니 스웨덴 말도 영어도 모국어가 아닌 학자들이 적지 않았다. 영어도 독일말도 모국어가 아닌 학자들이 독일의 연구실마다 있었고, 그것은 한국 대학에서도 마찬가지여서, 영어도 한국말도 자기 말이 아닌 연구자들을 쉽게 만날 수 있다. 학교 일과를 영어로 소화해내고 늦은 밤이나 새벽 우리말로 이 책을 쓸 때면, 외국어로 공부하는 스트레스 속에 모국어의 해방감을 갈망하고 있을 수많은 연구자가 생각났다. 모국어, 연구지의 언어, 학계 공용어인 영어, 셋 사이의 불일치로 인해 학자들이 학계 너머 일반인을 대상으로 풀어내지 못한 지식과 이야기만큼 세상은 가난하게 느껴졌다. 영어가 모국어인 연구자들이 모국어의 자유분방함 속에서 세계인을 대상으로 거리낌 없이 책을 쓰듯이, 모국어가 무엇이든 모든 연구자가 자신의 모국어를 즐기며 세계인을 대상으로 책을 쓸 수 있다면, 언어로 제약되지 않은 상상만큼이나 세상은 자유롭고 풍부해질 것이라고 믿는다. 나 또한 그런 마음가짐으로 우리말로 쓰면서도 세계인을 대상으로 이 책을 썼다.

책을 쓰면서 독자로서 먼저 떠올린 사람들은 흙을 공부한다는 내

말에 호기심이 일어 질문을 하거나 흙과 관련된 자신의 크고 작은 이야기를 나누던 사람들, 그리고 내 이야기를 더 듣고 싶어 하던 사람들이다. 그들에게 자신의 경험이나 의문을 재료로 얼버무린 하나의 완전체로서의 흙 이야기를 들려준다는 마음으로 썼다. 기억에 남은 대화를 적다 보면 한 문단이 완성되기도 했다. 많은 얼굴이 스치고 지나간다. 1~2분에서 길어야 한 시간, 산발적이고 때론 엉뚱하기조차 했던, 그런데도 나의 하루를 밝게 만들곤 했던 대화들을 하나의 큰 이야기 속에 넣어 그들에게 돌려드리고 싶다.

알래스카 델타정션의 로드하우스에서 만난 아주머니는 당신 뒷마당에서 지렁이를 채취하도록 우리 일행을 초대했다. 엎드려 일하느라 지친 우리를 예쁘게 페인트칠한 야외용 탁자에 앉히고 직접 딸기 스무디를 만들어주었다. '지렁이' 편을 그녀가 읽게 된다면, 내가 당신 이야기를 사실 확인까지 해가며 재밌게 들은 이유를 알게 될 것이다. 당신 뒷마당의 드라마가 스웨덴 라플란드의 사미 마을에서도 반복되고 있음에 놀랄 그녀의 표정을 상상하는 것만으로도 책을 쓰는 것은 즐거웠다.

깊은 산골에 들어와 뜬금없이 쟁기에 대해 묻는 내게 어처구니없다는 웃음을 짓던 동히말라야 산 중턱의 화전민에게, 말도 안 되는 그 질문이 내게는 왜 중요했는지 이 책을 통해 말해주고도 싶다. 미국령 사모아 타우섬에서 한 달 동안 민박을 친 할머니는 선조들의 타로 농사와 끔찍했던 사이클론 이야기를 들려주었는데, 막상 내 일을 궁금해하실 때가 되면 밤이 너무 늦어버리곤 했다. 이 책을 읽게 된다면, 흙 공부한다는 과학자가 사람 사는 모양새에 왜 그리 물을 게 많았는지 이해해주실 것이다.

진도에서 만난 젊은 농부 두 분은 초면인 나를 댁으로 초대해 밤새 간척 농사 경험을 무용담처럼 들려주셨는데, 그때 들은 논 이야기의 100분의 1만큼이라도 내 이야기가 재미있다면 바랄 게 없겠다. 생전 처음 만난다는 흙 전공자에게 기후변화를 묻던 그들은 대단한 분들이셨다. 나야 늘 하는 게 그런 것이니 흙과 기후 사이 불가분의 관계가 당연해 보이지만, 흙을 공부하기 전에도 둘이 연결된 것이라고 짐작할 수 있었을까? 적어도 나는 그러지 못했다. 그러니 그분들은 아는 것도 많고 상상력도 깊었는데, 그분들이 이 책을 읽고 더 큰 지구 규모에서 일어나는 서사에 당신이 아는 흙이 어떻게 맞아 들어가는지 발견해준다면 나로선 더 큰 보람이 없겠다.

○

이것은 흙에 대한 책이지만, 흙을 핑계로 나눈 즐거운 대화와 고마운 인연을 다시 살려내려는 욕심의 결과물이기도 하다. 그 대화와 인연의 즐거움이 독자에게도 살아나려면, 먼저 흙 이야기를 아주 잘해야 함을 알고 있다. 이 책이 그 역할을 해내기를 바라면서, 흙 공부를 같이한 지도 교수님들, 동료 연구자들, 학생들의 이름을 불러본다. 론 아문슨, 빌 디트리히, 스테파니 유잉, 사이먼 머드, 조나탄 클라민더, 리 프렐리히, 사마당라 아오, 변종민, 정관용, 라파엘 알라메이다, 전렁 지, 킷 레스너, 에이미 리틀, 베스 와인만, 베스 피셔, 닉

젤린스키, 에이드리언 워킷, 씨앙 왕, 타일러 보우만, 사라 바우어, 아주세나 시에라 가르시아, 네잇 룬드. 한 사람 한 사람의 이름을 모두 부를 수는 없어도, 미네소타 대학의 동료 교수들과 오가면서 나눈 수많은 대화와 인연들이 없었다면, 연구자로서 선생으로서의 생활이 이처럼 재밌지는 않았으리란 점을 고백하지 않을 수 없다.

쓰는 동안 많은 분의 도움을 받았다. 김정희 선배님은 모든 원고를 읽고 글이 잘 읽히는지를 봐주었을 뿐 아니라 어색하고 문법에 맞지 않는 표현 및 철자를 고쳐주었다. 이 글이 묶여 어떤 책이 될지 너무나 궁금하다는 말씀으로 자신을 잃곤 하던 나를 격려해준 선배의 오랜 후배 사랑에 깊은 감사를 드린다. 인류학자 김현경 선생님에겐 한 꼭지를 완성할 때마다 글을 보내드렸다. 인연도 없는 내가 감히 보내는 글들을 선생님은 꼼꼼히 읽고 여러 생각을 공유해주셨다. 덕분에 내 글들이 여러 곳에서 훨씬 나아졌다. 가령 종종 나오는 대화체를 쓰기 시작한 건 김현경 선생님이 '흙의 몸'(8장)을 읽고 주신 제안 때문이었다. 잘 모르는 사람의 글을 귀한 시간을 내어 읽고 평해주신 마음이 늘 고마웠다. 생각하고 쓰는 사람들 사이에 있어야 할 환대를 직접 보여주셨다. 그 환대를 나 또한 잘 모르는 이에게 나눌 기회가 생기길 바란다.

독립영화를 만드시는 김대현 감독님과는, 책 속 이야기를 다큐멘터리 영화로 만드는 작업을 함께 했다. 10장 '땅'의 자매편인 다큐멘터리 영화 〈흙의 숨: 진도 이야기〉를 완성했고 한국과 미국에서 시사회를 열었다. '지렁이'(7장)를 주인공으로 한 영화를 찍기 위해 스웨덴 극지, 미네소타, 알래스카의 오지에서 같이 촬영을 마치기도 했다. 김대현 감독님은 한 꼭지를 읽을 때마다, "재밌게 읽었어", "이걸 영상으로 만들려면 생각 좀 해봐야겠는데", "정서적인 면이 더 있어야겠어" 하는 식으로 영상이 되었을 때의 이야기를 한 문장으로 정리해주었고, 이 말씀들은 단순한 정보 전달보다 이야기의 힘에 집중하도록 나를 이끌어주었다.

  몇몇 꼭지에선 세부 전공자의 의견을 물어보았는데, 그럴 때마다 선뜻 정성껏 응해주신 분들께 감사를 드린다. 먼 에티오피아에서 씩씩하게 토양생태학의 씨를 뿌리며 화전을 연구하는 김동길 선생님이 없었다면, 내가 쓴 '화전'(2장)은 훨씬 빈약한 이야기가 되었을 것이다. '논'(4장)에 관해 쓸 때는, 유학 시절부터 생태학이 맺어준 친구로 존경해온 호수생태학자 박상규 선생님의 조언이 큰 도움이 되었다. 한 번도 만나 뵌 적이 없었던 농촌사회학자인 정은정 선생님은 한국의 논과 쌀에 대해 당신의 생각만이 아니라 관련 전공자들의 의견까지 손수 물어보시어 의견을 보내주셨다. '논'과 '땅'(10장) 그리고 '흙의 몸'(8장)에선 지형학자인 변종민 선생님이 용어 선택에서 조언을 주었다. 한국의 전통 농경 그리고 유기농 영상 자료를 성실하게 모아온 인류학자 이문웅 선생님은 농사와 관련된 꼭지들을 읽으시고 필요한 자료만이 아니라 당신의 예리한 문제의식을 공유해주셨다. 진도 소포리의 김병철 이장님과 진도문화원의 박주언 원장님이 들려주신 숱한 진도 사람들의 이야기가 모인 것이 '땅'(10장)이다. 가까이 있는 이가 책을 쓴다는 이유로 불쑥 내민 부탁에 글을 읽고 생각을 나누어준 박노헌과 심재후에게 고맙다는 말을 전한다.

김정희, 김현경, 김대현, 김동길, 사마당라 아오, 박상규, 정은정, 변종민, 이문웅, 김병철, 박주언, 박노헌, 심재후. 이들은 정말 큰 힘이었다. 책을 쓰는 동안에도 세상에는 끔찍한 일이 멈추질 않았고 하나하나에 가슴이 무너지곤 했으나, 이들이 나누어 준 정성은 아픈 시간을 살아내는 데 큰 힘이 되었다. 쓰는 동안 덕분에 나는 외롭지 않았다. 오히려 책을 쓰지 않았다면 뜸하고 약했을, 아니면 생기지조차 않았을 작고 큰 관계에 감사한다.

1년이면 뚝딱 마칠 줄 알았는데, 4년이 걸렸다. 김영사와 인연을 이어주고 마냥 늦어지는 나에게 격려 말고는 한 번의 재촉조차 하지 않은 오랜 친구 최정은에게 고마움을 전하고 싶다. 강영특 선생님은 원고를 보낼 때마다 정성껏 읽고 해당 꼭지의 장단점뿐만 아니라 전체와의 연결에 대한 생각을 편하게 전해주셨다. 그렇지 않다면, 책의 주제와 문체 그리고 전체 얼개에 대한 일관된 감각을 4년 동안 유지하기 어려웠을 것이다. 첫 원고가 만들어지고는, 정일웅 선생님이 책의 편집을 맡아 각 장의 제목 및 부제목, 문장의 흐름, 문법과 철자, 인용 등 책의 여러 면면을 섬세하게 살펴주셨다. 정일웅 선생님이 없었다면, 늘 허둥지둥 흘리는 게 많은 나의 성격이 책을 통해 모두에게 알려졌을 것이다.

미국 생활이 길어질수록 그 시간만큼 나이를 드신 부모님은 나와 고국 사이의 가장 질긴 끈이었다. 끈이 되어주심에, 그리고 부모님의 지치지 않는 사랑에 감사드린다. 부모님을 뵈러 오가면서 이렇게 책까지 쓰게 되었으니 다 부모님 덕이다. 마지막으로 아내와 아이들에게 그들의 사랑이 내게 얼마나 큰 힘이었는지 전하고 싶다. 집에서 함께 저녁을 먹고 산책을 하거나 집안일을 할 때도, 연구실에서 논문을 쓰고 수업을 준비할 때도, 알래스카의 툰드라에서 흙을 팔 때도, 그들의 한결같은 사랑을 느꼈다고 말해주고 싶다. 사랑받고 있다는 든든함이 책을 쓰면서 놓고 싶지 않았던 따뜻함의 바탕이 되었다. 읽는 분들이 책에서 따뜻함—희망의 다른 이름—을 느낀다면, 그것은 식구들의 사랑이 책에 스며들었기 때문이다.

머리말을 써놓고 다시 읽어보니 대단한 책이라도 쓴 것같이 구는 내 모습에 웃음이 나온다. 떠나보낼 때가 온 것 같다.

2025년 5월
유경수

1

똥

먹고살기 위해 지구를 파괴하지 않는 세상을 향한 첫걸음

식량 생산의 기본인 흙의 비옥도를 유지하려는 인간의 노력은 똥을 통해 펼쳐졌다. 유럽에서 경작지 너머로 보낸 가축의 똥오줌으로 양분을 긁어모았다면, 아시아에선 도시의 밀집된 인구가 그 역할을 대신했다. 똥오줌과 토양 비옥도를 잇는 다리는 질소다. 똥의 질소를 대체할 화학제품이 나오면서 농업은 똥에서 해방되었지만, 동시에 전 지구적인 질소 중독에 빠져버렸다. 기후변화, 수질 오염, 숲의 상실까지 이어지는 질소 중독에서 벗어나는 것은 '인간을 먹이기 위해 지구를 파괴하지 않는' 세상을 향한 첫걸음이다.

> 사람이라는 것은 어떤 보이지 않는 공동체―도덕적 공동체―
> 안에서 성원권을 갖는다는 뜻이다.
> …… 인간이라는 것은 자연적 사실의 문제이지, 사회적 인정
> 의 문제가 아니다.
> _김현경, 《사람, 장소, 환대》[1]

식구의 자세

밥을 같이 먹어 식구라고 한다지만, 먹는 것만큼이나 똥 앞에서 진실한 것이 식구다. 밥을 같이 먹으면서 생기는 정만큼이나 무서운 것이 똥 기저귀 갈고 같은 화장실을 쓰면서 볼 꼴 못 볼 꼴 다 보아버린 애정이다. 교수라는 직책으로 과대 포장된 나도 그렇다. 때문에 "아빠 어디 있어?" 찾는 막내에게 둘러대지 않고 "아빠, 똥 눠!" 있는 대로 말할 수 있는 것이다. 혼자 깨끗한 척은 다 하던 사춘기 시절의 둘째도, 심부름을 시키려면 "지금 똥 눠야 하는데" 하며 또래의 위선을 간단히 던져버렸다.

아이 셋 키우며 쪼들릴 때가 많았던 우리 부부에게 외식은 연례행사였지만, 벼르고 별러 찾아간 레스토랑에서도 똥 누는 아이 시중들

다 돌아 나온 게 태반이었다. 오랜 고민 끝에 주문한 음식에 첫 숟가락만 댄 채 일어나 냄새나는 좁은 칸막이 안에서 배에 힘을 주는 아이랑 보내는 시간은 길었다. 밥과 똥이 이다지도 멀다니! 생태계는 닫힌 원에 가깝고 물질은 순환한다고 귀가 따갑게 배웠으나, 아이가 누려는 똥이 주문한 월남쌈으로 돌아오려면 우주보다 먼 길을 돌아야 할 것 같았다.

그럴 때면 10분 전의 식욕은 사라지고, 장 보러 나선 아낙이 오줌이 마려워 발걸음을 재촉했다는 제주도 민담을 떠올리곤 했다. 뒷간이나 으슥한 곳을 급히 찾았다는 소극적인 이야기가 아니라, 귀한 오줌을 허투루 흘릴 수 없어 힘을 다해 방광을 잡아매고 집으로 향했다는 적극적인 이야기다. 그 아낙에게 밥은 어디서 먹든 똥오줌은 집에서 누는 것이 진정한 식구의 자세였다. 밖에서 흘린 똥오줌은 그 거름으로 자랄 미래의 양식에 생긴 손실이었다. 다급한 상황에도 똥오줌은 식구들 입에 들어갈 밥이었고, 방광을 조이려고 움츠린 자세는 식구를 향한 사랑의 표현이었다.

사람의 똥오줌

똥오줌이 자원인 시절이 있었다. 똥이 많이 나오는 곳은 인구가 많은 도시이고, 똥이 비료로 쓰이는 곳은 논과 밭이 많은 농촌이었으므로, 인분은 도시와 농촌을 이어주는 가교이기도 했다. 농촌에서

도시로 향하는 먹을거리의 흐름이 있었다면, 그 반대 방향으로는 인분이 흘렀다. 원은 닫혔고, 도시와 농촌은 원자재와 생산물을 교환하는 체계를 이루었다.

똥은 바다도 가로막지 못했다. 경상남도 남해도에선 1970년대까지 똥배가 남해안 연안 도시를 방문했는데, 30킬로미터 밖 여수가 가장 큰 똥 공급처였다. 신라 신문왕(재위 681~692) 때 정착했다는 남해도의 다랭이 마을은 바닷가이지만 암석해안이라 배 댈 만한 곳이 없고 대신 물이 풍부해 농사가 주업이었다. 막내 똥 기저귀를 갈아가며 우리 다섯 식구가 마을에 도착했을 때, 마침 밖에 나와 있던 마을 주민에게 민박을 구했다. 도롯가 민박집엔 가파른 산을 깎아 만든 밭이 있었다. 손으로 으스러뜨릴 수 있을 만큼 약해진, 화학적으로 깊이 풍화된 암석 부스러기가 밭이었다. 부스러진 바위가 농사 기반이었는데, 남해도 전체를 통틀어 이는 특별한 일이 아니었다. 땅을 비옥하게 할 똥을 눌 사람도 가축도 많지 않았지만, 천년이 넘는 세월 보리와 벼를 돌가루에 돌려 심어가며 재배한 비결은 여수까지 가서 모셔온 똥이었을 것이다.

16세기 중국에는 도시의 똥을 수집하는 조합 또는 길드가 조직되기도 했다.[2] 이들은 잘 먹어 상품 똥이 나오는 부자 동네의 똥을 푸기 위해 경쟁했고, 수집된 똥은 집하와 분산을 거쳐 주변 농촌의 흙으로 들어갔다. 농부에게 똥을 판 이들은 똥 청소부가 아니라 똥 수집가로 부르는 것이 적절했다. 그들이 똥 청소비를 요구하는 일은 드물었다. 도쿠가와 시대의 에도와 오사카에서는 임대인이 건물에서 나오는 똥의 소유권을 가졌다면, 세입자에게는 오줌을 팔 권리가 있었다.[3] 건물주는 세입자의 똥을 팔아 나올 소득을 고려해 월세를 매겼고, 때맞춰 찾아오는 똥 수집가에게 모아둔 똥을 팔았다. 똥 수집가는 도시에서 똥을 구입해 농촌에서 판매하는 거래꾼이었다. 자원으로서 똥은 자본주의적인 돈의 순환과 잘 어울렸다. 도시에서 농촌으로 가는 사람의 똥오줌은 아시아에서 식량 해결책이었을 뿐만 아니라, 급격하게 인구가 증가하는 도시의 공공 위생을 유지하는 길이기도 했다.

두 갈래 길

6·25 한국전쟁 때였다. 열 살이던 어머니의 마을에 중공군이 밀고 들어왔다. 당시 외할머니는 낮이면 뒷산에 숨었다가 밤이면 몰래 집에 들어오기를 반복했다고 한다. 옆 마을에서 여자들이 강간당했다는 흉흉한 소문 때문이었다. 어느 겨울밤 외할머니는 흠뻑 젖은 몸을 사시나무처럼 떨며 돌아왔다. 캄캄한 밤, 두려움에 질려 내려오다 겨우내 식구들 오줌을 받아놓은 살얼음 깔린 웅덩이에 빠진 것이다. 1935년에 인천에서 태어난 아버지는 인천상륙작전과 함께 미군이 들어왔을 때 열다섯이었다. 미군 배에 실려 피난 간 군산에서 그는 돈을 벌어야 했고, 어린 아버지가 할 수 있는 일이라곤 미군 막사의 잔심부름 정도였다. 자질구레한 미군의 일상사가 그의 어린 머릿

속에 각인되어 훗날 어린 나에게 전해졌다. 아버지에게 들은 놀라운 이야기 하나는 미군 부대에 채소를 조달하는 마을에서 인분 퇴비를 채소에 뿌리는 것을 본 장교의 반응에 관한 것이었다. 그 장면을 본 미군 장교는 거의 기절할 지경이 되어, 노발대발 화를 내며 난리를 쳤다고 한다.

어린 아버지가 만난 미군 장교가 인분 거름을 한국의 미개함에 대한 증거로 삼았다면, 20세기 이전 아시아를 방문한 유럽의 지식인은 아시아의 큰 도시를 누비는 똥오줌 수집가를 경탄하며 바라보았다. 곤두박질친 토양 비옥도로 식량 안보가 무너지기 직전이었던 당시 유럽과 달리, 중국 농부는 도시민의 똥오줌으로 월등히 많은 비료를 땅에 투자하고 있었다. 그뿐만이 아니었다. 런던의 템스강과 파리의 센강을 둥둥 떠다니는 도시민의 똥이 17세기 당시 세계에서 가장 큰 도시였던 에도(지금의 도쿄)에는 보이지 않았다.

유기화학의 창시자 중 한 사람인 독일의 과학자 유스투스 폰 리비히(1803~1873)는 중국에 비해 열악한 유럽의 농업 사정을 개탄하면서 다음과 같은 계산을 첨부하기도 했다. "인간의 액체와 고체 배설물이 매일 평균 1과 2분의 1파운드(소변 4분의 5파운드, 대변 4분의 1파운드)에 달하고, 두 가지를 합쳐서 질소 3퍼센트를 함유한다면, 1년 총 547파운드에 달하는 배설물에는 16.41파운드의 질소가 있다. 밀, 호밀, 귀리 800파운드 또는 보리 900파운드를 생산하기에 충분한 양이다."[4]

귀한 똥을 오염원으로 강에 버리고 있다는 유럽 지식인의 안타까움과 아시아 농업 체계를 향한 존경은 화학비료의 등장으로 슬그머니 사라졌다. 효율성 면에서, 사서 뿌리기만 하면 되는 화학비료는 거두어야만 모이는 똥오줌에 비할 바 없이 월등했다. 서구가 가축 똥오줌에서 화학비료로 갈아타는 동안 아시아의 인분 사용은 계속되었다. 전후 사정을 모른 채, 20세기 중반에 한국, 중국, 일본을 방문한 서구인은 아시아의 인분 사용을 미개함의 증거로 삼았다. 20세기 후반, 똑같이 전후 사정을 보지 않고, 아시아도 화학비료로 갈아탔다.

가축의 똥오줌

인구가 밀집된 도시와 농촌이 나란히 존재하는 농업 체계에서는 인간의 똥오줌에 축적된 양분이 토양의 비옥도를 복원하는 역할을 했다. 아시아에서는 인간의 활동 영역인 도시와 작물의 성장 공간인 농촌을 구분했다. 도시민의 역할은 똥오줌을 생산하는 것이었고, 도시의 높은 인구밀도는 똥오줌을 수확하는 데 최적화되어 있었다. 도시는 흙으로 들어갈 양분 충전기였고, 똥오줌은 도시와 농촌을 연결하는 물질적 토대였다. 가축 분뇨가 대세였던 서구에서는 도시 대신 숲이나 초지가, 인간이 아닌 가축이 양분 충전의 장소이자 도구였다. 아시아가 도시에서 농촌으로 인분을 실어 나르고 사고팔았다면, 유럽에선 가축들이 풀밭과 숲에서 밭으로 흙의 비옥도를 유지할 양분을 실어 날랐다.

정해진 장소에서 배설하지 않는 가축의 경우, 분뇨를 수집하는 것은 쉬운 일이 아니었다. 토양 비옥도를 유지하려면 똥오줌이, 똥오줌을 받으려면 가축이, 가축을 키우려면 풀을 먹일 땅이 필요한데, 목초지의 면적과 질에는 한계가 있다. 부잣집 똥오줌을 탐내는 아시아의 똥 거래꾼처럼, 유럽의 농민은 목초지를 놓고 경쟁하면서 땅마다 작물을 키울지 가축을 키울지 고민했다. 비옥한 땅에는 작물을 심고, 흙이 얕고 돌이 많은 비탈진 산악지대와 물이 범람하는 저지대에서는 가축을 키웠다.

힘이 뻗치는 데까지 넓게 그물을 던지는 어부처럼 농민은 경작지 너머로 가축을 보내 최대의 면적에서 최대의 똥오줌을 긁어내기 위해 애썼다. 밭은 휴경지와 가을에 파종해 여름에 거두는 밀밭 등으로 나뉘었다. 밤에는 방목한 가축을 묵밭으로 몰아넣었다. 묵밭은 가축이 똥오줌을 누도록 장려하는 공간이었다. 똥오줌은 공간적으로 분할된 밭, 목초지, 숲을 단일한 시스템으로 묶었다. 땅은 밭과 초지 그리고 숲으로 분할 재편되었고, 가축들이 누비는 숲과 초지―야생의 숲과 초지와는 질적 양적으로 다른―는 식량 생산 체계의 일부가 되었다.

지중해 쪽 유럽에선 강수량이 목초지의 생산성을 제한했기 때문에 가축 수를 늘릴 수 없었다면, 북유럽에선 겨울이 중요 제한 요소였다. 추위와 바람을 막을 축사를 지어야 했고 건초를 쟁여야 했다. 뜰을 풀이 넘치는 봄과 여름에 맞추어 무작정 가축 수를 늘리면, 춥고 긴 겨울에 많은 가축을 잃어야 했다. 겨우내 추위와 굶주림에 가축이 죽어 나가고 봄이 오면, 들판에 넘치는 풀을 뜯을 가축이 없었다. 계절과 그해 겨울 날씨에 따라 비료 공급과 수요 사이의 불균형이 거듭되었다.[5] 겨울의 깊이와 길이가 가축 수—즉 똥오줌의 양—를 정하는 비효율성은 건초를 수확하고 운반하고 저장할 도구와 시스템이 등장할 씨앗이 되었다.

모든 어려움을 극복하고 똥오줌을 생산해도 분뇨가 작물의 양분으로 흡수될 확률은 낮았다. 땅거죽을 긁어 씨앗이 흙과 접촉하도록 유도하고 뿌리가 얕은 잡초를 제거하는 게 전부였던 중세 이전 유럽의 쟁기는 분뇨를 작물 뿌리 가까이 섞어주기엔 무력했다. 분뇨는 땅 거죽에 남은 채 빗물에 씻겨가거나 냄새나는 기체가 되어 대기로 날아갔다. 작물 재배에서 가장 중요한 요소인 토양 비옥도를 가축의 똥오줌으로 해결하는 시스템에는 제한 요소가 많았다. 밭과 목초지 사이를 오가며 허리가 휠 정도로 일을 해야 했지만, 효과적인 작업 수행을 위한 농기구와 시스템은 아직 개발되지 않았다. 잦은 기근은 당연한 결과였다.

밥이 들어가면 똥이 마려운 것만큼이나 세상을 둘로 나누고 싶은 욕망은 자연스럽다. 내가 보기에 세상은 인간의 똥오줌으로 농사짓는 문명권과 가축의 똥오줌으로 농사짓는 문명권으로 나뉜다. 굳이 피부색이나 종교, 정치까지 가지 않아도 똥오줌만으로도 세상은 쉽게 갈라지는 것이다. 멋대로 세상을 나누다 맞지 않는 것이 나오면 놀라기도 하지만, 농부에게 학자의 잣대란 있으나 없으나 매한가지라서 따라야 할 이유는 없다. 인분 문명권에 살면서도 가축 똥오줌이 더 중요한 농부가 있고, 반대도 마찬가지였다.

인분 문명권에 들어가는 우리나라 또한 혼용이 진실이었다. 젊은 화산섬 제주는 경작에 적합한 토양도 적고 인구밀도 또한 높지 않아, 섬 중턱의 광활한 목초지가 바닷가 촌락과 한라산을 이어주었다. 13세기부터 말을 기르고 훈련하던 제주에서는 '말테우리'라고 불리던 목동이 마을의 마소를 관리, 방목했다. 말을 소유한 말테우리는 자기 농장이 없어도 다른 농가의 묵밭으로 말을 몰아주고 삯을 받았다. 바령밧이라 불렸던 돌담으로 둘러싸인 휴경지에서 말과 소는 똥오줌을 싸고 똥과 흙을 짓이겨 흙이라기엔 부스러진 현무암에 가까운 제주의 척박한 토양을 농사짓기가 가능한 땅으로 만들어주었다. 이 경우 말테우리의 소득은 똥오줌 값이었으니 말테우리는 이동식 비료 공장의 소유주였던 셈이다.[6]

진짜 똥, 가짜 똥

인간이 먹고사는 일의 맨 바탕에 놓인 흙의 비옥도를 유지하려는 노력은 똥을 통해 펼쳐졌다. 문명 탄생기에 인류는 식물이 똥 옆에서 부쩍 잘 자라는 것을 발견했고, 궁극적으로 똥을 재료로 토양 비옥도를 유지하는 농업 체계를 쌓았다. 왜 냄새나는 똥이었을까? 똥은 무엇 때문에 위대할까?

그 무엇에 대해 알 기회는 내 똥으로 하려던 실험을 포기하면서 생겼다. 달에 장기 체류하는 우주인이 자기 똥을 월면 토양에 섞어 농사짓는 시나리오였다. 내 똥으로 내가 실험한다면, 집에서 똥을 퍼와야 하나? 웃는 나에게 동료인 사토시 이시 교수가 진지한 얼굴로 말했다. 대학 생물안전위원회IBC 심사를 받아야 하는 등 사람 똥으로 실험하려면 여러 규제를 통과해야 한다는 것이다. "소똥으로 바꾸고 달에는 사람 대신 소를 보내야겠어." 나는 중얼거릴 수밖에 없었다. 학교 축사를 지나며 달기지의 상황 재현을 고민할 때, 대학원생 애덤이 미국항공우주국NASA 보고서 하나를 보내왔다.

> 인간 배설물 수거, 보관 및 처리는 지상에서도 주요 문제와 위험을 초래한다. 문제와 위험은 우주정거장이나 우주왕복선과 같은 폐쇄된 극미중력 환경에서 더욱 악화한다. 에임스연구센터는 배설물 수거 시스템을 개선하려고 노력 중이다. 우리는 또한 배설물 처리 기술을 개발해왔다. … [배설물 확보의 어려움 때문에] 개발의 가장 큰 걸림돌은 충분한 수의 실험을 수행할 수 없다는 것이다. NASA가 지원한 연구들은 원숭이나 개 또는 닭의 배설물을 사용했다. 그러나 닭 배설물, 개 또는 원숭이 배설물은 화학적 및 물리적 특성 모두에서 사람의 배설물과 현저하게 다르다.[7]

NASA 보고서에는 우주인 배설물을 처리·보관하는 실험을 위해 사용할 사람 똥 모조품의 제조법이 실려 있었다. 출판된 제조법들을 총동원하여 애덤은 모조 사람 똥을 만들었다. 일단 냄새가 없었다. 이 정도면 사람 똥 연구할 만하다 싶었지만, 역시 비슷한 것은 가짜였다. 보이지 않는 화학 조성은 복제하면서도 정작 눈에 보이는 것은 흉내 내지 못하는 기술이었다. 모조 똥은 영락없는 땅콩 잼으로 아침마다 보던 내 똥과 모양이 달랐다. 지렁이 몇 마리를 넣자, 모조 똥은 지렁이를 걸쭉하게 둘러싸 피부 호흡을 막았다. 가짜 똥에 범벅이 되어 며칠 만에 익사한 지렁이를 보면서 모조 똥의 유용성을 의심했지만, NASA가 개발한 모조 사람 똥 제조법은 빌앤드멜린다게이츠재단이 가난한 지역의 '화장실 재창조 챌린지'를 시작하면서, "전 세계의 다양한 팀에게 유사한 레시피를 제공하여 결과의 복제 가능성을 보장하고 '화장실 재창조' 박람회에서 실제 화장실 프로토타입을 시연하도록 하는"[8] 데 이용되고 있었다.

가짜 똥 제조법은 인분에 대해 많은 정보를 주었다. 설사와 변비 사이 똥 수분 함량은 85~65퍼센트까지 차이가 난다는 것, 채식인이 잡식인보다 많은 똥을 눈다는 것, 똥의 10~30퍼센트가 미생물 파편이라는 것, 배탈에 뒤이은 물 설사의 유체 물리학을 이해하려면 뉴턴 유체newtonian fluid를 가정하는 것이 유용하다는 것 등등이 내 머릿속에 차곡차곡 쌓였다. 특히 흥미로운 것은 인간 똥의 화학 조성이었다. 건조한 마른 똥에는 지방이 5~25퍼센트, 식물성 섬유가 10~30퍼센트, 질소는 2~3퍼센트 내외, 칼륨·칼슘·인을 포함한 광물성 물질이 5~8퍼센트였다. 가축 똥은 얼마나 다를까? 단순 비교는 어려웠다. 똥 성분은 가축이라는 카테고리 하나로 묶여 나오는 법이 없었다. 소 따로, 돼지 따로, 말 따로였고, 소만 하더라도 젖소, 육우, 황소가 서로 달랐다. 똥과 오줌의 화학 조성이 다른 것도 물론이었다. 억지로 뭉뚱그리자면, 질소는 3~7퍼센트까지, 인은 0.1~2.5퍼센트, 칼륨은 0.2~5퍼센트까지가 가축 똥의 화학적 조성이었다.[9]

 주목할 것은 인간과 가축의 종을 가리지 않고 똥에 질소, 인, 칼륨 등 식물의 필수 영양소 그리고 많은 유기물이 포함되어 있다는 점이다. 영양소 하나를 콕 짚어 이야기해야 한다면 질소를 꼽을 수밖에 없다. 질소는 작물 생장의 필수 영양소일 뿐 아니라 똥이 자원이냐 오염원이냐를 둘러싼 많은 논쟁의 핵심을 이룬다. 식물과 가축과 인간 사이의 먹이 사슬을 타고 이동하는 질소는 생명체의 세포를 이루는 부품들, 예를 들면 단백질이나 DNA 합성에 필수 요소이다. 육지 생태계에서 질소는 귀한 존재이다. 온대 생태계의 90퍼센트, 열대 생태계의 절반 가까이가 질소 제약 아래 놓여 있다. 질소만 땅에 투입하면 식물 생산량이 늘어난다는 말이다. 인이나 칼륨 같은 다른 양분을 넣어도 생산량에 별 증가가 없다가 딴 것 하나 없이 질소만 넣으면 벌떡 반응하는 것이 질소 제약을 받는 생태계의 특징이다.

 똥을 식량 생산의 근간으로 삼은 유럽과 아시아의 온대 지역은 전반적으로 질소 제약 생태계다. 빙하 퇴적물, 빙하지 주변 바람에 날아와 퇴적된 미사微沙, 적당한 비와 온도의 환경 조건이 합쳐 만든 온대 토양에는 인과 칼륨을 포함한 광물성 영양분이 풍부하다. 고온다습한 조건과 화학적 풍화 탓에 인 또는 칼륨을 가진 광물을 소진해 버린 열대의 토양과는 근본부터 다른 조건이었다. 따라서 똥 속의 질소는 인도 칼륨도 상대적으로 부족할 게 없는 온대의 작물을 벌떡 일으키는 영양소 중 영양소이다.

질소와 탄소

여러 해 전 당시 여덟 살이던 막내와 함께 뒷마당에 만들 텃밭을 겨우내 계획했다. 우리의 관심을 끈 것은 퇴비였다. 퇴비 울타리를 만들기 위해 유튜브에서 여러 가지 디자인을 보고 장단점을 나누었다. 막내는 다양한 장점을 볼 줄 알았다. 멋져서, 쓰는 연장이 위험해 보여서, 기계를 만져보고 싶어서, 지렁이가 많이 나올 것 같아서, 저 안에 토끼도 키울 수 있을 것 같아서, 유튜버가 재밌어서. 내가 보는 단점은 다 똑같았다. 만들기 어려워 보여서.

우리는 나의 고집대로 닭장용 철조망으로 퇴비 울타리를 만들기로 했다. 쇠막대기를 기둥으로 삼아 땅에 세우고 철조망만 두르면 끝이니 겨울부터 서두를 필요는 없었다. 하지만 퇴비만큼 중요한 것이 막내의 활동 욕구였다. 차고에서 다양한 실험을 했다. 철조망이 감기는 방향과 탄성한계를 알아보기도 하고, 어딜 만져야 손에서 피가 나는지 등을 테스트하기도 했다. 눈이 펑펑 쏟아지는 날, 퇴비 울타리 둘을 세웠다. 기다리며 모았던 귤, 바나나, 사과 껍질이 퇴비 재료로 들어갔다. 이튿날, 퇴비는 눈에 덮여 접근하기가 어려웠다. 우린 귤껍질 하나를 투척하기 위해 삽으로 눈길을 내고 퇴비에 도달했다! 겨우내 눈을 치워가며 모은 채소, 과일, 커피 찌꺼기는 봄이 오자 날이 풀리면서 썩기 시작했다. 매일 얼마나 썩었는지 확인하는 것이 움트는 새싹을 보는 것만큼이나 즐거웠다.

퇴비의 과학을 들여다보기에 앞서 똥에만 질소가 있는 것은 아니라는 점을 짚어보자. 흙 속 모든 유기물에는 질소가 있다. 다만 그 농도가 다르다. 좀 더 깊이 들어가 이야기하자면, 탄소와 질소의 비율이 다르다. 탄소-질소의 관계를 알게 되면 질소비료로서 똥과 볏짚 사이의 큰 차이가 드러난다. 흙 속 질소의 절대다수는 미생물, 식물, 동물의 사체에서 비롯한 유기 분자구조에 끼어 있다. 질소가 식물에 유용한 영양소가 되려면, 미생물이 주관하는 유기물의 해체 과정을 통해 무기물인 질산염이나 암모니아로 만들어져야 한다.

흙 속 미생물이 없으면 식물이 섭취할 질소가 없고, 식물이 광합성을 하지 않으면 미생물이 섭취할 유기물이 없으니, 작물과 미생물은 서로 엮인 존재들이다. 이 엮인 존재들의 관계는 작물과 미생물이 질소를 두고 경쟁함으로써 더욱 꼬인다.

질소를 둘러싼 경쟁을 이해하기 위해 볏짚 한 묶음을 흙에 넣어보자. 이때 탄소와 질소의 비를 고려해야 해야 하는데, 미생물 체세포의 탄소량과 질소량 비율이 8 대 1이라는 지점에서 시작하자. 미생물의 몸에서 1그램이 질소라면 8그램은 탄소다. 미생물에게 가장 알뜰한 식사는 탄소-질소의 비율이 24 대 1쯤이어야 한다. 탄소 8, 질소 1의 비율로 체세포를 만들고, 남은 16의 탄소를 태워 에너지원으로 쓰기 때문이다. 그렇다면 볏짚은 미생물에게 알뜰한 메뉴일까?

탄소-질소의 비율이 80 대 1인 짚은 탄소 찌꺼기가 많이 남는 알뜰치 못한 음식이다. 80단위 탄소를 먹는 미생물에게는 3단위 이상의 (80 나누기 24) 질소가 필요하지만, 짚에는 질소가 1단위뿐이므로 식사는 중단된다. 즉 볏짚은 썩지 않는다. 만약 주변 흙에 미생물이 접근할 수 있는 질소가 있다면 미생물은 주변 질소와 볏짚의 탄소를 함께 먹어 치울 것이고, 볏짚은 썩는다. 그러나 이것은 농부로서 이문이 남는 이야기가 아니다. 작물이 쓸 흙의 질소를 미생물이 먹어버리는 바람에 작물은 질소 기아 상태를 겪어야 하기 때문이다.

퇴비를 만드는 것은 간단히 말해 탄소와 질소의 비율을 맞추는 과정이다. 흔히 퇴비를 만들 원료의 바람직한 탄소 대 질소 비를 30 대 1 정도라고 본다. 탄소가 30단위보다 낮으면 질소 과잉 상태가 되어 악취 나는 암모니아가 나오고, 30보다 높으면 앞서 말한 볏짚처럼 아주 느리게 썩는다. 흙에 뿌리면 최적의 비료가 되는 퇴비 완성품의 탄소 대 질소 비는 10~15 대 1이다. 똥의 최강점이 바로 여기에 있다. 이 비율이 소똥은 20 대 1, 돼지 똥은 12 대 1, 닭똥은 16 대 1로 이미 적정 비율에 가까이 가 있다. 질소 함량이 높은 똥오줌에 탄소 함량이 높은 짚이나 풀을 섞어 썩히는 동안, 잉여분의 탄소는 이산화탄소로 날아가고 남은 탄소와 질소는 적정 비율로 작물과 미생물을 동시에 만족시킨다. 이처럼 질소를 알뜰히 관리함으로써 이루어지는 비료의 탄생 과정이 바로 퇴비 만들기다.

막내와 함께 만든 퇴비는 이듬해 코로나로 집에 처박힌 내 마음의 활력소였다. 그러나 식물성 퇴비는 썩는 속도가 영 느렸다. 탄소는 많은데 질소가 부족한 것이 분명했다. 미생물에게 질소를 보충해주기 위해 똥을 넣고 싶었으나 이웃의 시선이 두려웠다. 구멍이 큰 플라스틱 용기 하나를 마련해 내 오줌을 모았다. 종일 모은 오줌을 물에 희석해 퇴비에 부을 때면 뿌듯했다. 잡초와 채소, 과일 찌꺼기가 썩지 않았다면 퇴비 더미는 5개가 족히 넘었을 것이지만, 썩는 속도와 균형을 이루어 두 무더기를 넘지 않았다. 오줌통을 나를 때면 조심스러웠다. 혼자 깨끗한 척하는 둘째의 눈에 띄지 않게 슬쩍슬쩍 부었다. 어느 날 둘째는 플라스틱 병에 든 노란색 액체의 정체를 알아버렸고, 탄소와 질소의 비율에 대한 나의 끈질긴 설명을 듣고도 텃밭의 채소를 멀리하기 시작했다.

그림 1-1 가족과 함께 가꾼 작은 텃밭. 해바라기, 호박, 오이, 콩, 옥수수, 토마토, 깻잎 등을 길렀다.

질소 곡예

질소를 제대로 알기 위해서는 땅과 대기가 서로 얼굴을 맞대고 있지만 둘은 별개의 세상이라고 볼 필요가 있다. 질소는 대기 분자의 78퍼센트를 차지한다. 양으로 따지면 지구 대기권에 4000조(3.9×10^{15})톤의 질소가 둥둥 떠다니는 것이니, 발바닥만 땅에 붙이고 걷는 우리의 몸은 질소 바다를 헤집고 다니는 셈이다. 대기에 넘치는 이중질소(N_2)는 그러나 식물이 양분으로 흡수할 수 있는 질소가 아니다. 두 질소 원자가 견고한 삼중결합으로 맺어져 있기에 질소 순환의 시작점은 삼중결합을 결딴내는 것일 수밖에 없다.

화석연료 또는 수력 에너지를 투입해 화학비료 생산이 시작되기 전까지, 지구의 긴 역사 동안 삼중결합에서 해방된 활성 질소는 번개와 일부 미생물만이 만들 수 있었다. 이렇게 불활성 질소를 반응성 높은 활성 질소로 만드는 과정을 질소고정이라고 부른다. 해마다 번개가 생산하는 활성 질소의 양은 500만 톤, 육상 미생물의 몫은 5800만 톤에 이른다.[10] 1년 동안 인간의 개입 없이 생산되는 활성 질소는 2억 300만 톤으로, 이는 4000조 톤에 달하는 대기 질소의 0.000005퍼센트에 불과하다. 대기의 입장에서 보면 가냘픈 오줌발 같은 질소 흐름이 지구 생태계를 먹여온 것이다.

질소고정에서 시작해, 이중질소가 먹이 사슬로 편입할 암모늄(NH_4^+)이나 질산염(NO_3^-)의 꼴을 갖추는 과정은 절정의 곡예다. 광대는 미생물이다. 전 지구에서 동시다발로 진행하는 곡예는 정작 극소 공간만이 필요해, 손톱 끝에 낀 흙 알갱이 하나에서 모든 곡예가 펼쳐진다. 과학자들은 질소 곡예 속 광대의 정체를 알기 위해 노력해왔지만, 광대들은 대부분 곡예 속 역할을 통해서만 알려져 있을 뿐 아직도 신원미상으로 남아 있다.

이 광대들은 하나의 종도, 하나의 속도, 하나의 과도 목도 강도 문도 계도 아닐뿐더러, 가장 거친 생물 분류 단계에서조차 하나로 묶이지 않는다. 세포와 유전자의 분자구조에 따라 살아 있는 모든 것은 고세균, 박테리아, 진핵생물 중 하나로 분류된다.[11] 흰색 곰팡이, 소나무, 생쥐 등등 우리의 시야에 걸리는 모든 생물이 진핵생물이지만, 실상 살아 있는 거의 모든 것은 고세균 아니면 박테리아다. 인간의 눈은 실재하는 생태계를 향한 발견의 주체이면서 동시에 편견의 생산자인 셈이다. 거친 분류 단계에서 볼 때, 이중질소의 삼중결합을 절단하는 질소고정 미생물에는 고세균도 박테리아도 있다. 우리 눈에 보이는 생물다양성보다 더 큰 차원의 다양성이 질소 곡예의 첫 장인 질소고정에 참여하는 것이다.

숨 쉬는 법조차 서로 달라 한 광대의 생존에 필요한 산소가 다른 광대에겐 독이다. 극미량의 산소가 질소고정 미생물에게 치명적이라면, 흙 질소의 90퍼센트인 유기 질소를 무기 질산염으로 전환하는 미생물에게 산소는 생명줄이다.[12] 햇빛과 물, 이산화탄소로 자기 몸을 만드는 나무처럼 무기물에서 유기물을 만드는 광대가 있는가 하면, 인간처럼 유기물을 먹는 광대도 있다. 먹는 것도 숨 쉬는 법도 다른 광대들의 곡예. 이 광대들의 모순된 필요를 다 감싸 안을 만큼 광활한 흙 알갱이 속에서 질소 순환은 지금도 진행 중이다.

흙 알갱이 극장에 들어가면 6개의 질소 곡예 쇼가 펼쳐질 것이다. 각각 질소고정, 암모니아화, 질화, 탈질화, 혐기성 암모늄 산화, 그리고 질소 동화이다. 곡예 감독이 만약 "쇼마다 생산되는 결론에 난 관심 없어! 전자$_{electron}$를 주고받는 산화와 환원 활동이 중요하지!" 한다면, 전자의 출처와 운명에 따라 여섯이 아닌 열네 편의 쇼가 펼쳐질 것이다. 그러나 결론을 기준으로 하건 활동을 기준으로 하건, 쇼의 시작과 끝을 어디로 잡느냐에 따라 이 쇼의 숫자 또한 다를 것이다. 열넷 중 넷은 지난 10여 년 사이에 발견된 신진대사다. 새로운 발견으로 프로그램은 매년 길어진다. 출연진도 늘어난다. 극장 안에 환기가 불량해 산소가 줄어들면 배역을 바꾸는 광대 또는 질산염 환원 역할을 맡았다 암모니아 산화 역도 하는 등 중복 출연하는 광대가 자꾸 발견되면서, 감독은 길어지는 프로그램을 마무리 짓고 이렇게 적고 싶어질 것이다. "인생을 살고도 자기 자신의 캐릭터를 모르듯, 곡예 속 광대에게도 약간의 미스터리는 남아야겠죠?"[13]

질소 중독

똥의 질소를 대체할 화학제품이 나오면서 농업은 똥에서 해방되었다. 20세기 초 독일에 본사를 둔 다국적 회사이자 세계 최대 화학제품 생산 회사인 BASF의 직원 프리츠 하버와 카를 보슈가 미생물과 번개만의 영역이던 질소고정을 공학적으로 수행했다. 100여 년이 지난 현재, 80억 인류 체세포의 반은 하버-보슈 공정을 통해 만들어진 질소로 돌아가고 있다. 토양 양분 고갈로 농업 붕괴를 앞두던 유럽은 화학비료를 생산한 덕에 벼랑 끝 탈출에 성공했다. 1960~1980년대 세계 곳곳의 기아를 해결하는 녹색혁명의 핵심이었던 고수확 품종은 퍼붓는 질소비료에 맞추어 더 많은 질소비료를 흡수해 더 큰 수확을 올리도록 재디자인되었다. 농업 생산량은 질소비료 투입량의 종속 변수가 되었다.

1961년 3400만 톤이었던 전 세계의 연간 질소비료 생산량은 2020년 1억 2300만 톤으로 뛰었다.[14] 육상 생태계의 한 해 질소고정량이 5800만 톤임을 생각하면, 하버-보슈 공법이 미생물보다 두 배나 많은 활성 질소를 생산하는 것이다. 인위적인 콩과작물 재배로 농지에서 추가로 일어나는 6000만 톤의 질소고정을 더하고 나면, 대기에서 흙으로 가는 질소의 흐름을 주도하는 것은 자연이 아닌 인간이며, 그 비율은 1 대 3이라는 것을 알 수 있다.

문제는 폭증한 무기 질소의 저장 용기로서 흙이 빵점이라는 것이다. 산소 이온 셋이 질소를 둘러싼 형태의 질산염이 음전하를 띠는 것처럼, 흙 속 점토 광물과 유기물의 표면 또한 음의 전기를 가진다. 점토도 유기물도 극성이 같은 질산염을 밀치기 때문에, 질산염은 흙에 걸러지거나 저장되지 않고 매끄럽게 흙을 빠져나가 지하수나 하천으로 스며들어 부영양화와 오염의 원인이 된다. 암모니아는 또 어떤가? 과도한 비료 사용으로 흙 속에서 남아도는 암모니아는 질화 박테리아와 고세균에 의해 질산염으로 변환되어 앞서 말한 질산염의 운명을 따라가거나, 암모니아 가스가 되어 대기로 날아간다. 질산염의 일부는 탈질화 미생물에 의해 산화질소(NO), 아산화질소(N_2O)나 이중질소(N_2) 기체가 되어 대기로 돌아간다. 아산화질소는 강력한 기후 온난화 가스다.

  19세기 중반까지 상황은 반대였다. 흙에서 넘친 질소가 온 세상을 풍성하게 했다. 질소 곡예 프로그램의 하나인 탈질화의 산물 아산화질소는 흙에서 발사된 후 성층권까지 날아올라 오존과 촉매반응을 일으킨다. 이는 오존 생성 과정의 반대편에서 오존을 분해하는 장치로, 오존층의 균형을 유지하는 데 이바지했다. 물론 프레온 가스가 나오고 오존층의 붕괴가 인류가 저지른 최초의 지구 규모 생태 문제가 되기 전의 이야기다. 흙에서 넘친 질소는 호수와 강을 풍요롭게 했다. 상류에서 하류까지 플랑크톤에서 물고기에 이르는 먹이사슬이 강뿐만 아니라 주변의 수계에 일어난 질소 순환의 수혜자였다. 범람원의 습지와 강변의 우거진 숲 또한 흙을 무대로 한 질소 곡예단이 없다면 불가능한 일이었다. 농업혁명 전 인류의 체세포와 DNA 속 질소의 원천을 따라가면 하버보시 공법에 의해 만들어진 비료가 아니라 흙 속에 사는 질소고정 미생물로 돌아갔다.

  20~21세기 질소 순환의 드라마는 믿었던 주인공이 악의 근원임이 밝혀지는 미스터리 영화처럼 반전했다. 전 세계는 질소 부족에서 벗어나자마자 질소 중독에 빠졌다. 화학비료의 몸을 입은 질소와 함께 농업은 질소에 중독되었다. 국어사전에 실린 중독의 정의는 질소

중독을 설명하기에 적절하다. "약품이나 독물 따위의 독 성분 때문에, 목숨이 위태롭게 되거나 신체에 이상이 생기는 것."[15]

풀을 뜯지 않는 가축

지구가 질소에 중독되는 사이, 똥은 자원에서 오염원으로 추락했다. 질소비료에 중독된 사회에서 인간과 가축의 체세포는 기하급수적으로 증가했고, 그에 비례해 세상을 덮어버릴 듯 똥이 쏟아져 나왔다. 하지만 똥을 매개로 한 인간, 가축, 곡물, 땅 사이의 연결고리는 끊어졌다. 아시아에서 농촌을 떠나 도시로 향하는 농산물의 형태를 띤 에너지와 물질의 흐름을 상쇄하며 닫힌 원을 만들던 도시발 농촌행 인분 네트워크는 붕괴했다.

1931년에 태어난 소설가 박완서(1931~2011)는 순전히 기억에만 의존해서 썼다는 《그 많던 싱아는 누가 다 먹었을까》에서 이렇게 기록했다. "퇴비와 함께 인분을 거름으로 쓸 때였다. 농토에 비해 인구가 적어 늘 인분이 달렸다. … 어떤 때는 송도까지 나가서 인분을 사오는 수도 있었다. 그럴 때마다 개성 깍쟁이들은 오줌 똥에다 물을 타서 똥지게 수효를 늘려서 팔았다고 욕들을 하곤 했다. 그렇게 욕하는 마을 사람 또한 개성 깍쟁이여서 마실 갔다가도 오줌이 마려우면 제 집 밭머리에 와서 누지 남의 밭에 누는 법이 없었다."[16] 내가 어릴 적인 1970년대만 해도 동네에서 종종 들리던, "똥 퍼요"라는 외침은 이제 대한민국 어디서도 들리지 않는다. 인분은 사고팔 자원이 아닌 혐오와 처리의 대상이 되었다.

같은 기간 서구에선 이웃 목초지와 밭을 똥으로 잇던 가축의 역할이 끝났다. 이제 가축은 풀을 뜯지 않는다. 아빠가 배달시킨 피자를 먹는 아이처럼, 농장주가 주문한 사료를 먹는다. 사료의 원자재는 시시각각 변하는 세계 곡물 시장 상황에 따라 수십, 수백, 때론 수천 킬로미터 거리에 상관없이 가장 싸게 파는 옥수수밭과 콩밭에서 나온다. 사료 작물 생산과 산업 축산이 공간적으로 분리되었다. 그 사이 작물 하나 또는 가축 하나에 집중투자함으로 효율성을 극대화한 업자들은 작물과 가축의 상호작용에 의지하며 작물과 가축을 함께 기르는 농가를 밀어냈다.[17]

토양 비옥도를 유지하는 임무에서 풀려난 가축은 순수한 단백질원이 되었다. 곡물에 똥을 대기 위해 숲과 초지에 소를 방목하는 농부는 사라졌고, 오로지 고기를 생산하기 위해 가축을 키울 뿐이다. 화학비료로 생산한 곡물은 인간을 먹이고도 남았으며, 고기와 곡물 사이에는 커다란 가격 차가 존재하므로, 가축은 인간을 누르고 작물의 가장 큰 일차 소비자로 등장했다. 빙하와 사막을 뺀 지표의 반이 농업에 투입된 상태에서, 농사짓는 땅의 77퍼센트가 고기와 유제품을 생산하는 데 쓰인다.[18] 면적은 3700만 제곱킬로미터. 대한민국 땅의 370배, 미국의 3.8배, 유럽의 3.7배, 아프리카 대륙의 1.2배다. 이 3700만 제곱킬로미터를 80억 인류에게 골고루 배분하면 한 사람당 4600제곱미터(약 1400평)의 몫이 돌아간다. 똥이 자원에서 오염원으로 추락하는 동안, 똥을 생산하는 가축의 수는 기하급수적으로 늘어났다. 토지 사용의 측면에서 보면, 지구는 소, 돼지, 닭, 양, 염소 등 몇 종류 안 되는 가축의 행성이 되었다. 인간의 단백질 수요가 한 요인이라면, 다른 한쪽에선 똥을 대체함과 동시에 질소 제한에서 농업 생산력을 해방시킨 화학비료가 있었다.

유기물을 잃은 흙

필수 영양소인 질소 제공이 목적이라면, 퇴비를 넣는 것과 화학비료 투입 사이에는 어떤 차이가 있을까? 유기물이다. 앞에서 탄소와 질소의 비율을 들어 설명했듯이, 퇴비는 결국 질소를 높은 비율로 함유한 유기물질이다. 두엄은 썩으면서 질소를 공급한다. 계속되는 두엄의 투입과 썩음 사이의 균형에서 흙의 유기물 함량이 결정되고, 썩는 속도에 맞추어 식물이 흡수할 수 있는 무기물 질소가 만들어진다. 즉 퇴비는 질소에 유기물을 더해 투입하는 것이다. 반대로 화학비료의 유기물 함량은 제로다.

흙 속에서 유기물질은 검고 어두운 빛깔을 띤다. 숲에서 흙을 파 보자. 유기물 함량이 높은 진한 갈색에서 검은색을 띤 표층이 먼저 드러난다. 삽질을 더 깊이 할수록 유기물 함량이 줄어들면서 노랑, 빨강, 갈색이 혼합된 색깔의 흙이 드러난다. 한국의 무수한 밭에서는 흙 색깔이 곧 광물의 빛깔이다. 광물의 표면을 코팅하는 유기물이 없어 광물 빛깔이 드러난 것이다. 대표적인 광물 빛깔은 산화철의 황토색이다. 유기물 하나 없는 황무지 같은 황토에서 상추와 고추가 짙은 초록색으로 쑥쑥 잘 자라는 게 달리 가능한 것이 아니다. 한국은 질소비료를 가장 많이 주는 나라 중 하나다. 2021년 헥타르당 137킬로그램의 질소비료를 퍼부었다. 다른 나라들을 보면 네덜란드(100킬로그램), 중국(166킬로그램), 미국(59킬로그램), 일본(65킬로그램) 등이다.[19] 밭 흙에 유기물이 없는 까닭은 표토가 침식으로 다 소실되었기 때문이기도 하고, 꾸준히 거름을 투입해 유기물 함량을 유지하려는 노력이 없기 때문이기도 하다.

  문제는 좋은 흙이 부리는 마법이 유기물을 통해 일어난다는 점이다. 유기물은 흙에서 고작 몇 퍼센트의 부피를 차지하지만, 유기물 없이 질소비료로만 짓는 농사는 작물만을 살리고 나머지 생물은 굶겨 죽이는 것이다. 광합성으로 햇빛에서 에너지를 얻는 식물과 달리, 빛이 닿지 않는 지하세계 생물의 많은 수는—우리 인간처럼—유기물 속 탄소를 태움으로써 신진대사를 운영한다. 유기물이 사라진 흙은 그들에게 먹을 것이 전멸한, 달리 말하면 삶의 에너지원이 고갈된 공간이다.

  오로지 작물만을 내 새끼처럼 위한다고 해서 질소비료가 지속가능한 작물 생산을 보장하는 것도 아니다. 유기물과 함께 잃는 흙 생물에 해충뿐 아니라 질병을 막는 미생물도 있음은 물론이다. 유기물이 풍부한 곳에서 흙은 느슨한 알갱이 구조를 띠는데, 구멍이 성긴 이 여유로운 구조체는 뿌리가 쉽게 내릴 수 있는 공간이어서 뿌리

스스로 필요한 양분을 쉽게 찾아갈 수 있다. 모래흙에선 오랫동안 적절히 수분이 유지되도록 돕고, 반대로 찰진 진흙에서는 물이 잘 빠지고 공기가 원활히 흐르도록 돕는 것이 유기물의 역할이다. 흙 속 어떤 광물보다도 더 많은 양이온—즉 칼륨(K^+)과 칼슘(Ca_2^+)—과 같은 영양분을 머금음으로써, 유기물은 작물을 위한 양분의 경제성을 높인다.

　유기물을 잃은 밭의 흙은 생태계가 아닌 토목 구조물에 가깝다. 유지·보수야 어찌 되겠지 하며 급히 지어 올린 건물처럼 준공과 함께 낡아간다. 광물 입자 사이에서 접착제 역할을 할 유기물이 없는 광물 흙은 빗방울에 맞아 튕겨 나간다. 유기물 쿠션이 없어지자 빗물은 단단해진 흙 속으로 스며들지 못하고 흙 표면을 흐르면서 토양 침식이 빨라진다. 경기도, 충청도, 전라도, 경상도, 강원도 할 것 없이 암석과 돌 뼈대만 남은 산기슭의 밭을 보기란 어렵지 않다(그림 1-2). 호미질에 걸리는 것이라곤 돌밖에 없는 밭이 허다한 까닭 중 하나는 유기물의 상실이다. 제로에 가까운 유기물을 품은 얕은 토양에서 시장에 팔 만한 작물을 재배하기 위해선 더 많은 비료와 농약이 필요하다. 조금씩 낡아가다 어느 순간 폐허로 발견되는 빈집처럼, 한국 산지의 밭들은 농사지을 사람이 없어서인지 밭이 돌밭이 돼서인지 알 수 없는 상태로 버려진다.

　퇴비 대 화학비료의 근본적인 차이는 육상 생태계의 특징인 질소 순환과 탄소 순환의 얽힌 관계를 포함하느냐 아니냐이다. 유기물 없이 오직 질소만을 투입하는 농사는 흙 속에 있어야 할 유기물을 대

그림 1-2 한국 어디를 가나 볼 수 있는 심하게 침식된 밭들.

기 중의 이산화탄소로 내모는, 이산화탄소 배출 농사다.

지구 그리고 인간과 사람

요한 록스트룀과 28명의 과학자들로 구성된 연구팀은 인류가 다음 세대에도 지속적으로 발전하고 번영하려면 넘지 말아야 할 9개의 선이 있다고 제안하며 이를 행성경계planetary boundary라고 불렀다.[20] 이 9개의 경계에는 기후변화, 생물권의 통합성, 토지 사용, 담수 사용, 영양물질 투입(질소와 인), 해양 산성화, 대기 에어로졸 투입, 성층권 오존층 파괴, 그리고 아직 알려지지 않은 작용들이 포함된다.

대표적 영양물질인 질소의 과용은 경계 지표가 처음 제안된 2009년 이미 그 선을 넘어버렸다.[21] 질소 과용의 폐해는 영양물질의 과부하뿐만 아니라 기후변화를 포함한다. 질소비료는 토양의 유기물을 대기의 이산화탄소로 몰아내고, 초과 사용된 질소비료는 강력한 기후변화 기체인 아산화질소가 된다. 또 질소 제약에서 풀려나 기하급수적으로 늘어난 소의 트림과 방귀는 또 다른 강력한 기후변화 기체인 메탄을 방출한다. 질소 과용은 같은 2009년 이미 선을 넘어버린 기후변화에 혁혁한 공로를 세웠다. 어디 그뿐인가? 가축의 사료를 생산하기 위해 온대림을 밭으로 전환하고 아마존 열대림을 벌목하면서 급격히 수축한 지구의 숲 또한 행성경계를 넘었다.[22] 가축 생산을 떠받치는 사료 생산의 폭발적 증가 뒤에는 역시 질소비료가 있다.

이쯤 되면, 인류의 질소 중독은 앞서 본 중독의 또 다른 사전적 의미를 충족하고도 남는다. "술, 마약 따위의 것을 계속적으로 지나치게 먹어, 이것들 없이는 생활이나 활동을 하지 못하는 병적인 상태." 그리고 "잘못된 사상이나 일, 사물 따위에 물들어서 정상적인 판단이나 생각을 할 수 없는 것."

우리는 질소 중독에서 벗어날 수 있을까? 이 절박한 물음은 '작물과 흙 속 생명이 공존하는 세상이 가능한가'라는 질문, '식량을 얻기 위해 지하수, 강과 바다를 오염시키지 않는 세상이 가능한가?'라는 질문, '농산물을 키우기 위해 대기의 화학 조성을 바꾸지 않는 세상이 가능한가?'라는 질문에 맞닿아 있다. 이 질문들은 모두 하나의 물음표로 수렴한다. 인간을 먹이기 위해 지구를 파괴하지 않아도 되는 세상이 가능한가?

우리에겐 오래된 답이 있다. 똥이다. 당장 화학비료를 중지하고 똥거름을 주자는 말이 아니다. 똥이 비료일 때 일어나는 과정, 즉 질소와 탄소를 하나의 유기물 패키지로 흙 속에 유지하는 시스템을 되살리자는 것이다. 이미 많은 농부와 활동가, 과학자가 그런 시스템을 개발하고 광범위하게 적용하기 위해 노력하고 있다. 유기농, 재생 농업, 작물-가축 통합 농업, 영속 농업permaculture, 무경운 농법, 겨울 피복 작물 재배 등 화학비료와 농약에 절대 의존하는 산업농의 대안으로 실천·연구되는 다양한 시도는 모두 똥거름의 오래된 지혜—즉 질소와 탄소를 유기물 패키지로 흙에 제공하는—에 빚을 지고 있다.

우리에겐 또 하나의 오래된 희망이 있다. 귀한 오줌을 허투루 밖에 흘릴 수 없던 제주도 아낙의 마음이다. 오늘부터 외식을 하더라도 똥오줌은 집에서 누자는 말이 아니다. 밖에서 흘린 똥오줌을 미래 양식과 결부시킨 아낙의 행동을 배고픈 시절의 우스운 일화로 과소평가해서는 안 된다. 우리는 이미 다음 세대의 발전과 번영을 위해 넘지 말아야 할 9개의 선 중 6개를 넘어버렸다. 그중 셋은 먹을거리 때문이다. 이런 상황이라면 우리보다 더 위급한 세대가 있었을까? 우리는 제주 아낙네의 생존을 향한 지혜를 더 크게 확장해야 한다.

인구학자들은 2100년이면 지구 인구가 100억 명에 이르러 정점

그림 1-3 미네소타 남동쪽의 유기농 채소 농장에서 토양 시료 채취 중인 미네소타대학교의 대학원생과 방문교수.

을 찍으리라 예측한다.²³ 그때 인간의 체세포에 들어 있을 질소의 양은 약 1500만 톤에 달한다. 인구가 그렇게 늘어도 인체에 고정된 질소는 4000조 톤에 달하는 대기 질소량의 1억분의 1이 채 되지 않는다. 지구 규모에서 인간의 몸은 무시할 만큼 작은 질소 저장고이지만, 인간은 문명을 통해 지구의 질소 순환을 통째로 바꾸어놓았다. 문명 속의 인간은 작물을 위해 흙 속의 생명을 희생하고, 식량을 얻기 위해 지하수와 강과 바다를 오염시켰으며, 식량을 위해 대기의 화학 조성을 바꿈으로써, 자신의 생존을 지구 건강과 맞바꾸었다.

인류학자 김현경은 인간과 사람을 이렇게 구분한다. "사람이라는 것은 어떤 보이지 않는 공동체—도덕적 공동체—안에서 성원권을 갖는다는 뜻이다. … 인간이라는 것은 자연적 사실의 문제이지, 사회적 인정의 문제가 아니다."²⁴ 우리는 생물로서의 인간, 문명 속의 인간을 넘어, 모든 생명을 아우르는 도덕적 공동체로 우리 자신을 초대할 수 있을까? 그럼으로써 인간을 넘어 진정한 사람이 될 수 있을까? 생물 인간을 먹이기 위해 문명으로 지구를 파괴하지 않는, 공존이 곧 생존임을 실천하는, 새로운 사람이 될 수 있을까?

똥의 과학 그리고 오줌과 가족의 생계 사이를 잇고 실천한 제주 아낙네에게서 그 답의 시작을 본다.

2

화전

순환과 재생의 오래된 지혜

화전은 인류의 가장 오래된 농경 방식 중 하나이다. 숲의 파괴자로 오해를 받지만, 자연에 관해 인간이 쌓아온 가장 오래된 근접 지식과 경험 중 하나인 전통 화전은 재생-죽음-경작이 어우러지는 순환의 터다. 흙의 비옥도를 유지하기 위해 똥을 쓰면서 아시아에선 사람을, 유럽에선 가축을 양분 축적기로 활용했다면, 화전민은 나무를 썼다. 21세기 과학자들이 알아낸 범지구적인 물질-에너지 순환의 실재와 놀라울 정도로 아귀가 맞는 열대의 화전은 벗어나야 할 악습이 아닌 제대로 배워 발전시켜야 할 오래된 지혜이다.

> 모래가 다 흐르면 뒤집어 놓는다. 새로운 시간이 시작된다.
> _이어령, 〈모래시계〉

머리 사냥

히말라야 어느 기슭 능선 너머로 해가 떨어지자 낮 동안 산의 구석구석에서 피어오르던 연기의 몸통이 드러났다. 등고선을 따라 산 듯 죽은 듯 전진하는 붉은 불길이 까만 어둠을 배경으로 선명해졌다. "차 좀 잠깐 세울 수 있을까요? 오늘 아침에 지난 길 맞죠?" 아침에 여길 지날 때, 죽은 사람의 잘려나간 머리통마저 되살리는 약초가 저 산에 있다는 전설을 들었다. 히말라야 기슭 미얀마에 가까운 이곳 나갈랜드에선 이웃 부족을 습격해 사람을 죽이고 머리를 절단하여 훔쳐와 두개골을 전시·보존하는 머리 사냥(헤드헌팅)이 1950~1960년대까지 이루어졌다. 머리 사냥은 인류학계에 뜨거운 논쟁거리를 제공했다. 안내를 맡은 나갈랜드 코히마사이언스칼리지의 템젠와방 교수가 바구니 가득 사냥한 머리통을 채워 돌아가던 머리 사냥꾼의 전설을 들려주었다. 어느 풀에 스쳐 다시 살아난 머리통 하나가 바구니에서 튀어나와 산비탈을 통통 튀며 도망갔다는 것이다. "저 숲엔 아직 학계에 보고조차 되지 않은 동식물이 살아요. 전설 속 그 풀이 죽은 사람도 살릴 신약일지 누가 알겠어요?"

동히말라야라고 불리는 해발 1000~3000미터 사이에 자리 잡은 나갈랜드의 길은 어디를 가나 비포장이었다. 차를 세우면 가파른 벼랑 끝이었다. 걷어찬 돌맹이가 그 머리통처럼 한참을 굴러 내려갔다. "산밖에 없어요." 벼랑 쪽 차선으로 따라가다 같은 차선에서 차가 내려오면 어떤 때는 우리 차, 다른 때는 마주 오는 차가 차선을 바꾸었다. "차선이요? 도움이 안 됩니다. 과학적인 안전 운행은 그때그때 길에 맞춰 가는 거예요." 코히마사이언스칼리지의 마퉁 얀탄 교수가 웃으며 말했다. 건기인 3월은 온통 먼지투성이였다. 5월에서 9월 사이라는 장마 때에 왔다면, 비포장길은 계곡이라고 부를 만한 물길로 뒤덮일 거라고 했다. 물골이 깊이 파인 길은 운전은커녕 발목을 접질리지 않고 걷기도 힘들어 보였다.

꼭대기 또는 능선을 따라 마을이 있고, 능선과 능선 사이 또는 마을과 마을 사이는 숲과 계곡이 있었다. 산 사이의 강과 저지대를 따라 사람이 사는 한국에서 자란 나에게, 나갈랜드의 토지 사용은 위아래가 뒤집힌 것으로 보였다. 머리 사냥에서 유리한 위치를 찾다 보니 산 정상부에 마을이 자리를 잡았다고 한다. 아무리 비가 많은 곳이라도 능선에서 물을 찾기란 힘든 일이어서, 옹달샘을 찾아낸 사

람의 이름은 나가 부족들의 민요와 전설 속에서 기억되고 있다.[1]

생물종 다양성에 따라 지구본을 색칠한다면, 나갈랜드 주변의 숲은 아마존과 동급인 짙은 빨간색 물감으로 칠해야 한다. 지구 생물다양성에서 가장 중요한 곳 중 하나인 인도-버마 생태지구[2]에 속한 나갈랜드에는 크게 보아 다섯 종류의 숲이 있다. 저지대의 열대, 아열대, 온대, 그리고 고지대의 아고산대림亞高山帶林(고산대와 산지대 사이에 자리한 식물의 수직 분포대), 그리고 대나무와 초지의 혼합림에 펼쳐진 숲이 생물다양성의 바탕이다.[3] 생물다양성이 높은 곳은 태고의 원시림이고, 원시림이란 사람이 살지 않는 곳이라 생각한다면, 나갈랜드는 이해하기 어려운 존재다. 면적이 강원도와 비슷한 1만 6579제곱킬로미터인 나갈랜드의 인구는 약 200만 명이다. 강원도보다 40만 명이나 더 많다. 인구의 60퍼센트 이상이 농사로 생계를 꾸리는 나갈랜드에서 숲은 면적의 4분의 3을 차지한다. 하지만 그 숲은 사람이 없는 원시림과는 거리가 멀다. 사람에 의해 사람을 위해 놓인 불로 낮에는 연기가 뿜어져 오르고 밤에는 길게 늘어진 빨간 불의 전선이 산을 에워싸는 숲이다. 나갈랜드의 숲은 코끼리가 걷는 곳이면서도 전쟁과 머리 사냥이 수행되던 곳이며, 동시에 마을 사이의 완충 역할을 하는, 사람이 관리하고 사람을 위해 존재하는 사람의 숲, 화전민의 숲이다.

이튿날 걸어 들어간 숲에선, 재로 덮인 흙에 한해살이 작물의 씨를 심는 사람들을 만날 수 있었다. 내 나이 또래로 보이는 아낙에게 잠깐 같이해도 되겠냐고 손짓발짓하며 물었더니 수줍지만 환한 웃음을 지으며 좁은 비탈길을 내주었다. 이번 불로 새롭게 개간된 밭은 수령이 20년이나 될까 싶은 나무의 숲으로 둘러싸여 있었다. 한 해 또는 두 해의 수확이 끝나면, 화전민은 경작을 멈추고 다른 숲에 불을 놓을 것이다. 묵밭에선 다시 숲이 자라고, 수십 년 시간이 지나면 화전민이 다시 찾아와 나무를 베고 불을 놓아 밭을 가꿀 것이다. 오래된 화전은 재생-죽음-경작이 되풀이되는 순환의 터다.

화전이라는 이름

'화전' 하면 떠오르는 이미지는 사실 재생이 아닌 산림 황폐다. 지구의 허파라는 아마존과 콩고의 열대우림이 불타는 장면에는 마체테를 휘두르는 화전민이 벌목업자와 동급으로 등장한다. 브라질에 도착한 기자들은 도로가 끝나는 곳까지 차를 몰고 가 카메라를 꺼낸다. 리우데자네이루, 상파울루의 슬럼에서 밀려난 빈민도 딱 여기까지 온다. 도로의 끝에서는 열대우림의 바다가 시작된다. 이곳이 팽창하는 도로망과 수축하는 숲이 만나는 지점이다. 농사라곤 팔자에 없던, 정글의 법칙[4]에 무지한 이들은 결국 또 하나의 실패를 추가할 것이다. 무대포식 화전만큼 줄어든 숲과 늘어나는 빈민은 아마존의 목재와 광산과 수자원을 탐내는 카르텔에게 도로를 더 연장하는 핑계가 될 것이다. 가난에서 벗어나지 못할 이들의 앞날에 아랑곳없이 기자는 사진을 찍고 뉴스 시청자들은 그들에게 손가락질을 보낼 것이다.

슬럼에서 밀려나 미지의 거대한 밀림 앞에 속수무책으로 선 브라질의 화전민. 그리고 수천 년 갈고 다듬은 숲과 화전에 대한 마을 공동체의 지식으로 무장한 나가의 화전민. 둘을 비교하는 것은 헛되다. 두 화전을 비교하는 것도 그렇다. 굳이 이름을 붙이자면 하나는 약탈 화전이고 다른 하나는 보존 화전이다. 약탈 화전으로 생긴 부정적인 인식 때문에 나갈랜드의 농사를 화전이라고 부르기에 미안할 정도다. 나갈랜드 화전의 시간과 작동 원리를 따라가다 보면 화입火入과 벌채는 화전의 입체적인 얼굴의 일면일 뿐이다. 숲을 망치는 것이 화전의 대표 이미지임에도 불구하고, 화전의 긴 생애 주기에서 숲의 소멸은 순간이고 재생은 길다. 약탈 화전이 아닌 재생과 소멸의 거듭됨 속에서 사람의 먹을 것과 문화가 탄생하는 오래된 보존 화전이 우리의 주제다.

오래된 화전은 인류의 가장 친숙한 벗인 만큼 이름 또한 다양하다. 나갈랜드와 인도에선 '줌Juhm'이라 부르고, 인도네시아에선 '라당Ladang' 또는 '레이Ray', 필리핀에선 '카인진Kaingin', 멕시코에선 '밀파Milpa', 마다가스카르에선 '타비Tavy', 잠비아에선 '치테메네Chitemene'라고 부른다. 문명의 역사를 넘어서는 1만 년에 가까운 시간의 무게에도 불구하고, 화전은 죽지 않았다. 남동 아시아, 사하라 남부의 아프리카, 중남미의 열대림에서 원주민과 영세농의 배를 채우는 필수 식량 생산의 기반으로 화전은 살아 있다.

기업화되고 기계화된 현대 농업의 사각지대에 있지만 화전은 아직도 지구에서 가장 널리 퍼진 농업 형태의 하나다. 경작할 때는 식량을, 숲으로 돌아가는 묵밭의 시간 동안에는 물, 버섯, 과일, 약재, 목재, 땔감을 제공하며, 야생 동식물에게는 먹이와 삶의 터전을 선물하는 화전은 단순한 농업 생산기지가 아닌 인간과 자연 사이에 절묘하게 자리 잡은 공존 전략이기도 하다.[5] 안타깝게도 가난하고 힘없는 소수민족과 토착민의 영농인 화전에 대한 관심과 지식은 빈약하다. 전 세계 화전민 수가 대충 얼마나 되는지조차 파악된 적이 없다. 경작지와 휴경지를 포함하여 약 280만~1000만 제곱킬로미터의 화전이 있다고 추정되지만, 숲과 밭 사이를 왔다 갔다 하는 화전의 특성상 인공위성 이미지로 추정한 면적의 정확도를 가늠하기는 어렵다.[6]

나갈랜드

"사마라고 부르세요." 나갈랜드와의 인연은 사마당라 아오로부터 시작되었다. 나갈랜드 코히마사이언스칼리지의 식물학 조교수였던 그녀는 미네소타의 한 교회에서 받은 장학금으로 미네소타주립대학교에서 농학 박사학위 과정을 밟는 중이었고, 토양 생성에 관한 나의 대학원 수업을 듣고 있었다.

"나갈랜드에서 왔어요." 피터 팬과 마이클 잭슨의 네버랜드를 잠깐 생각한 나는 껌뻑거리는 눈으로 사마를 바라보았다. 눈치를 챈 그녀가 인도의 한 주라고 덧붙였지만, 인도인 특유의 짙은 갈색 피부가 아니라 동아시아인처럼 밝은 사마의 피부색 때문에 나갈랜드는 더욱 수수께끼가 되었다. 몇 년 후 나갈랜드 디마푸르 공항에 도착해 사람들에게 둘러싸였을 때, 그들은 머리 사냥으로 알려진 전사의 후손이라기보다는 한국의 시골 마을에서 만난 사람들 같았다. 나갈랜드의 젊은 학생들은 미국 대학의 연구진에 끼어 온 같은 피부색의 내가 궁금했고 친하게 굴었다. 케이팝과 드라마에 심취한 어느 학생은 엑소Exo의 노래를 끝까지 불러주기도 했다. 미국이나 유럽의 어디를 가나 늘 이방인이란 느낌과 싸워야 했던지라 지금도 그 시간을 떠올리면 마음이 따뜻해진다.

  알쏭달쏭해하는 내 표정을 눈치챘는지, 사마는 곧 나갈랜드의 역사를 소개했다. "나갈랜드는 '인도의 일곱 자매'라고 불리는 북동쪽의 7개 작은 주 중 하나인데, 말하자면 아주 복잡해요." 나갈랜드는 동쪽으로는 미얀마를 접하고 있으며, 북쪽으로는 아루나찰 프라데시, 남쪽으로는 마니푸르, 서쪽으로 아삼 같은 인도의 다른 주들을 마주하고 있다. 인도의 한 주지만 흔히 인도답다고 여기는 모든 것과 동떨어진 곳이다. 지도만 보더라도, 나갈랜드는 인도와 관계가 없는 것이 더 당연해 보였다. 나갈랜드가 인도 29개 주의 하나라는 사실에는 비극적이고 폭력적인 20세기의 역사가 녹아 있었다.

  히말라야산맥 기슭의 나갈랜드 사람들이 외부 세상에 알려진 것은, 브라마푸트라강의 저지대인 아삼에서 차밭을 개발해 엄청난 수익을 낸 대영제국을 통해서였다. 제국은 '산사람hill people'이라 불리던 호전적인 히말라야 사람들로부터 아삼의 경제적 이익을 수호해야 했다. 촌락을 국가 삼아 살던 산사람들은 제국에 대항하기 위해 마을을 넘어서는 운명 공동체 '나가Naga'의 정체성을 만들어 가졌다.

나갈랜드의 주도인 코히마는 제2차 세계대전 당시 가장 격렬한 전투 중 하나가 치러진 곳이다. 일왕 히로히토는 영국의 손아귀에 놓인 인도를 점령함으로써 아시아 지배를 확장하려는 야심을 품었다. 일본군은 미얀마에서 당시 인도의 수도였던 캘커타(지금의 콜카타)를 침략하는 경로로 뱃길이 아닌 밀림을 택했다. 정글의 법칙에 대한 무지 없이는 설명할 수 없는 미련한 결정이었다. 1944년 밀림을 통과해 코히마에 도착했을 때, 일본군은 도중에 만난 폭염과 독충, 맹수로 이미 공황 상태에 있었다. 게다가 대영제국의 손에서 벗어날 절호의 기회로 여겨 일본군을 환영한 나가 사람을 멸시해 돌아서게 함으로써, 일본군은 패전을 재촉했다.

아시아를 삼키려는 일본군과 인도를 고수하려는 영국군이 맞부딪친 곳이 코히마였다. 코히마 시가지를 내려다보는 처참했던 전투지에는 오늘날까지 영국이 관리하는 전사자 묘지가 있다. 마퉁 교수는 일본 발굴단이 지금까지만 수천 구의 유해를 거두어 갔다고 귀띔했다. 1944년 3월에서 7월까지 임팔과 코히마 사이에서 치른 피비린내 나는 전투에서 일본군은 8만 5000명 병력 중 5만 3000명을 잃고 패퇴했다. 신생 독립국 인도는 밀림을 뚫고 온 일본을 잊을 수 없었고, 그 침략 경로를 통제하기 위해 나갈랜드를 인도의 한 주로 강제 편입했다.[7]

나갈랜드 사람 대부분은 열여섯 부족 중 하나에 속한다. 학교에서는 영어를 사용하기에, 코히마사이언스칼리지의 교수들은 유창한 영어로 나와 대화를 주고받았다. 그러다가도 뭔가를 확인할 때는 힌디어 또는 나가 부족들 사이에 통용되는 나가어로 동료에게 물어보고, 식구한테 전화가 오면 부족어로 통화했다. 60여 개의 언어가 있다 보니 다른 부족끼리는 말이 통하지 않아서 공통어인 나가어가 만들어진 것도 19세기 이후의 일이었다. 인구의 70퍼센트가 시골에 산다지만, 코히마와 디마푸르 등 도시가 급속도로 성장하는 중이었다.

줌 달력

나갈랜드에 특화된 화전을 그곳 사람들은 줌Juhm이라고 부른다. 줌 달력에 따르면 12월과 1월은 벌목의 달이다. 벌목이라고 해서 영화 〈아바타〉에서처럼 장대한 원시림과 덩굴로 얽힌 나무를 밀어내며 돌진하는 불도저를 떠올려서는 안 된다. 수천 년에 걸쳐 같은 일을 되풀이해온, 최근 20~30년 전까지 밭으로 쓰인 숲을 떠올려야 한다. 굵은 밑동에 전기톱이 들어가고 다른 한쪽에서 줄을 당기자 지축을 흔드는 굉음을 내며 쓰러지는 나무, 하늘이 까맣도록 날아오르는 새 떼가 아니라, 슬리퍼를 신거나 때론 맨발로 나무를 타고 올라가지를 툭툭 쳐내고 굳이 힘들여 밑동을 벨 생각이 없는 사람을 떠올려야 한다. 이것은 트랙터와 농기계가 들어갈 평평한 경작지를 만

그림 2-1 나무를 태운 후의 줌 밭(위)과 숲이 서서히 다시 들어서고 있는 묵밭(아래).

작업	시기
나무 베기	12~1월(건기 시작)
불 놓기	2월
씨앗 뿌리기	3~5월
김매기	5~8월(우기 시작)
추수	9~10월

들기 위해 숲을 밀어 엎고 언덕을 깎는 작업이 아니라, 나뭇재로 흙에 양분을 주고 기껏해야 두 해 정도 씨 뿌리고 수확할 공간을 최소한의 노동으로 만들어내는 실망스러울 정도로 소극적인 작업이다.

아무 생각 없어 보일지라도 우연은 없다. 12~1월은 건기의 시작이다. 쓰러진 나무가 잘 타서 재가 되려면 잘 말라야 하고, 그러기 위해선 건기가 시작할 때 나무를 베고 건기가 끝나기 전에 태우는 작업을 마무리해야 한다. 나무가 젖는 것은 낭패스러운 일이다. 나갈랜드를 방문한 3월에는 불 지르는 작업이 끝물에 이르고 있었지만, 산불이라고 하기에는 민망했다. 달마저 뜨지 않아 칠흑 같은 밤인데도, 내가 본 것은 이 나무에서 저 나무로 미친 듯이 건너뛰며 질주하는 거친 야생의 불이 아닌, 살금살금 숨죽이며 전진하는 낮은 포복의 불이었다. 땅 위에서 번지는 불은 덤불처럼 쌓은 나뭇가지들을 야금야금 재로 변모시키고 있었다.

재가 놓이고 장마가 시작하는 5월까지는 씨 뿌리는 계절이다. 건기가 끝나기 전, 나갈랜드의 농민은 재로 덮인 산비탈의 땅을 막대기로 쿡쿡 찔러 구멍을 내고 씨알 몇 톨을 떨어뜨린다. 막대기 말고 연장이 쓰인다면 호미가 전부인데, 호미질로 흙 표면을 몇 센티미터 깊이로 깨거나 뒤집어 감자를 심고 자그마한 둔덕을 만들기도 한다. 숲의 자리를 잠시 빌린 땅에서 자랄 작물의 간판스타는 쌀이다. 벼라면 흔히 물을 채운 무논에서 재배한다고 생각하지만, 밭에서 키우는 밭벼도 있다. 다양한 작물을 땅 위에 엇갈리게 심거나 때를 달리해 심음으로써 식량의 다양화를 꾀할 수 있고, 흙 속의 양분을 효과적으로 쓸 수 있다. 시장에 내다 팔 환금작물인 감자에 점차 밀려나고 있지만, 밭벼는 콩, 타로, 율무와 함께 나갈랜드 줌 농사의 핵심 작물이다.[8]

싹이 터 초록으로 덮일 때쯤인 5월이면 장마가 시작한다. 9월까지 장마는 무려 2미터 이상의 물을 퍼붓고, 장대처럼 쏟아붓는 빗속에서 작물은 자란다. 성장기 대부분을 차지하는 장마 동안, 농부의 주요 업무는 김매기(잡초 제거)이지만 강도 높은 노동과는 거리가 멀다. 트랙터로 쟁기를 끌고 한편에선 제초제까지 뿌려가며 총력으로 잡초를 죽이는 현대 농업의 관점에서, 줌 농부의 밭 매기는 한가한 작업이다.[9] 그마저도 둘째 해에는 강도가 낮아져 방치하다시피 한 밭에서 작물이 자란다.

밭을 묵히기 시작할 때면 잘린 그루터기와 남겨둔 뿌리와 쓰러진 나무에서 솟는 새 줄기들이 이미 무성하다. 9월과 10월 사이에 수확하지만, 밭벼의 추수는 11월까지 늘어지기도 한다. 둘째 해의 생산량은 첫해의 반을 따라가지 못한다. 나뭇재에서 온 흙의 양분이 한 해 농사만으로 바닥났기 때문이다. 이왕 잘 자라지도 못할 땅, 풀과 나무가 제자리를 찾아 돌아오는 것을 굳이 말리지 않겠다는 심산이다. 줌 달력은 여기서 끝나지만, 묵밭은 농민이 다시 돌아올 수십 년 뒤까지 홀로 숲으로 되돌아간다.

나무와 뿌리가 하는 일

농부만 보이는 줌 밭은 사실 사람과 나무의 공동 노동 현장이다. 나무를 재로 바꾸고 씨를 뿌리고 김을 매고 수확을 하는 것이 농민의 몫이라면, 나무의 몫은 긴 시간에 걸쳐 땅의 비옥도를 되살릴 양분을 모으는 일이다. 아시아의 도시와 농촌 사이에서 인간의 똥오줌이 토양의 비옥도를 복원했다면, 화전에선 나무가 축적한 양분이 재가 되어 그 역할을 대신했다. 아시아의 농경이 인간의 활동 영역인 도시와 작물의 성장 공간인 농촌을 구분해 도시민을 양분 충전기로 활용했다면, 화전에서는 묵밭의 시간 동안 나무가 양분을 축적했다. 시간이 공간을, 나무가 인간을 대체했고, 나무의 몸통은 시간을 연결하는 물질적 토대였다. 나무를 베고 불을 지르는 것이 농사지을 터를 만들기 위해서라고 생각할 수 있지만, 그보다 중요한 것은 재를 만들어내는 일, 즉 나무가 흙에서 빨아 올려 자신의 몸에 축적한 양분을 재라는 농축된 형태로 변환하는 일이다.

화전이 성립하려면, 나무 밑동, 줄기, 잔가지와 잎에 양분이 축적되는 과정이 선행해야 한다. 지하 수 미터에 사방 수 미터로 깊고 넓게 뻗은 뿌리가 흙과 암석에서 양분을 긁어모으는 과정도 일어나야 한다. 다섯 달의 여름철 장마가 쏟아붓고 겨울이라고 해야 영하로 내려가는 적이 없는 따뜻한 나갈랜드에서, 암석이 흙으로 전환되는 과정은 빠르다. 광물의 표면이 물과 만나는 접점에서 일어나는 화학 반응은 다른 화학작용과 마찬가지로 온도가 높아질수록 빨라지지만, 광물에서 녹아 나온 무기 양분은 장맛비에 곧바로 씻겨나간다. 인, 칼륨, 칼슘, 마그네슘 등 나무의 성장에 필수적인 무기 양분의 유실은 뿌리의 입장에서 안타까운 일이다. 무기 양분을 붙들어 저장할 수 있는 점토가 없으니 뿌리의 양분 획득 작업은 더욱 어려워진다. 양이온인 무기 양분을 잡을 수 있는 전기적 음성을 띤 점토가 만들어지려면 광물에서 녹아 나온 규소, 알루미늄, 칼슘, 마그네슘이 물 속에서 충분한 시간을 갖고 놀면서 서로 엉켜 침전되어야 하는데, 그러기도 전에 장맛비에 씻겨나가는 것이 나갈랜드의 흙 속 사정이다.

그럼에도 불구하고 뿌리는 집요하다. 빗물이 채가기 전, 무기 양분이 나오는 순간, 바로 그 순간 그 자리에 있도록 나무의 뿌리는 진화해왔다. 양분을 찾고 획득하기 위해 뿌리는 영양분이 탈탈 털린 흙일수록 더 먼 거리를 뻗고 더 단단히 더 빈틈없이 더 밀착하여 흙 알갱이들을 포박한다.[10] 유기산을 내놓아 스스로 광물에서 무기 양분을 빼내는 기술까지 뿌리는 갖추고 있다.[11] 뿌리 피부에서 새 나오는 유기물 즙을 찾아 모인 박테리아와 곰팡이마저 광물에 갇힌 무기 양분을 녹여내는 굴착 산업에 참여한다. 뿌리의 무기 양분 획득은 그렇게 식물 박테리아와 곰팡이의 공동 작업이 된다. 뿌리가 자라고 죽고 썩으면서 되풀이하는 부피의 확장과 수축은 암석의 틈을 벌려 공간을 만든다. 이것이 단단한 암석이 느슨한 흙이 되는 첫 단추가 된다. 가차 없이 풍화와 침식이 일어나는 나갈랜드의 산악지역에도 흙이 남아 있는 까닭은 뿌리가 흙을 만들어내기 때문이다. 흙이 있어 뿌리가 있는 것만큼, 뿌리가 있어 흙도 있는 것이다. 뿌리의 집요함이 없다면 열대의 나무들은 따뜻하고 물이 넘치는 환경에도 불구하고 성장의 잠재력을 맘껏 누리지 못할 것이다.

오랫동안 과학자들은 열대림이 물질 순환에서 닫힌 원과 비슷하다고 보았다. 열대림은 새는 곳이 별로 없다. 풍화작용으로 광물의 결정구조에서 해방되자마자 뿌리에 포획된 무기 양분은 수백 년 동안 새지 않고 숲에 머물 것이다. 늙은 나무 하나가 쓰러진다. 죽은 나무의 몸이 썩는다. 탄수화물, 단백질, 지방, 호르몬, 효소 분자에 깊이 박혀 있던 인, 칼슘, 칼륨이 양이온의 형태로 흙으로 귀환한다. 늙은 나무의 그늘 밑에서 얼쩡거리던 어린나무들이 새롭게 트인 기회의 공간으로 빛을 향해 성장하며 경쟁한다. 무기 양분은 빗물에 쓸려나가기 전 젊은 나무의 뿌리에 붙잡힌다. 포획은 빨라야만 한다. 그래야 원이 닫힐 것이다. 고온 다습한 열대림. 죽은 나무는 빨리 썩고 그만큼이나 빨리 분해된 무기 양분은 젊은 나무의 몸이 된다.

화전이란 닫힌 원의 순환을 주기적으로 열어, 열대의 흙에서 고갈된 무기 양분이 나무가 아닌 작물을 향해 흐르도록 하는 작업이다.

열대림이라는 닫힌 원에 빨대를 꽂아 거대한 물질 에너지 흐름의 아주 작은 부분을 빨아 먹는 생존 방식이 화전이다.

탄소, 질소, 인

조교수직을 막 시작했을 때, 델라웨어주의 고등학교 과학 교사를 대상으로 강의를 한 적이 있다. 강의 도중 퀴즈를 냈다. 먼저 열대림, 온대림, 한대림의 사진을 보여준 뒤 어느 숲에 땅속 유기물(즉 탄소)의 양이 가장 많을지 물었다. 혹시나 다들 답을 알고 있어 기대한 효과를 거두지 못할까 걱정했지만 쓸데없는 생각이었다. 거의 모든 교사가 열대림이라고 자신 있게 답했다. 숲의 장엄함에서 열대림을 따를 자 없기 때문이다. 눈에 보이는 지상의 장엄함이 보이지 않는 땅속에도 미치리라 다들 생각한 것이다. 덕분에 나는 반전의 묘미를 거두며 강의를 계속할 수 있었다.

빠르게 도는 닫힌 원으로 정리되는 열대우림에서, 흙 속 유기물의 양을 조절하는 것은 죽어 땅으로 들어가는 생물량보다는 유기물의 분해 속도다. 죽은 동식물이 놓이는 족족 썩어 박테리아, 곰팡이, 식물, 동물의 먹이 사슬로 빨려 들어가는 고온 다습한 환경에서, 유기물은 생물체의 살아 있는 몸을 전전하다 이들이 죽는 순간 분해되어 대기 중의 이산화탄소로 날아간다. 쉬지 않고 다음 장소와 상태로 이동하는 열대의 바쁜 유기물은 땅속에 비활성의 상태로 남아 있을

틈이 없다.

유기농의 핵심은 유기물, 즉 탄소가 풍부한 흙을 만드는 작업이라고 하지만, 이는 온대와 한대 지방 사람이나 할 수 있는 말이다. 모든 것이 빨리 썩는 열대는 흙 속의 유기물에 큰 방점을 찍는 유기농에 적합한 환경이 아니다. 이런 질문을 해보자. 나무와 나뭇재의 화학 성분은 같을까, 다를까? 답은 '다르다'이다. 왜 그럴까? 마른나무의 가장 큰 구성 요소인 탄소와 질소가 연소 중에 산소와 결합해, 이산화탄소와 산화질소 가스가 되어 대기로 날아가기 때문이다. 나무를 벌목하고 태울 때, 나무 속 탄소는 대부분 흙이 아닌 대기로 배출된다. 토양의 유기물 또는 탄소 함량을 올리는 데 화전은 큰 도움이 되지 않는다. 질소 또한 마찬가지다. 비료의 대명사인 질소조차 화전이 주목하는 토양 비옥도의 핵심은 아니다.

식물의 성장과 토양 양분 사이에는 많은 수수께끼가 남아 있지만, 최근의 생태 연구들은 식물 생산에 질소가 제한 요소인 온대 생태계와 달리, 열대 생태계에선 인이 제한 요소임을 보여준다.[12] 아주 거칠게 말해서 질소와 인 모두 식물의 생장에 필요하지만, 굳이 하나만을 비료로 준다면 온대는 질소, 열대는 인이라는 것이다. 이유는 고온 다습한 열대 환경에서 빠르게 일어나는 풍화작용 탓에 열대의 토양에서는 인을 보유한 인회석이 고갈되기 때문이다. 반대로 토양 속 인회석이 남아 있는 온대의 경우 식물이 제대로 성장하지 못한다면 인보다는 질소가 모자라서일 확률이 높다. 탄소와 질소가 날아가고 나서도 인은 남기 때문에, 단순하게 말하자면 비료로서 나뭇재의 가치는 온대보다 열대에서 크다고 말할 수 있다.

후진성 비판에 대한 변론

한 학생이 화전이 열대에만 남은 까닭은 열대 농업의 후진성 때문이 아니냐고 물었다. 도발적인 질문이었다. 학생은 가축의 똥과 풀로 두엄을 만들지 않고[13] 왜 멀쩡한 숲을 태워[14] 토양의 비옥도를 유지하는지가 궁금했고, 이것이 바로 후진성의 증거가 아닌가 하는 의문을 가지고 있었다. '후진성'이란 표현에 담긴 우월감을 잠시만 제쳐놓고 보자면, 이 질문은 합리적이다. 질문에 대한 답은 자연과학적 지식만으로는 해결될 수 없는 복잡한 인류학적 요인들에 있을 테지만, 적어도 흙의 관점에서 중요한 것은 열대는 온대보다 화학반응 및 물질 이동 속도가 빠르다는 점을 다시 한번 상기하는 일이다.

온대에선 거름이 바로 썩지 않기 때문에 유기물이 천천히 분해될 때 나오는 질소, 인, 칼륨이 흙에 머물며 작물의 성장을 돕는다. 반면 열대에서는 거름이 곧바로 썩어 흙의 유기물 함량도 높이지 못하거니와, 질소와 같은 양분 또한 빠른 속도로 분해되어 빗물에 유실되거나 산화질소 기체가 되어 대기로 날아가버릴 것이다. 결국 두엄의 양분은 작물의 뿌리에 가닿지 못할 것이다.

화전의 나뭇재가 하는 역할 중 두엄으로 대체할 수 없는 것이 또 하나 있다. 산성인 토양을 중화시키는 작용이다. 이야기를 잠시 북한으로 돌려 토양 산성화를 살피고 돌아오자. 2014년 서울에서 평양과학기술대학 김필주 교수[15]를 만난 적이 있다. 북한 식량 문제 해결에 인생을 바친 농학자인 그에게 나는 북한의 농업 생산량을 높이기 위해 기계 하나가 필요하다면 무엇이겠냐고 물었다. "암석 분쇄기입니다." 예상치 못한 답이었다. "북한의 토양 산성화가 심각해 석회를 뿌려야 하니 석회암 분쇄기가 필요하죠." 흙이 산성이 되면 알루미늄이 물에 녹아 작물의 양분 흡수를 가로막는 현상(알루미늄 독성)이 일어나고, 해결책으로 석회를 뿌려 산성을 중화시켜야 한다. 산성이나 강산성인 열대의 토양을 중화시키는 건 화전의 나뭇재다. 나뭇재가 바로 석회의 역할을 한다. 반대로 가축의 분뇨는 분해 과정

그림 2-2 나갈랜드의 계단 논. 줌 밭을 마련하려는 산불 연기가 뒷배경으로 보인다.

에서 질산화를 거치는데, 이는 흙의 산성도를 악화시키는 과정이다.

후진성에 대해서도 생각을 해보자. 나 또한 궁금함을 못 이기고 두엄에 관해 사마와 그녀의 동료들에게 물은 적이 있었다. 첫 대답은 "그게 맞는 데선 그걸 쓰지요"였다. 나갈랜드에 도착하고야 알았지만, 나가 사람은 줌에만 매달리지 않는다. 나가 사람들이 다 화전민은 아니라는 말이기도 하고, 한 사람이 화전민이면서 동시에 다른 형태의 농사도 짓는다는 말이다. 그들의 다채로운 농업에는 여러 방식이 혼합되어 있었다.

호미질을 하는 줌 농부에게 "쟁기는 안 쓰세요?" 물으면, "집 앞 무논에서 쓰는데요"라는 답이 돌아올 것이다. 줌에서 밭벼를 키우는 것은 무논을 만들어 논벼를 키우는 법을 몰라서가 아니다. 노동 집약적인 무논과 나무가 노동을 덜어주는 줌을 병행함으로써 노동을 알뜰하게 꾸리는 것이 나가인의 전략이다. 사마의 동료 교수를 따라 들른 농가의 무논은 방금 쟁기질을 한 흔적이 역력했고, 쟁기를 끌었을 황소 한 마리가 축사에서 여물을 먹고 있었다. 두엄이 무논에 투입되는 것은 물론이었다. 산 능선에서 넓은 시야를 가지고 바라보면, 산 사이의 계곡부는 층층이 깎인 계단 논으로 꽉 차 있었다. 계단 논은 고도가 높은 숲에서 올라가는 줌 연기와 어우러져 신비로운 분위기를 자아냈다. 물이 모이는 곳의 무논과 사람의 발이 닿기 어려운 곳의 줌이 만드는 모자이크는 시간뿐 아니라 땅도 알뜰하게 쓰는 나가인의 거울이었다.

인구와 화전의 위태로운 균형

먼 시간을 바라보고 화전 시뮬레이션을 해보자.[16] 당신의 가족이 먼 길을 떠나와 인간의 손길이 닿지 않은 숲에 도착해 줌을 시작했다. 이듬해에는 첫해 필지의 생산량이 떨어져 두 번째 필지를 만든다. 세 번째 해에는 첫해 개간한 밭이 묵밭이 되지만 새 필지도 하나 열어, 필지는 여전히 2개다. 시간이 쏜살같이 흘러 30년이 지났다. 묵밭이었던 첫 밭으로 돌아가 숲을 베고 태워 새롭게 밭을 얻었다. 30년이 휴경 기간이고, 누적된 필지의 수는 30개가 되었다. 30개의 필지가 들어갈 숲이 가족의 생존을 위해 필요했다.

여기서 문제가 생긴다. 식구 수가 늘어난 것이다. 어떤 선택이 가능할까? 새로운 숲을 줌에 편입시키는 것이 하나, 기존의 숲에서 묵밭 주기를 단축하여 필지 수를 늘리는 것이 또 하나다. 그런데 운명이 꼬여 주변 숲이 이미 포화상태라면 휴경 주기를 단축하는 것 외에는 뾰족한 수가 없다. 부잣집 똥오줌을 탐내는 아시아의 똥 거래꾼이나 면적과 질을 따지며 목초지를 놓고 경쟁한 유럽의 농민처럼, 화전민은 묵밭의 시간을 재며 고민해야 했다. 결국 30년을 20년으로 단축한다. 가족계획이 실패했는지 식구 수가 또 늘었다. 휴경을 20년에서 10년으로 줄인다. 여기서 식구 수가 또 는다면? 인구 증가와 짧아지는 휴경의 되먹임은 어디까지 계속될 수 있을까? 휴경이 제로가 된다는 것은 결국 가용한 모든 숲이 언제나 경작 중이라는 뜻이 된다. 이는 화전이 수명을 다하고 영구 경작지로 수렴했다는 것을 의미한다. 말이 영구 경작지이지, 태울 숲이 바닥났다는 것은 토양의 비옥도를 유지할 방법이 고갈되었다는 뜻이다. 바로 식량 생산의 종말이 왔다는 것이다. 그것도 마침 인구가 최대치에 달했을 때 말이다!

휴경, 즉 재생의 시간이 줄수록, 재로 만들 나무는 더욱더 왜소해질 것이다. 휴경 기간이 10년 아래로 줄면 나무 대신 풀이나 자질구레한 관목만이 자란다. 나뭇재가 비료이자 석회이니, 나무의 무게가 곧 토양 비옥도의 척도라는 점을 잊지 말자. 휴경 기간이 짧아지고 필지가 많아질수록, 아니 입이 늘고 식량이 더 절실해질수록, 비료와 석회가 줄어드는 난제가 발생한다. 당신과 가족은 궁지에 몰린다.

시뮬레이션은 화전에서 숲의 재생을 위해 남겨야 할 시간의 중요성을 잘 보여준다. 시나리오는 또한 아마존과 콩고의 열대우림에서 지금도 성행하는 화전이 맞닥뜨릴 인간 사회와 숲의 어두운 파국을 예언한다. 이 종말론적 예언을 우리는 얼마나 심각하게 받아들여야 할까?

줌을 향한 시선

2019년 3월 나갈랜드의 심포지엄에 참가한 미네소타대학교 연구진은 여러 차례에 걸쳐 큰 환대를 받았다. 심포지엄의 첫날, 대강당 들어가는 길에 밴드가 늘어섰고, 강당은 학생들로 만원이었다. 전날의 환영이 이날까지 이어지는 줄 알았다. 착각이었다. 밴드는 주 정부의 템젠 임나 아롱 교육부 장관의 도착을 알렸고, 그가 단상에 오를 때까지 팡파르를 울렸다. 학생들은 흥에 넘쳐 모두 일어나 박수와 환호를 보냈다. 개회 연설 또한 템젠 장관의 몫이었다. 장관은 놀랍게도 줌에 대한 수위 높은 비난으로 '동아시아 통합 토지 이용 관리에 관한 국제 심포지엄'의 포문을 열었다. "줌을 그만두어야 합니다. 사악한 욕심 때문에 사람들은 줌 농사를 합니다." 이튿날 나갈랜드의 신문은 장관의 발언을 간판으로 뽑았다.

심포지엄에 참석한 주 공무원 중에는 환경산림기후변화부의 산림 최고 보존 책임자인 수퐁눅시가 있었다. 비상한 눈매를 가진 다부진 체격의 그는 미네소타에서 온 우리 일행의 생각에 깊은 관심을 두고 예리한 질문을 던지며 경청했다. 하지만 줌에 대한 비판적인 태도는 분명했다. 나갈랜드의 불법 삼림 벌채와 토양침식의 상당 부분이 줌 때문이라고 그는 말했고, 줌이 나갈랜드의 농업 현대화를 늦추고 있음에 분할 정도로 안타까워하는 것이 분명했다.

공교롭게도 주 정부에 몸담고 있지 않은 참가자들은 줌에 중립이거나 옹호하는 목소리를 냈다. 나갈랜드대학교의 식물학자인 사푸창키자 교수는 줌이 히말라야 생태계의 필수 부분으로, 경관의 복잡성을 높여 생물다양성에 기여한다고 말했다. 인도 북동부의 기후변화 적응 계획을 연구하는 독일 국제협력학회의 페터 그로스 박사는 줌을 지속가능한 농업 관행으로 장려하길 제안했다. 줌은 나갈랜드 정체성의 중요한 요소이며 경제 기반임을 상기시키는 인류학자도 있었다.

양측의 주장은 모두 특별할 게 없었다. 템젠 장관의 개막 발언에 긴장했지만, 다양한 생각이 자유롭게 오가는 걸 보고 나는 안도했다. 그러나 안타깝게도 연구 결과와 데이터가 없어 허공에 떠버리는 질문이 많았다. 증거가 없는데도 가설은 주장이 되었다가, 정치 신념으로 재가공되었다. 그나마 다행인 것은 인공위성 사진을 이용한 휴경 분석이 시작되었다는 점이다. 토양학자인 나에게는 토양침식에 관한 질문이 들어왔다. 강한 장마와 가파른 지형에 화전을 더하면 심각한 토양침식이 뒤따르는 것이 당연하지 않겠냐는, 답을 달아 놓은 질문이었다. 그렇게 간단한 문제는 아니다. 경운기나 제초제로 잡초를 제거하는 현대의 농부와 달리, 줌 농민은 잡초 제거에 많은 노동을 투입하지 않는다. 장마가 올 무렵이면 흙은 이미 작물과 잡초로 덮여 강우로 인한 침식에서 잘 보호될 수도 있다. 줌 밭이 주변 숲에 둘러싸여 10~30년에 걸쳐 1~2년 정도만 운영된다는 점 역시 기억해야 한다. 점점 흩어져 실행되는 줌이 유역 전체의 토양침식에 미치는 영향을 정량화하고 심각성을 판단하기란 쉽지 않아 보였다.[17]

나갈랜드에 도착한 날은 맑고 청량했으나, 이튿날 히말라야 기슭의 하늘은 미세먼지로 오염된 서울의 공기만큼이나 뿌옜다. 해발 2100미터 풀리바드제 야생생물보호구역의 꼭대기에 올랐을 때, 기대했던 장쾌한 경관은 더러운 안경알 너머의 것처럼 흐렸다. 나갈랜드 정부 과학자인 네스탈루 히세 박사가 말했다. "콜카타에서 오는

그림 2-3 나갈랜드의 좁은 계곡에서 본 충적평야의 퇴적물. 화전민이 들어온 뒤 산지의 토양침식이 늘어나고, 그로 인해 토양이 강으로 유입되어 만들어진 퇴적물일 수 있다.

대기 오염의 영향도 있어요." 사방에서 용오름처럼 피어오르는 연기가 산과 뿌연 하늘을 이어주고 있었다. 산불인지 오염인지 연구된 것이 있느냐는 물음에 그는 이곳은 연구의 사각지대라며 허허롭게 답했다.

열대의 화전을 두루 연구해온 플로리다대학교의 페드로 산체스 교수는 "전통 화전농에서 토양침식은 거의 없어 보인다"[18]라고 결론지었지만, 정말 그럴까? 사흘째 우리는 코히마를 벗어나 필드트립에 올랐고, 300미터 폭으로 넓게 펼쳐진 줄레키Dzüleke의 범람원에서 점심 식사를 했다. 일행을 뒤로한 채 개울로 걸어가자 개울에 운반되

2 · 화전 **93**

어 쌓인 퇴적물 층이 드러나 있었다. 오래 잡아도 수천 년을 넘지 못할 젊은 퇴적층이었다. 이 퇴적물을 나갈랜드에 화전이 도입된 이후 숲에서 일어난 토양침식의 증거로 볼 순 없을까? 산체스 교수의 연구로는 알아챌 수 없을 정도로 느리지만 자연의 배경 침식보다는 월등하게 빠른 토양침식이 화전과 더불어 시작되었을 가능성은 아직도 열려 있다.

줌과 화전은 동히말라야뿐 아니라 전 세계에서 세대를 가로질러 가장 유력한 생활양식이었으나, 화전에 대한 지식은 안타깝게도 미천하기 그지없다. 연구의 사각지대인 동히말라야의 토양침식을 연구하고 싶은 마음은 굴뚝같으나, 연구비를 마련하려는 시도가 거듭 좌절되면서 그 길은 아직 열리지 않고 있다.

화전도 혁신한다

기억하는가? 인구 압박으로 휴경이 짧아지고 파멸에 이르는 시나리오에서 당신의 가족은 새 숲을 찾거나 묵밭의 재생 기간을 줄이는 두 가지 중 하나의 선택을 강요당했다. 과연 제3의 가능성은 없는 것일까? 정말 그렇다면 내가 본 계곡부를 가득 채운 무논들은 무엇이고, 여름 장마철엔 무논의 김매기가 급하다고 줌 밭에는 가지도 않는 나가 농민들은 뭘 하는 것일까?[19] 이것들이 다 제3의 선택지가 아니고 무엇일까?

3월에 간 나갈랜드의 계단밭과 무논에는 이미 다양한 작물이 심겨 있었다. 어떤 계단 논은 물이 채워졌고, 계단밭에는 환금작물로 인기 절정인 감자가 심겨 있었다. 부족과 마을마다 무논 벼와 줌으로 하는 밭벼의 혼합이 다르다. 가령 코히마 옆 마을인 코노마에서는 집약적인 무논이 중요 농업이고, 줌은 부차적인 역할만 한다고 했다. 다양한 농업 선택지와 혼합 농경은 나갈랜드뿐만 아니라 필리핀과 가나 등에서도 예외가 아닌 기본이다.[20]

앙가미 부족 마을인 코노마로 이르는 좁은 능선길을 따라선 네팔 오리나무가 바둑판처럼 심어진 깔끔한 계단밭이 있었다. 2년째 휴경 중인 줌 밭이라고 했다. 줌인데 웬 나무이고, 웬 계단밭일까? 이것이 과연 줌이 맞는가 싶었다. 계단밭을 만들 정도로 노동을 하는 것은 줌의 정신에 위배되는 일이 아닐까 싶었던 것이다.

앙가미 마을의 줌 밭에선 모든 나무가 밑동까지 깔끔히 제거되었지만, 유일하게 네팔 오리나무만은 성장이 허락되었다. 오히려 잘 가꾸고 있는 것 같았다. 늦은 오후였고 좁은 길은 숲에 덮여 침침했다. 앞을 보면 길이 어둠 속으로 빨려 들어갔다. 줄지어 선 네팔 오리나무는 굵은 가지 끝마다 머리통이 달린 메두사처럼 보였다. 순간 머리 사냥꾼이 뛰어나와 머리를 베어 갈 것 같은 오싹한 기분이 들었다. 네팔 오리나무가 잘리지 않는 까닭은 질소를 공급하는 특별한 임무를 맡기 때문이었다. 콩과작물처럼 네팔 오리나무는 질소고정 박테리아와 공생관계를 이룬다. 기체 질소 분자의 강력한 삼중공유결합을 끊어내 질소를 필수 양분인 암모니아로 재탄생시키는 질소

그림 2-4 앙가미 마을의 줌 밭. 질소고정 박테리아와 공생관계를 이루는 네팔 오리나무를 심어 밭의 생산성을 높이고 묵밭의 시간을 줄였다. 나뭇가지를 자르고 불태우기 이전(위)과 이후(아래) 모습. 나무의 밑동을 자르지 않고 가지와 잎만 쳐낸다. 인과 질소의 함유량은 밑동보다 가지와 잎에서 훨씬 높다.

고정 박테리아는 암모니아를 제공하고 네팔 오리나무로부터 에너지원인 탄수화물을 받는다. 질소비료 공장을 지닌 네팔 오리나무는 또한 많은 양의 가지와 낙엽을 생산해서 토양의 비옥도를 빠르게 충전한다고 한다. 지구에서 오로지 앙가미 부족만 쓰는 이 농법은 줌과 질소고정 오리나무 식재를 병행함으로써 단 2년의 휴경으로 토양의 비옥도를 회복하고 있었다. 휴경 기간을 단축한다고 해서 반드시 삼림 벌채로 이어지는 것도 아니었거니와, 종말론적 화전 시뮬레이션이 놓치고 있던 한 가지가 분명해졌다. 바로 농민의 기술 혁신이었다.

마을과 마을 사이에서 줌의 기능 및 운영 방식이 끊임없이 변모하는 중이라는 사실이 눈에 보였다. 생계를 개선하려는 농민의 혁신은 줌을 불변하는 것으로 또는 마을 간 또는 지역 간에 똑같을 것이라 짐작하는 단순한 시각으로는 놓칠 수밖에 없는 것이었다.

건재한 화전

나갈랜드에 다녀온 지 3년이 지난 후, 나는 '땅과 사람'이라는 과목을 개설했다. 첫 수업을 화전, 특히 나갈랜드의 줌으로 편성했다. 수업 내용의 하나로 사마와 긴 인터뷰를 기획해 녹화했다. 사마를 통해 나갈랜드의 줌이 건재함을 알았다. 먼저 나는 컨퍼런스 당시 줌 재배를 비난하던 정부 관계자들의 발언을 언급했다. 혹시 주 정부가 줌을 억제하려는 법률을 제정하거나 시행하려 나섰는지 물었다.

"일반적으로 줌 경작지가 증가하고 있다고는 생각하지 않아요. 관계자들에 따르면 줌 경작지는 많은 곳에서 감소하고 있는 것 같아요. 주 정부는 줌을 없애기보다는 개선하는 방향으로 농부들을 돕고 있어요. 나갈랜드처럼 외진 산악지대가 농업 생산력을 잃으면 길이 끊어졌을 때 큰 어려움을 겪어요. 인도는 여름철에 홍수가 발생해 길이 잠기거나 산사태로 길이 묻히는 경우가 많거든요. 특히 경작 기간을 늘리기 위해 노력하고 있습니다. 전통 시스템에서는 2년만 경작하지만, 연구자들이 농부와 함께 최소 3년까지 늘리려고 노력하고 있어요. 이런 노력이 정부에만 달려 있지 않다고 생각해요. 나갈랜드에선 토지의 10퍼센트 정도만 정부 소유이고, 나머지는 마을 공동체가 소유하죠. 따라서 마을 공동체가 토지 관리에서 매우 중요한 역할을 해요. 공동체 스스로 '우리가 이런 일을 해야겠다'고 결정하지 않는 한, 정부의 개선 활동은 효과가 없을 거예요. 이제는 줌 농법과 생태 환경을 개선하기 위해 함께 노력할 때죠. 줌의 미래는 마을에 따라 달라질 거예요."

나는 인구 증가와 휴경 기간의 감소 사이에서 이루어지는 악몽 같은 순환에 마음이 쓰였다. 인구가 증가하면 휴경 기간이 짧아져 줌의 지속가능성에 나쁜 영향을 미친다고 하지만, 인구가 어디에서 느는가도 중요할 것 같았다. 나갈랜드에서는 많은 시골 사람이 도시로 이주한다고 들었다. 그 결과 전체적으로는 인구가 증가하지만 농촌 인구는 감소하는 형편이다.

"도시와 잘 연결된 부유한 마을에선 사람들이 도시로 이동해 인구가 줄고 있어요. 반대로 도시와 연결성이 좋지 않은 곳에선 오히려 인구가 증가하죠. 전체적으로 보면, 사람들은 마을을 떠나고 있습니다. 좋은 교육이나 더 나은 삶을 찾아서요. 제가 자란 마을의 경우 지금은 농부가 거의 없어서 휴경 기간이 늘어나는 것 같습니다. 예전에는 10년이었다면 이제는 17년에서 18년, 심지어 20년으로 길어졌어요. 다른 지역은 또 다르겠지요."

많은 이들이 경고한 기아와 환경 파괴의 양날 검을 휘두르는 화전의 위기는 나갈랜드에 오지 않았다. 지역 농업 생산성의 중요성에 공감하는 농민과 지역 관계자들은 화전을 막지 않고 개선하는 방향으로 가닥을 잡았다. 다행이다. 인구는 전체적으로 늘었지만, 그 분포가 바뀌면서 휴경 기간은 지역에 따라 다르긴 하지만 전반적으로 오히려 길어지고 있었다. 보태고 싶은 말이 있냐고 묻자, 사마는 이렇게 말했다.

"전통적인 줌에서 배워야 할 점이 정말 많다고 생각해요. 식량 안보가 매우 중요해지고 있기 때문이죠. 농민이 줄어들면서 줌에 대한 지식도 함께 사라지고 있어요. 당장은 실감이 나지 않더라도 몇 년 후 또는 10년 후에는 지역이 스스로 먹을거리를 공급하는 문제가 더욱 중요해질 거예요. 저는 줌에 대한 자세한 연구가 이루어져 줌과 나가인의 삶이 지속될 수 있도록 해야 한다고 생각해요."

사마의 마무리 발언을 들으면서 줌을 지속가능한 농업으로 더욱 발전시켜야 한다던 학자들의 말이 떠올랐다. 그중 한 사람으로 독일의 그로스 박사를 들 수 있다. 컨퍼런스 다음날 만났을 때, 그는 주

정부 공무원들의 비판에 신경이 곤두서 있었다. "화전민을 좋아할 수 있겠어요? 어디서 무슨 농사를 얼마나 짓는지 파악도 안 되는 농민들은 눈엣가시겠죠. 사각지대에 있으니 통제가 안 되잖아요, 통제가." 지금은 어디서 무엇을 하는지 모르는 그에게 사마의 밝은 전망을 전해주고 싶다. 그의 비판을 반대하고 싶어서가 아니다. 그의 비판은 나의 생각이기도 하다. 실제로 세계 곳곳에서 화전민을 통제 속으로 끌어들여 와해시키려는 정부와 자본의 활동은 열대우림의 나무뿌리 못지않게 집요했다. 생태계를 보존한다는 명목 아래, 화전민인 열대림의 소수민족들은 사유지나 국유지를 황폐화한다는 죄목으로 토지 접근권을 박탈당하거나 토지 계획의 결정 과정에서 소외되었다. 앞에서 든 시나리오처럼, 화전에 대한 종말론적 예언은—증거도 없고 가정만 많은 단순한 이론임에도 불구하고—화전민과 숲의 관계를 끊으려는 행위에 편리한 정당성을 제공했다.

흐름은 느리지만 뒤집히고 있다. 국제연합 식량농업기구Food and Agriculture Organization(FAO)를 비롯해 화전을 무시해오던 몇몇 국제기구는 2015년 415쪽에 이르는 기념비적인 화전 관련 보고서를 펴냈다.[21] 아시아의 토착 화전민과 화전의 사례 연구에 초점을 맞춘 보고서의 머리말에는 다음과 같은 구절이 있다. "식량 안보를 위해 농업 기반 생계 시스템을 개선하여 토착 화전민을 지원해야 할 필요성을 강조한다. 우선순위 분야 중 하나는 토지 소유권 확보와 관련된 것이다. 국가가 토지와 화전에 대한 공동체의 권리를 인정하는 인도의 나갈랜드를 제외하고는, 다른 모든 사례 연구에서 토착민 공동체는 계속해서 토지에 대한 권리를 법적으로 인정받거나 보호받지 못한 채 화전을 이어가고 있다. 따라서 이 사례 연구들은 관습적 토지 권리를 인정할 것을 권고한다."

화전은 자연에 관해 인간이 쌓아온 가장 오래된 근접 지식과 경험 중 하나이다. 21세기 과학자들이 겨우 알아낸 범지구적인 물질-에너지 순환의 현실과 놀라울 정도로 아귀가 맞는 열대의 화전은 벗어나야 할 것이 아닌 제대로 배워 발전시켜야 할 오래된 지혜이다. 한 차례 모래가 다 흐르고 뒤집을 때마다 새로운 시간이 시작되는 모래시계처럼, 밭과 숲이 순환하며 재생의 시간을 다시 시작하는 화전은 아직도 건재하다.

3
쟁기

생명을 배신하지 않는 노동을 향하여

쟁기질은 노동의 대명사다. 작물을 키우려면 양분만 있어서는 안 된다. 양분을 빼앗고 작물의 자리를 차지하는 잡초를 없애는 작업은 인류가 자연을 상대로 벌인 가장 오래된 전투이기도 했다. 쟁기는 전투의 기본 무기였다. 쟁기질은 또한 귀한 씨앗이 흙 속에 제대로 들어서는 것을 도왔다. 몇 가지 선택된 곡물을 위해 자연의 판을 새로 짜는 농사에서 쟁기는 핵심 장비였다. 쟁기를 둘러싼 농민의 기술 혁신은 마을, 국가, 세계 경제 질서의 변화까지 몰고 왔다. 이제 인간을 먹이기 위해 지구를 파괴하지 않는, 생명과 지구를 배신하지 않는 노동을 향해 또 한번의 쟁기 혁신이 필요하다.

> "뭔 불만이 많아!"
> 농부가 말했다.
> "누가 너더러 송아지 하래? 잘난 체 비행하는 제비처럼 날개를 달고 태어나면 됐잖아!"
> _조안 바에즈[1]

밭갈이라는 형벌

나의 팔은 가늘다. 근육이 별로 발달하지 않았다. 가는 팔과 손목을 보면 한숨이 절로 나온다. 특히 마당 일을 견뎌내질 못할 때 그렇다. 이미 다 아는 아내한테 힘없다는 소릴 들을까 무리한 것이다. 한 일도 없이 근육통으로 관심을 촉구하는 신체 부위를 보면, 이제라도 근육운동을 시작해야 하나 망설여지기도 한다.

힘이 없어서 정말 창피했던 적이 한 번 있었다. 감히 쟁기질을 하겠다고 나섰을 때다. 미네소타대학교에서 북쪽으로 50킬로미터 거리에 있는 올리버켈리농장Oliver Kelley Farm은 미네소타역사협회Minnesota Historical Society가 역사의 현장으로 보존하는 곳이다. 트랙터가 등장하기 전, 농약과 화학비료가 쓰이기 전, 미네소타에 정착한 유럽인의 농장을 당시 모습 그대로 볼 수 있다. 화창한 7월 중순의 옥수수밭. 밭 한쪽으로는 미시시피강 좁은 둑길을 따라 심은 나무가 숲을 이루었다. 강이 범람하며 퇴적된 모래흙은 점토가 주는 찰기라고는 전혀 없어 쟁기날은 물살을 가르듯 쉽게 푸석푸석한 모래흙을 갈랐다. 밀짚모자 쓴 두 사내가 소매가 풍성한 긴 셔츠에 조끼를 입었다. 한 사람은 스카프까지 했다. 쟁기 끄는 말 또한 긴 갈기를 빗어 넘긴 모양이 귀태가 났다.

연예인이네! 긁으면 그냥 긁히는 모래땅에서 벌이는 두 남자의 쟁기 쇼를 나도 해보고 싶어졌다. 미네소타대학교 토양학 교수라고 소개했다. 쟁기질이 흙에 미치는 영향에 대해 강의도 하고 연구도 하는데, 막상 쟁기질을 해본 적은 없다고 말했다. 학생들한테 쟁기질 경험을 들려주고 싶다는 소망을 피력했다.

교수라는 말도, 토양학을 한다는 말도, 학교 이름도 꺼내지 말아야 했다. 스카프 사내가 쟁기에서 손을 놓으며 말을 보내는 순간, 난 앞으로 고꾸라졌다. 두 연예인의 부축을 받으며 일어선 나에게 두 번째 기회가 왔지만, 의외로 단단한 모래흙에 박힌 쟁기는 내 팔 근육을 조롱하며 정방향이 아닌 45도로 길을 꺾었다. 방향을 제대로 잡으려 끙끙거리는 사이 말을 따라가지 못해 나는 또 한 번 고꾸라졌다. 휘청거리는 토양학 교수에게 세 번째 기회가 왔을 때, 교수는 쟁기를 놓쳤고 말은 쟁기를 끌고 혼자 가버렸다. 두 연예인은 사람 좋은 웃음을 지으며 학생들이 어떤 이야길 들을지 궁금하다고 했다.

쟁기에 손을 댄 이후 히브리 성서의 〈창세기〉가 새롭게 다가왔다.

에덴에서 쫓겨난 아담의 쟁기질. 밭갈이가 형벌이라고 했을 땐, 쟁기질이 허리 아픈 노동이라는 일상적 경험이 깔려 있다. 기독교인이라면 '재의 수요일'마다 "너는 흙이니 흙으로 돌아갈 것을 기억하라"는 경구와 함께 이마에 재로 십자가를 새긴다. 흙은 인간의 시작이자 끝이다. 위스콘신대학교의 토양학자 프랜시스 홀(1913~2002)의 말처럼, "우리는 잠깐 흙이 아닐 뿐이다". 〈창세기〉는 그 '잠깐'조차 흙은 노동의 터전이라 말한다. 흙을 파괴하는 것은 본향을 죽이는 일이자 돌아갈 곳을 없애는 일임에도, 생계를 유지하려면 흙을 갈아엎어야 하는 것이 인간의 운명이라는 것이다. 쟁기는 먹고살기 위해 하는 노동이 인간을 배신하는 아이러니의 중심에 있다.

인류 보편 노동

"밤마다 근육통이 심했을 텐데, 잠이 왔어요?" 내가 물었다. "그랬죠. 그래도 멋진 경험이었어요"라고 그는 성겁게 답했다. 자전거 위의 농생태학자 폴 포터는 2009년에서 2011년까지 아프리카 대륙을 이집트의 카이로에서 남아프리카공화국의 케이프타운까지, 남아메리카 대륙을 아르헨티나의 부에노스아이레스에서 페루의 리마까지, 시속 16킬로미터의 속도로 완주했다. 그런데 그게 그냥 달린 것이 아니었다. 온대에서 열대까지 그리고 저지대에서 눈 덮인 고산대까지 촌락을 누비며 다양한 농업 생태계의 세세한 면면을 미네소타대학교 학생들에게 현장 중계 강의하며 달린 것이다.[2] 인도 나갈랜드를 동행할 때 친해진 전설의 폴 포터 교수를 내 수업에 초대했을 때, 나는 그가 찍은 사진들을 보고 싶어 안달이 났다.

"이집트 나일강 근처인가 봐요?" 쟁기질 사진이었다. "에티오피아." "이것도 쟁기질. 탄자니아." 거듭되는 쟁기질 사진이 메시지를 하나 던졌다. 쟁기질은 만국 공통의 보편적 근육노동이었다.

쟁기는 시대와 장소를 초월했다. 9000년 전, 비옥한 초승달 지역에서 개화한 농업은 북으로 남으로 확장해갔다. 인구 증가 및 산림의 소멸과 함께 등장한 농업 시스템 중 하나는 휴경과 쟁기를 바탕으로 이루어졌다. 똥오줌으로 토양 비옥도를 유지하는 이 농업 시스템에서 가장 중요한 도구가 쟁기였다. 초기의 쟁기를 흔히 긁개 쟁기scratch plow라 하는데, 가장 단순한 쟁기는 고작 5개가 안 되는 부품으로 만들어졌다. 조종사가 사람이라면 엔진은 소였다. 4000년 된 이집트 인형에는 흙 거죽을 긁고 나가는 쟁기의 볏, 쟁기를 끌고 가는 두 마리의 소, 그리고 왼손은 쟁기에 두고 오른손에는 소를 부리는 채찍을 든 농부가 오늘날의 장면처럼 남아 있다. 이집트 벽화 속 쟁기질은 3000년 후 폴 포터 교수의 사진에 잡힌 쟁기질과 놀라울 정도로 다르지 않았다.

정신이 번쩍 들어 찾아보니 아프리카라서 그런 것도 아니었다. 농부, 소, 쟁기는 대륙과 바다를 건너 아시아에서도 똑같이 팀을 이루고 있었다. 인도 갠지스의 저지대 논, 인도네시아의 다랑논, 우리나라 충청도의 산지 밭을 가리지 않고 쟁기-소-농부의 삼위일체가 만

그림 3-1 대략 기원전 1981~1885년 이집트에서 제작된 쟁기질하는 사람 모형(위). 오늘날 에티오피아의 쟁기질(가운데), 근대 한국의 쟁기질(아래) 모습과 놀라울 정도로 비슷하다.

국 공통의 보편 노동을 수행하고 있었다.

농부의 무기

2015년 마당이 딸린 집으로 이사한 뒤 뒷마당 텃밭을 가꾸고 화단과 잔디를 관리하면서 의심이 들기 시작했다. 나만 그런가? 남들도 다 그런가? 농부와 정원사에게 미안해서 내 불편한 마음을 까놓고 말하기가 어려웠다. 이참에 말해버리자면, 다들 벼를, 꽃을, 잔디를 키운다고 부산을 떨지만, 진실은 살리는 것보다 죽이느라 난리가 아닌가? 그게 내 불편한 의심의 실체였다.

오늘도 난 귀한 저녁 시간 동안 민들레만 뽑다 들어왔다. 민들레 죽이기는 시간만큼 근력을 요구하는 노동이다. 민들레 앞에 허리는 남아나질 못한다. 잔디를 위해서라고 말하고 싶지만, 이게 가치가 있는 노동인지 확신이 없다. 얼마 전 동네 아주머니와 수다를 떨 때, 길 건너 새로 이사 온 집이 도마 위에 올랐다. 민들레 밭이 되도록 잔디를 내버려둔 것이다. "다음은 우리 차례야!" 긴장한 아내와 나는 작업복을 입고 잔디밭의 가장자리에 섰다. 민들레뿐이랴! 질경이, 서양벌노랑이, 캐나다엉겅퀴, 토끼풀, 긴병꽃풀, 명아주 등 멀리서 보면 온통 푸른색인 잔디에 포진한 잡초의 다양함과 왕성함은 나의 전의를 꺾었다.

7월, 큰맘 먹고 잡초를 뽑으려던 주말은 마침 후덥지근했다. 챙모

자와 긴소매 옷 속에서 피부는 젖어버리고, 엉겅퀴 가시를 막고자 고무 코팅 장갑을 낀 두 손은 익어버릴 것만 같았다. 자꾸 삐뚤게 가는 내 마음은 제초제 없이 한 땀 한 땀 정직하게 잡초를 없애는 이 선량한 이웃의 올곧은 행위를 천하에 알리고 싶었다. 고행을 마무리하며 비장하게 구시렁거렸다. "이놈의 잔디밭, 다 갈아엎어버릴 거야!" 머리가 식고 제정신이 들자, 나도 모르게 쟁기질의 진수를 말해버렸음을 깨달았다.

논밭, 잔디, 화단의 공통점은 모두 죽음을 부르는 곳이라는 것이다. 특정 식물만 자라도록 자연이 그냥 놓아두질 않기 때문이다. 자연의 풍부함과 다양성은 논밭에 갇힐 수 없는 것이다. 그대가 부지런히 몸을 놀리지 않는다면, 거름도 물도 햇빛도 그대가 심은 식물이 아닌 자연이 심은 잡초에게 갈 것이다. 원하는 특정 식물을 뺀 나머지를 상대하는 그대의 목적은 오로지 하나, 그 나머지의 죽음이다. 논밭이 식량의 원천이라면, 그대가 먼저 죽이지 않으면 잡초가 그대를 굶겨 죽일 것이다. 제초라는 극한 작업은 인류가 자연을 상대로 벌여온 가장 오래된 전투이고, 쟁기는 전투의 기본 무기였다. 못 견디게 더운 7월의 어느 날 내가 비장하게 말했던 것처럼, 화학 제초제 이전의 농부는 땅을 갈아엎어 잡초를 죽였다. 쟁기질이었다.

쟁기질은 씨앗이 잘 발아하도록, 즉 씨앗이 광물과 잘 접촉하도록 흙을 준비시키는 작업이기도 했다. 흙을 덮은 나뭇잎과 잡초 덤불에 떨어진 씨앗은 성공적으로 자라지 못할 공산이 크다. 풀뿌리, 나무뿌리가 우세한 흙 표면도 마찬가지였다. 역시 갈아엎어 나머지를 죽이는 것이 답이었다. 중세 유럽의 경우, 100알의 밀 중 가장 좋은 20알 이상을 이듬해의 씨앗으로 쟁여놓아야 했다. 잡초, 병충해, 기상 이변은 예외가 아닌 기본 조건이었기에, 먹을 것이 고갈된 흉년이면 지금 죽을까 내년에 죽을까 하는 선택의 갈림길에 쟁여놓은 씨앗이 있었다. 생산성이 낮았던 중세의 유럽에서 하나의 밀 씨앗이 새로 맺을 곡물은 셋에서 다섯 알이 전부였다. 사정이 이랬으니, 씨앗 하나가 흙과 맞닿아 발아하는 일은 농부에게 극히 중요한 일이었다. 쟁기질을 피해갈 수 없었다.

  몇 가지 선택된 곡물을 위해 자연의 판을 새로 짜는 농사는 자연을 상대로 한 전쟁의 다른 이름이었다. 전쟁은 모든 논밭에서 끝없이 밀려오는 잡초를 상대로 각개전투로 치러졌다. 농부는 전장의 외로운 전투병이었고, 그의 무기는 쟁기였다.

쟁기 기술의 혁신

《중세 기술과 사회 변화》[3]에서 역사학자 린 화이트는 말한다. "우리는 사제, 장인, 상인, 학자, 예술가가 세상과 사회 변화를 주도했다고 세뇌를 받아왔다. 기록된 자료를 통해서만 역사를 보기 때문이다. 대부분 문맹이었던 농민에 대한 기록은 거의 없다. 만약 우리가 세계사를 있는 그대로 볼 수 있는 지적 능력을 갖추게 된다면 사제, 장인, 상인, 학자, 예술가가 사실은 농민의 어깨 위에 서 있던 극소수였다는 사실을 알게 될 것이다. 농민이야말로 사회 변화의 진정한 원동력이었다." 린 화이트는 6세기부터 9세기까지 북유럽에서 일어난 농업혁명이 19세기의 산업혁명만큼이나 역사적인 사건이라고 주장한다. 10세기 이전 지중해 지역이었던 유럽의 경제 중심은 14세기에 이르면서 북유럽으로 넘어갔다.[4] 린 화이트는 중세에 일어난 경제축 전환의 궁극적인 원인을 쟁기의 기술 혁신, 즉 잘나가던 사람들이 아닌, 농민이 겪고 만들어낸 혁신에서 찾는다.

그림 3-2 자크조제프 티소, 〈쟁기질하는 남자〉(1886-1894). 브루클린미술관.

지중해 아프리카 또는 중동이 배경인 듯 보이는 프랑스 화가 자크 조제프 티소(1836~1902)의 그림 〈쟁기질하는 남자〉는 1886년에서 1894년 사이 제작된 작품이다. 사내가 끄는 것은 긁개 쟁기다. 19세기까지도 지중해 지역에선 긁개 쟁기가 쓰인 모양이다. 쟁기를 끄는 동물이 소와 당나귀 한 쌍이라는 점도 재밌다. 고온 건조한 여름이면 바짝 말라버리는 지중해의 구릉지대에서, 암석은 물리적으로 부서지고 침식되지만 수분이 필요한 화학 풍화는 상대적으로 약하다. 덕분에 깊고 끈적거리는 점토 토양이 아닌 돌이 많은 얕은 토양이 만들어졌다. 긁개 쟁기는 얕은 돌밭에서는 쓸 만했다. 긁개 쟁기는 10세기에 등장한 무거운 쟁기(흙밀이 쟁기)[5]와 달리, 지표의 빽빽한 뿌리 뭉치를 가로 세로로 절단해 뒤집는 장치가 없었다. 얕고 푸석푸석한 흙에선 괜찮았지만, 점토와 수분이 많아 아주 무겁고 끈적거리는 토양에서 씨 뿌릴 흙을 준비하고 잡초의 뿌리를 자르기에는 역부족이었다.

지중해 연안과 달리 영국, 덴마크, 독일의 저지대는 빙하 퇴적물에서 발달한 토양이 대세였다. 중세에 도시가 가파르게 증가한 덴마크와 독일에는 기복 없는 낮은 땅이 많았다. 평원을 천천히 굽이도는 강은 빙하 퇴적물을 재가공하여 점토가 많은 범람원의 토양을 만들어놓았다. 점토 그리고 서늘한 기온은 토양의 유기물 축적을 촉진했고, 토양학자가 알피솔 Alfisols이라 부르는, 농업에 최적인 비옥한 토양이 만들어졌다. 난관은 저지대의 토양 경작이 긁개 쟁기로는 무리였다는 점이다. 쟁기를 흙에 집어넣고 끌려면, 흙을 자르고 부수고, 흙과 쟁기 사이에 발생하는 마찰력을 이겨내야 했다. 점토가 많은 흙에선 모세관 현상에 의한 물의 장력이 쟁기와 흙 사이에서 접착제 역할을 했다.[6] 결국 찰지고 수분이 많은 북유럽 저지대의 흙을 갈아엎고 싶어도 그럴 무기가 없었다. 결국 새로운 쟁기, 즉 무거운 흙밀이 쟁기의 등장을 기다려야 했고, 북유럽의 농업 잠재력은 무거운 쟁기의 등장과 함께 드디어 폭발했다.

무거운 쟁기는 흙을 공격하는 방식이 달랐다. 긁개 쟁기가 풀밭을 파고들어 양쪽으로 흙을 튕겨냈다면, 무거운 쟁기는 풀밭을 수직으로 가르고 잡초 뿌리가 엉긴 흙을 수평으로 잘라내면서, 잘려 나온 흙덩어리를 위아래 180도 뒤집어놓는 흙밀이 판을 장착했다. 무거

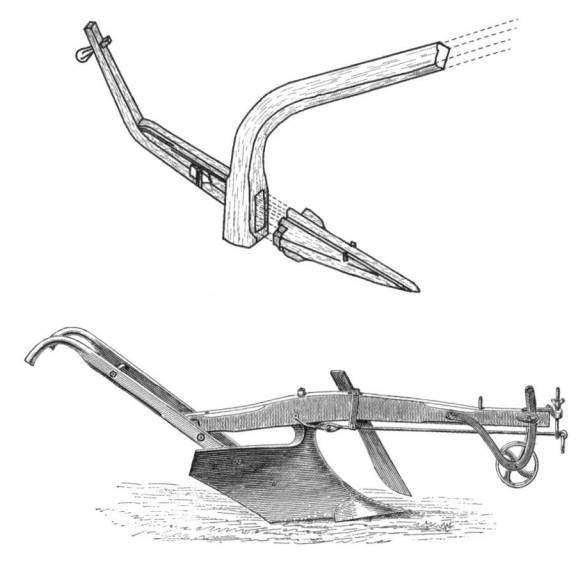

그림 3-3 긁개 쟁기와 흙밀이 쟁기.

운 쟁기는 찰진 흙덩어리를 효과적으로 파쇄했기 때문에, 긁개 쟁기와는 달리 쟁기질을 거듭해야 할 필요가 없었다. 무거운 쟁기와 함께 잦은 쟁기질이 없어지면서 농부는 시간과 노력을 절약할 수 있었다. 무거운 쟁기는 흙 표면에 놓인 작물의 잔여물과 거름을 뒤집어 흙 속 깊숙이 있는 작물의 뿌리 가까이에 놓아주었다. 똥오줌 거름이 광물질 흙과 섞이지 않은 채 지표에 남아 있으면 빠르게 썩어 대기로 날아가거나 침식에 씻겼을 테니, 무거운 쟁기가 거름의 효율을 높여준 것이다. 무거운 쟁기로 흙을 깊이 갈 수 있게 된 것은 중세 북유럽 농업혁명의 중요 부분이었다. 무거운 쟁기 덕에 북유럽의 충적토가 개발되기 시작했다. 비옥한 토양이 새로이 농업용으로 개발되면서 북유럽은 경제적으로 성장했고, 잉여 곡물은 10세기 북유럽 도시의 성장 기반이 되었다.[7] 농민의 쟁기 기술 혁신이야말로 사회 변화의 원동력이었다.

쟁기와 가축이 이끈 사회 혁신

유럽의 땅은 아직도 중세 이전과 이후의 쟁기를 기억한다. 가축에 지져진 인장처럼 말이다. 케임브리지대학교가 제공하는 항공 사진은[8] 현재의 토지 사용과 무관하게, 정사각형 모양의 밭이 영국 도처에 밑그림처럼 있음을 보여준다. 켈트식 밭이라 불리는 정사각형에 가까운 땅은 긁개 쟁기의 산물이다. 긁개 쟁기는 흙을 뒤집지 않고

그림 3-4 영국 요빌과 도체스터 사이의 작은 밭들. 작물을 심지 않은, 최근 쟁기질을 한 밭의 위성사진을 보면 지금은 사라진 사각형 모양 켈트밭의 경계들이 어렴풋이 보인다.

고랑 사이 흐트러지지 않은 흙을 남겨두기 때문에, 직각으로 다시 한 번 교차 쟁기질을 할 필요가 있었다. 교차 쟁기질을 효율적으로 하려면, 밭은 정사각형이어야 했다.

무거운 쟁기가 대세가 되면서 북유럽의 농경지는 가로와 세로의 길이가 비슷한 네모 모양에서 길고 좁은 모양으로 바뀌었다. 쟁기가 무거운 데다 수직과 수평으로 풀뿌리와 흙을 자르고 뒤집어야 했으므로 훨씬 더 많은 마찰이 발생했다. 소 두 마리로는 끌 수가 없었다. 쟁기 앞에 황소 여덟 마리를 두어야 했다.[9] 자그마치 여덟 마리! 무거운 쟁기와 소 여덟 마리를 조종한다 상상해보라. 미네소타대학교 토양학 교수처럼 코를 박지는 않더라도, 아무 생각 없이 앞으로

만 가고 싶을 것이다. 길게 가는 밭은 새로운 대형 쟁기의 등장에 따른 자연스러운 결과였다. 면적을 측정하는 단위 또한 이에 따라서 바뀌었다. 에이커라는 단위를 법제화한 것은 13세기 영국의 에드워드 1세였다. 1에이커(약 4046제곱미터)는 한 사람이 하루에 여덟 마리의 황소(일을 시키기 위해 거세한 수소)와 팀을 이루어 쟁기질할 수 있는 밭의 면적이었다. 1에이커는 길이 660피트, 너비 66피트다. 길고 좁다. 한 팀이 쉬지 않고 쟁기질할 수 있는 거리이기도 했다. 참고로 1피트는 약 30센티미터로, 660피트는 200미터가 조금 넘는다.

  쟁기질은 인간이 동물의 힘을 농업에 적용한 최초의 기술이었다. 사람과 땅 사이에는 쟁기와 가축이 있다. 쟁기와 가축은 따로 사용되는 법이 없는 한 몸을 이루는 시스템이었다. 가축 없이 쟁기만 쓸 수는 없었다. 마찬가지로 쟁기 없이 가축만 쓸 수도 없었다. 소는 쟁기의 엔진으로, 둘을 따로 떼어놓는 것은 자동차에서 엔진을 빼놓는 것과 같았다. 이 시스템은 5000년 전의 메소포타미아로 거슬러 올라간다. 소는 세 가지 상품을 생산했다. 첫째, 고기와 우유. 둘째, 분뇨. 셋째, 노동력. 세 가지 중 무엇이 가장 중요할까? 100년 전에 이 질문을 했다면, 사람들은 노동력을 꼽았을 것이다. 농부는 허리가 휘는 쟁기질을 가축에 떠넘기기 위해 가축의 수를 유지해야 했다. 그러나 노동력을 동물에 의존하는 것은 위험천만한 일이기도 했다. 심각한 가뭄이 에티오피아를 강타하면, 건기로 초지가 사라져 풀을 뜯던 소들이 죽어나갔다. 밭 갈고 씨 뿌릴 노동력에 심각한 결손이 생겼다. 북유럽 또한 마찬가지였다. 봄과 여름 넘쳐나던 목초지에

겨울이 오면 소가 뜯을 풀이 없었다. 쟁기 끄는 일을 동물에게 넘긴 농부는 쟁기를 끌 가축을 키우느라 허리가 휘었다.

두 마리가 아닌 여덟 마리의 소를 부려야 무거운 쟁기를 끌 수 있었던 중세 북유럽의 농민은 위태로운 가축의 숫자 게임을 어떻게 풀었을까? 농부는 건초를 베어 겨우내 저장함으로써 계절적 제약을 완화할 수 있었다. 건초를 저장해 사료 공급의 변동성을 줄임으로써, 농부는 노동력과 거름을 위해 더 많은 소를 키울 수 있었다. 중세 농민은 건초를 효율적으로 수확하기 위해 획기적으로 개선된 낫이 필요했을 뿐 아니라 수확한 건초를 우리로 옮기기 위해 수레와 마차도 필요했다. 축사에 소를 가두면 좀 더 효율적으로 똥오줌을 모을 수 있었지만, 똥오줌을 밭으로 운반할 도구 또한 필요했다. 이를 위해 새로운 장비와 시스템이 개발되었고, 무거운 쟁기는 더 많은 똥오줌을 흙 깊숙이 집어넣어 비료의 효율성을 높였다.

기술 혁신은 빙산의 일각이었다. 이를 한 번에 해결하려면 농민 사회를 재조직할 필요가 있었다. 황소 여덟 마리를 가진 농가는 드물었으므로, 새 쟁기를 쓰려면 팀을 꾸려야 했다. 쟁기 팀이 민첩하게 돌기 위해선, 켈트식 밭이 아닌 울타리 없는 광활한 '오픈 필드'를 좁고 긴 띠 단위로 재편하는 농지개혁이 필요했고, 흩어져 있는 여러 개의 좁고 긴 띠 농지를 농부 한 명이 관리할 수 있도록 토지 소유 방식도 달라져야 했다. 이렇게 해서 북유럽 특유의 중세 장원이 탄생했다. 장원은 여러 농민이 소유한 길고 좁은 띠로 이루어진 열린 들판으로 구성되었으며, 그 안에는 소를 방목하고 건초를 수확하기 위한 공동 목초지가 있었다. 또 여러 개의 켈트식 밭을 하나의 밭으로 통합해 개별 농부에게 할당할 필요성에 따라 강력한 마을 농민 협의회가 성장하기도 했다. 사회 혁신과 기술 혁신은 맞물린 톱니처럼 같이 돌아갔다.

자유 소, 미툰

쟁기와 소가 한 시스템이라면 쟁기에 얽매이지 않은 소는 어떤 모습일까? 인도의 나갈랜드에서 그런 '자유 소'를 본 적이 있다. 노동에서 자유로운 소 말이다. 그 소의 이름은 미툰mithun이었다. 미툰은 신비로운 동물이다. 히말라야 산기슭에서 무리 지어 숲속을 돌아다니는 미툰은 인간의 보살핌을 받지 않는다. 수줍은 동물이라 보기가 쉽지 않다고 들었다. 그러나 자유로운 미툰에게도 주인이 있었다.

   나갈랜드 코히마사이언스칼리지에서 보낸 마지막 날, 긴 답사를 마치고 돌아오는 길이었다. 일행 중 여섯 살짜리 사내아이를 둔 젊은 부부가 있었는데, 엄마는 대학원생, 아빠는 학교 직원이라고 했다. 아이 아빠가 소리 질러 차를 세우더니 산기슭을 가리켰다. 도로와 원시림 사이 평평한 하얀 단구 위, 녹이 슬어 붉은 양철 지붕이 얹힌 헛간이 보였다. 헛간 앞에 탁자 모양의 큰 암석이 여럿 놓여 있었는데, 그사이로 검은 짐승들이 움직였다. "미툰! 미툰!" 짐승의 크기에 흠칫하는 순간, 남자가 어느새 미툰을 향해 걸어갔다. 일행 모

그림 3-5 밀림에서 나와 바위 위에 놓은 소금을 핥고 있는 미툰.

두 홀린 듯 그의 뒤를 따랐다. 가까이서 본 미툰은 장대했다. 한 놈이 몸을 돌려 옆모습을 보여주었을 때, 난 그 아름답고 살벌한 근육미에 움찔했다. 귀와 눈 사이 들고 올라간 뿔은 길지도 크지도 않았지만 끝이 날카로웠고 아주 단호해 보였다.

 미툰을 많이 다뤄보았는지 남자는 성큼성큼 미툰 사이를 걸어갔다. 저래도 괜찮나 싶어 아이의 엄마에게 눈짓을 해보았지만, 아이도 엄마도 익숙한 모양이었다. 그래? 나도 이젠 맘 편히 보자. 그제야 검고 큰 놈들 사이 암석 뒤에 가려졌던 누런 송아지도 보였다. 모두 다섯 마리. 셋이 새끼였다. 남자는 손으로 암석을 비비더니 하얀 가루 같은 것을 털어냈다. 우리를 향해 뭐라 말을 하는데, 쌩하는 바람 소리에 들리지 않았다. 그는 마치 자기 것인 양 헛간에서 포대 하나를 들고나와 하얀 내용물을 암석 위에 쏟아부었다. 나중에 들으니 소금이었다. 미툰은 걸신들린 듯 소금을 핥았다.

 숲 밖의 주인은 숲속의 미툰을 불러낼 수 있다고 했다. "어떻게요? 주인을 알아봐요? 어릴 때 키웠다 돌려보냈나요?" 알아본다 해도, 밀림 속에서 보일 리가 없었다. "주인 냄새를 아나요?" 내 질문을 참을성 있게 듣고 나서, 남자는 한마디로 답했다. "주인 뿔 나팔 소리를 알아들어요." 주인은 숲 가장자리 정해진 지점에 소금을 놓고 그때마다 뿔 나팔을 불어 자기 미툰과 인연을 맺는다고 했다. 물려받은 미툰에게 어려서부터 소금을 주고 뿔 나팔을 불며 자라는 나가 사람이 한편에 있다면, 다른 한편에서는 아빠 엄마를 따라 나오던 송아지 시절을 거쳐 근육이 울퉁불퉁한 어른 소로 자라는 미툰이 있다.

인연은 그렇게 이어진다고 했다. 주인의 나팔 소리와 소금 사이의 연결고리에 충실히 반응하던 미툰은 어느 날 혼인 잔치 바비큐 거리를 준비하려는 주인의 나팔 소리에 반색하며 나갔다가 영영 숲으로 돌아오지 못할 것이다.

아이 아빠에게 미툰을 축사에서 키우지 않는 이유를 물었다. 이 또한 답은 명쾌했다. "먹이를 생산할 땅이 없어요." 맞다. 가축을 키우려면 땅이 필요하다. 동물 사료를 생산하려면 식구 먹일 땅 말고도 다른 땅이 필요하다. 여긴 히말라야였다. 가파른 경사와 산. 야생 동물의 가축화가 이루어지기엔 땅이 모자랐다. 거름으로 쓸 똥오줌을 마련하거나 쟁기질하는 데 미툰을 쓰는지도 물어보았다. "화전민이잖아요. 거름이 뭐에 필요해요? 쟁기도 필요 없고요."

나갈랜드의 미툰은 자유 소였다. 엄청난 근육에도 불구하고 그들을 밭에서 부려먹으려는 농부도, 거름 삼고자 똥오줌을 탐하는 정착농도 주위에는 없었다. 나가인에게 미툰은 집에 들여봐야 짐이었다. 먹여 살릴 남는 땅도 없거니와, 그 뒷바라지를 자청할 이유도 없었다. 히말라야의 숲이 튼실한 고기로 미툰을 키워줄 것이다. 노동과 거름을 생산할 필요가 없는 나갈랜드의 미툰에게는 밀림을 누빌 자유가 있었다. 다만 언젠가 들릴 잔칫날의 뿔 나팔 소리가 함정이라면 함정이었다.

트랙터의 등장

자전거 페달로 아프리카와 남아메리카를 종주한 폴 포터 교수가 은퇴하기 직전 그에게 트랙터에 관해 물어본 적이 있다. 1926년에 태어난 포터 교수의 아버지는 캔자스의 농장에서 자랐다. 나이 차이가 많이 나는 형이 대학으로 떠난 직후, 그의 아버지(포터 교수의 할아버지)가 첫 트랙터를 사들였다. 1930년대였다. 할아버지가 평생 이야기할 만큼 그것은 농장에서 일어난 일대 혁명이었다. 트랙터는 쟁기뿐 아니라 농장의 각종 장비, 일용 노동자, 거름, 수확한 작물을 실어 나르는 수레 역할도 했다. 운송의 혁신은 마을과 농장과 도시를 바꾸어놓았다.

1936년에 만들어진 짧은 다큐멘터리 영화 〈평원을 깬 쟁기 The plow that broke the plains〉[10]는 트랙터가 가축을 대체한 혁신의 과정과 그 여파를 생생히 보여준다. 1838년 존 디어의 발명품인 강철 쟁기가 생산,

그림 3-6 존디어 쟁기.

판매되기 시작했다. 당시 서부로 뻗어나가던 미국의 농업은 대평원 자락에서 잠시 멈춘 상태였다. 대초원의 두꺼운 뿌리 층과 점토가 풍부한 찰진 흙은 비옥한 초원의 땅을 개간하려고 몰려든 개척자에게 난관이었다. 하지만 그들은 존디어 쟁기의 우아하고 단순한 강철 흙밀림판 덕에 대초원을 효율적으로 경작할 수 있었다. 마치 중세의 북유럽에 나타나 비옥한 저지대의 개간을 이끈 무거운 쟁기처럼 말이다!

하지만 존디어 쟁기가 본격적으로 활약하기까지는 시간이 필요했다. 존디어 쟁기의 약발이 듣기 시작한 것은 54년 후인 1892년 존 프뢸리히가 가솔린 구동 트랙터를 발명해 트랙터가 말을 대신해 존디어 쟁기를 끌고 나서였다. 그때야 대평원의 농지는 팽창하기 시작했다. 트랙터의 등장에 이어 제1차 세계대전(1914~1918)으로 농산물 가격이 폭발적으로 오르자 대평원의 농업은 또 한 번 가속 페달을 밟았다. 〈평원을 깬 쟁기〉에서는 트랙터 장면 이후 곧바로 군용 탱크가 등장하고 마찬가지로 쟁기와 폭격기가 나란히 나온다. 영화 제작자의 의도는 세계대전의 탱크와 폭격기처럼, 트랙터와 쟁기는 대평원을 상대로 벌이는 전투의 무기라는 것이 아니었을까? 쟁기-가축 듀오는 1930년대에 이르러 쟁기-트랙터 시스템으로 갑작스레 진화했고, 더는 거칠 것이 없어진 쟁기질과 건조한 기후가 힘을 합치자 미국과 캐나다 대평원의 농지와 마을은 흙폭풍Dust Bowl 속으로 말려 들어갔다.

마지막 풀 한 포기까지

트랙터-쟁기 듀오의 끝판왕을 본 것은 스페인 안달루시아에서였다. "여름은 더워서 낮에는 다닐 수 없어요. 4월에 와요." 초대해준 코르도바대학교 톰 반왈레겜 교수의 제안에 따라 4월에 도착한 스페인의 안달루시아는 올리브 동산이었다. 지평선까지 물결처럼 이어지는 동산이 백설기처럼 하얬다. 하얀 언덕에는 브로콜리를 일렬로 심은 것처럼 올리브 나무가 질서 정연했다. "흙이 하얗네!" 지평선까지 하얀 땅을 보며, 처음에는 유기물을 담은 표층 흙의 A층이 침식되고 석회가 쌓인 흙의 B층이 드러난 줄로만 알았다. 가까이 보니, 흙은 B층마저 남김없이 침식되어 없어진 지 오래였고 기반암인 석회석이 드러난 것이었다.

반왈레겜 교수가 연구하는 올리브 능선에 올랐을 때 ATV 한 대가 올라왔다. 차에서 내린 사내는 곧 방음 헤드폰을 뒤집어썼다. 가스 드릴을 잡아 곧추세워 올라타더니 "타타타타" 석회암 바닥에 구멍을 뚫기 시작했다. 스페인, 올리브 농장, 지중해. 매력적인 단어들이 연쇄반응을 일으켜야 할 낭만은 어디에도 없고 먼지와 굉음만이 진동했다. 무슨 푯말을 세우나 보다 싶었는데, 사내가 구멍에 박은 것은 내가 잘못 본 게 아니라면 분명 올리브 묘목이었다. 그는 물 한 바가지를 묘목에 붓고 떠나가버렸다. "방금 무슨 일이 일어난 거죠?" "별거 아니에요. 보시다시피 올리브 묘목 심고 간 거죠!"

토양침식은 안달루시아 어느 올리브 동산을 가나 대단했다. 한편

저지대 마을은 올리브 동산에서 쓸려온 흙에 매장당하고 있었다. 한 마을에 들렀을 때, 마을 중심을 가로지르는 하천은 자신의 물줄기로는 감당할 수 없는 허연 석회 퇴적물에 막혀 갈라진 오줌 줄기처럼 간신히 기어가고 있었다. 토사에 강바닥이 높아지자, 적은 양의 비로도 홍수가 일어 저지대 마을들이 큰 피해를 보고 있었다.

"도대체 침식이 얼마나 일어난 거죠?" 반왈레겜 교수가 수령이 100년이라는 울창한 올리브나무 옆에 섰다. 땅 위로 온통 뿌리가 드러난 탓에 나무는 2개의 삼각형이 꼭지를 맞대고 있는 것처럼 보였다. "여기 보여요? 이쯤이 올리브 나무가 처음 자랐을 때의 흙 표면

그림 3-7 수령이 100년이 넘은 올리브나무와 반왈레겜 교수. 피라미드 같은 흙의 꼭대기 지점이 올리브나무가 심어졌을 때의 토양 표면이다.

이에요."[11] 반왈레겜 교수가 가리키는 곳은 높이가 그의 키보다도 살짝 높았다. "세상에! 100년 사이 토양이 170~180센티미터나 씻겨 나갔군요!" 지중해 지역에서 토양이 만들어지는 속도를 대충 100년에 0.5센티미터로 잡으니,[12] 사람 키만큼 흙이 없어지고서도 흙이 남아날 리가 없었다. 석회암에 드릴로 구멍을 뚫어 올리브를 꽂는 지경에 다다른 것이 당연했다.

"올리브에 대해선 정말 좋은 이미지를 갖고 있었어요. 지중해가 보이는 아름다운 올리브 숲이 떠오르고, 건강한 생태계에서 자란 건강식품일 것 같았는데 충격적이네요." 반왈레겜 교수와 동료들의 연구는 그 자초지종을 보여주었다.[13] 무역, 건강에 좋다는 올리브와 지중해 음식. 두 가지가 세계화와 버무려지자 거대한 '올리브 쇼핑' 물결이 덮쳤고, 여기에 '돈 벌자' 물결이 가세하여 올리브 동산의 흙을 휩쓸어갔다. 쓰나미와 올리브 동산 사이에는 제초 작업이 있었다. 뜨겁고 가문 안달루시아에서 올리브로 돈을 벌려면 비싼 관개수가 오로지 올리브로만 가야 했다. 올리브 말고 다른 식물은 절대 그 비싼 물을 마셔서는 아니 되었다. 즉 없애야 할 존재였다.

멀리서 기계 소리가 들려왔다. 하얀 먼지기둥이 보였다. 뭔가 하고 가보았을 땐 쟁기 이랑과 고랑 그리고 트랙터 바퀴 자국만 남아 있었다. 쟁기가 갈아엎은 석회암은 허연 부스러기로 덮였고, 부스러기는 이랑과 고랑의 바퀴 자국을 따라 쓸려 다니며 기하학적 패턴을 이루고 있었다. 비가 오면 다 쓸려갈 것이 분명했다. 아니나 다를까, 근처 개천들은 이미 토사로 막혀 고인 물웅덩이의 연속이었다. 토양

그림 3-8 트랙터 쟁기가 훑고 간 안달루시아의 올리브 밭.

침식을 막기 위해 등고선을 따라 쟁기질을 하라는 기본 규칙조차 없어 보였다. 오히려 반대였다. 중력으로 관개를 하려니, 물 파이프를 경사가 가장 급한 등고선의 수직 방향으로 놓았고, 물 파이프 놓으려고 이왕 낸 길이니, 쟁기질도 트랙터도 같은 방향을 따랐다. 마치 침식된 흙이 편히 빨리 사라지도록 배려를 아끼지 않는 듯한 모습이었다. 하얀 부스러기 땅 위에는 브로콜리같이 꽂힌 올리브 말고는 살아 있는 것의 흔적이라곤 없었다.

"와! 쟁기질 끝판왕! 마지막 풀 한 포기까지 없앴군요!" 돌아온 답은 나를 머쓱하게 만들었다. "저 사람들한테 말하면, 제초제로는 부족해서 쟁기질도 좀 했다고 할걸요."

홀리 그레일

안달루시아에서 나는 무경운(쟁기질을 하지 않는) 농사를 추구하는 사람들의 논지와 심정을 이해하게 되었다. 무경운 농법을 옹호하는 과학자는 쟁기질이 토양을 착취하고 남용하며 파괴한다고 말한다. 쟁기질로 땅거죽의 풀과 유기물층이 흙 속으로 뒤집혀 들어가고 맨땅이 하늘에 드러나면, 비바람이 그 흙을 쓸어가기 마련이다. 경사면의 쟁기질은 더욱 그렇다. 쟁기질이 흙 표면의 알갱이와 덩어리를 으깨버리면, 그 속에서 오랫동안 숨어 있던 유기물이 미생물에 노출돼 부식되고, 그만큼 대기 속 이산화탄소로 날아간다는 연구 결과도 있다. 그러나 이게 사실의 전모라면 허리가 부러지도록 밭을 갈았던 우리 조상은 뭐가 아쉬워 고생을 사서 한 걸까? 그 까닭이 잡초 제거와 파종임 앞에서 짚었지만, 여전히 석연치 않다. "쟁기질 스톱!"을 지금에서야 외칠 수 있는 까닭을 명쾌히 정리하지 않았기 때문이다. 답은 간단하다. 쟁기가 옛날만큼 필요치 않기 때문이다. 쟁기 없이 잡초를 싹 다 죽여줄 신병기, 심지어 값마저 싼 화학 제초제가 등장했기 때문이다.

무경운 농업의 확장에 결정적 역할을 해온 파라콰트Paraquat는 미국 질병통제예방센터CDC에 따르면 "제초제로 널리 사용되는 독성

화학물질이다. 미국 환경청은 파라콰트를 '제한적 사용' 물질로 분류한다. 즉 면허를 소지한 살포자만 사용이 허가된다. 파라콰트는 독성이 강하기 때문에 미국에서 시판되는 형태는 커피와 같은 음료와 혼동되지 않도록 파란색 염료가 첨가되어 있고, 경고용으로 고약한 냄새가 나며, 마시면 구토를 유발하는 약제가 첨가되어 있다."[14]

무경운 농법의 실현과 전파에 큰 공헌을 한 제초제 라운드업Roundup은 어떤가? 2020년, 미국 환경청은 라운드업이 "용법에 따라 사용하면 잠재적 생태 위험보다 이점이 더 크다고 결론"[15]지었지만, 환경청의 지침이 얼마나 갈지는 알 수 없다. 2015년 3월, 세계보건기구WHO 산하 국제암연구소IARC는 라운드업을 "아마도 인간에게 발암성인 물질"로 분류했다.[16] 2022년에 나온 논문은 "라운드업에 노출되면 인간, 설치류, 어류 및 무척추동물의 신경계 구조와 기능에 중요한 변화를 일으킬 수 있음은 분명하다"[17]고 결론지었다. 현금 630억 달러를 주고 2018년에 몬샌토Monsanto를 합병한 독일 기업 바이엘Beyer은 수많은 라운드업 고소에 비틀거리며, 2020년까지만 벌써 109억 달러의 라운드업 관련 손해배상을 했다.[18]

국제연합 식량농업기구는 보존농업conservation agriculture을 "쟁기질을 하지 않는 등 토양 교란을 최소화하고, 영구적인 토양 피복을 유지하며, 식물 종의 다양화를 촉진하는 농업 시스템"[19]이라고 정의했다. 쟁기질을 하지 않으려면 파라콰트나 라운드업 같은 제초제를 뿌려야 한다는 점을 상기하면, 보존농업은 과연 이름값을 하는 것일까 하는 의문이 든다. 비꼬는 말로 들릴 수 있겠지만, 쟁기질과 제초제만 놓고 보면, 보존농업의 반대는 유기농이다. 미국 농산부에서 유기농 작물 인증을 받으려면 작물의 해충, 잡초, 질병을 막기 위해 화학약품을 쓰지 않아야 한다. 제초제를 쓰지 못하는 유기농은 쟁기질을 통한 잡초 관리로 수렴하게 된다.

미네소타대학교에서 서남쪽으로 세 시간 거리에 있는 램버튼실험농장에 학생들과 함께 지렁이를 채취하러 간 적이 있다. 농약은 쓰지만 쟁기질은 하지 않는 보존농지 옆에 제초제는 안 쓰지만 쟁기질은 하는 유기농지가 나란히 있었다. 지렁이 개체 수와 종류는 유기농지에서 높았지만, 가장 큰 지렁이인 이슬지렁이 *Lumbricus terrestris*[20]는 유기농지에서 전멸이었다. 수직의 굴을 파고 그 굴을 따라 오르락내리락 사는 이슬지렁이는 해마다 여섯 번 이상 반복하는 쟁기질을 견디지 못함이 분명했다. 램버튼에서 돌아왔을 때, 원예학과의 유기농 전문가인 줄리 그로스만 교수를 만났다. "유기농은 원래 쟁기질을 그렇게까지 하나요?" "맞아요! 무경운은 유기농의 홀리 그레일 the Holy Grail이에요!" '홀리 그레일'을 사전에서 찾아보니 두 가지 의미가 있었다. 첫째는 내가 아는 '성배聖盃'였고, 두 번째 의미는 '결코 도달할 수 없는 목표'였다.

살리는 노동

발명 이래 반만년이 지난 21세기에도 쟁기는 기술 혁신의 최첨단에 있다. 녹색혁명은 수많은 사람을 기아에서 건져냄과 동시에 인구 증가와 환경파괴 문제를 만들어냈다. 그 연장선에서, 보존농업은 토양의 피복을 보호하고 생물다양성을 촉진하는 방향으로 농법의 대전환을 이루고 있다. 하지만 쟁기 문제만큼은 제초제 문제로 바꿔놓은 것에 머물렀다. 대안인 유기농은 현대 농업 기술이 만들어낸 화학비료와 농약을 거부하고 생태 시스템의 이해를 통해 농업 생산력을 늘리는 오랜 전통을 이어나가지만, 여전히 쟁기 문제를 안고 있다. 쟁기의 자리에는 아직도 혁신이 절실하다. 그 혁신은 현재의 과학기술로는 감당하기 어려운 것이어서, 아무리 애써도 찾지 못할 홀리 그레일 같은 것인지도 모른다. 하지만 최초의 쟁기로 인간과 동물의 관계가 근본적으로 변했고, 무거운 쟁기의 도입과 함께 북유럽이 지중해의 경제력을 앞섰으며 마을의 조직과 경관이 바뀌었다. 존디어 쟁기가 발명됨으로써 거대한 대평원이 열렸고, 쟁기를 대체한 제초제로 말 많은 녹색혁명과 보존농업이 시작되었다. 이렇듯 쟁기의 위치에서 일어날 미래의 혁신은 인류에게 또 하나의 커다란 변화를 가져올 것이다.

 낙관하든 회의하든, 혁신을 향한 여정은 이미 시작되었다. 여정에 오른 사람들은 식량 문제를 풀면서 함께 건강한 생태계를 유지하는 홀리 그레일을 향해 전진하는 중이다. 나와 같은 학과에서 일하는 정밀농업 전문가 유신 먀오 교수는 내 눈에는 농학자라기보다는 훌륭한 의사다. 인공위성 이미지, 드론 스펙트럼, 기계 학습으로 무장한 그는 곰팡이에 감염된 옥수수를 개인 병력을 지닌 유일무이한 환자처럼 다룬다. 그의 정밀농업은 보존농업과 결합해 무차별한 화학물질 살포 대신 드론으로 개별적 잡초를 선별해 죽이거나, 영양 부족 또는 병충해에 걸린 작물에 따로따로 농약이나 비료를 적정하게 투입함으로써, 최소의 생태계 피해로 최대의 생산력을 올리는 미지의 영역을 개척하고 있다. 유기농 전문가 줄리 그로스만 교수와 공동 연구를 하면서 만난 미네소타와 위스콘신의 유기농 농부들은 다들 젊은 친구들이었다. 그들은 쟁기질로 인한 토양의 침식과 탄소 손실을 최소화하려고 다양한 토양 피복 작물을 실험하고 있었다. 풀브라이트 장학생으로 미네소타대학교에 입학한 대학원생 아주세나 시에라 가르시아는 고향이자 유기농 커피 생산의 메카인 멕시코 고원지대에서 전통 농경과 토양학 정밀농업을 결합하려는, 그럼으로써 원주민 농부들의 이익을 대변하는 과학자가 되려는 꿈을 키워가고 있다. 이들을 보면서 나는 한국과 미국을 가리지 않는 세계적인 현상인 농촌의 과소화와 노년화의 한편에서 새로운 싹이 자라고 있음을 알게 되었다.

제초제와 트랙터의 발명 등 쟁기를 둘러싸고 일어난 20세기의 혁신이 서구 백인 과학자와 농부가 주도한 것이라면, 미래의 혁신은 전 세계에 걸쳐 전통 농업의 과학기술적 측면을 면밀히 분석하여 발전 확장시키는 작업이어야 한다. 오랫동안 무시되고 밀려난 원주민의 전통 농경은 우리가 제대로 열어보지 않은 귀한 농학 지식의 보고이기 때문이다. 16세기 유럽인은 아메리카 대륙의 세인트로런스강을 타고 올라가면서 넓은 옥수수 벌판을 보았을 때 세 가지에 주목했다. 첫째는 유럽에는 없던 곡물인 옥수수이다. 둘째는 유럽 농업에 필수인 가축과 쟁기가 없다는 점이었다.[21] 그리고 셋째는 유럽과 달리 여성이 농사를 짓는다는 점이었다. 유럽인들은 아메리카 원주민이 농업의 핵심 장비인 쟁기도 없이 유럽의 밀 농사보다 3~5배 정도의 수확량을 올리는 데 놀랐다. 이 차이는 생물학적 차이—즉 옥수수가 밀보다 수확 잠재력이 높다—라든가 빙하 퇴적물에서 만들어진 북아메리카 토양의 비옥함만으로는 설명할 수 없었다. 과학자들은 뉴욕주에서 과거 원주민의 농법을 재현하는 실험을 했다. 이로쿼이족 농부들은 토양침식과 유기물질 분해를 촉진하는 쟁기가 아니라 호미를 사용했다. 그 덕에 장기간 높은 작물 생산량을 유지할 수 있었으며, 세 자매라고 불리는 호박, 콩, 옥수수를 함께 재배해 면적당 수확량을 더욱 높였다.[22]

   미래의 혁신이 모두의 것이라면, 그 모두는 누구일까? 원주민과 다양한 민족들을 포함하는 데서 더 나아가, 인간 외에도 가축을 포함하는 것이 되길 나는 꿈꾼다. 포터 교수의 캔자스 할아버지 농장에 새로 산 트랙터가 들어오는 순간 말은 쓸모를 잃고 처분 대상이 되었다. 가축의 운명을 정하던 트랙터는 미국에서 1951년 한 해 56만 4000대가 만들어져 생산량의 정점을 찍었다. 시기는 절묘했다. 같은 1950년대에 화학 질소비료 생산과 판매가 미국에서 본격화되었다. 단 10년 사이에 수천 년간 쌓아온 인간과 가축의 관계가 무너져, 먹고 먹히는 관계로 단순해졌다. 가축은 노동과 거름 생산에서 해방되었지만 팔자가 펴지기는커녕 고깃덩이로 전락했다.

꼭 그래야만 했을까? 정반대의 방향으로 가서 늘어난 생산성만큼 농지를 자연으로 돌려주고 가축들의 팔자를 펴줄 수는 없었을까? 41억 헥타르의 지표가 농업에 투입되는 오늘날, 소고기를 안 먹는 것만으로도 20억 헥타르를 농업에서 해방할 수 있다. 미국의 두 배가 넘는 면적이다. 양고기도 안 먹으면 추가로 10억 헥타르를 해방할 수 있다. 미국과 캐나다가 들어간 북아메리카에 브라질을 합한 크기다. 완전한 채식주의자가 되는 것은, 고백하건대 나부터도 어려운 일이다. 하지만 틀림없는 사실은, 육식을 끊지는 못하더라도 줄이는 것이 지구의 생태를 보존하고 기후변화를 늦추는 데 중요하다는 것이다. 농약, 트랙터, 질소비료 삼총사의 결실이 더 많은 고기 생산과 더 많은 가축 사료 생산을 위한 더 많은 작물 생산이라는 것은 비극이다. 결과는 더 많은 죽음, 지구 생태와 기후의 파괴, 아담의 굴레에서 벗어나지 못하는 인간이다. 이런 상황을 지속할 이유는 없다. 새로운 혁신을 향한 길은 이미 시작되었고, 1년 365일 하루 세 번씩 돌아오는 식탁에도 죽음에서 생명으로 나아가는 실천의 기회가 우리에게 있다.

해마다 2월이면 미국 중서부의 유기농 농부들은 3일 동안 지속되는 마블시드Marbleseed(경이로운 씨앗) 학회에 모인다.[23] 유기농을 둘러싼 모든 쟁점과 이론, 체험기가 교환되는 이 신명 나는 모임의 주축은 30~40대의 젊은 농부들이다. 작년에도 올해도 멈출 줄 모르고 되풀이되는 주제는 '쟁기질 없는 유기농'이다. 결국 아담은 쟁기를 버리고 에덴으로 돌아가는 길을 찾을 것이다. 인간이 선택한 몇 개의 단순한 작물종과 자연이 제공하는 거대한 다양성이 충돌하는 땅에서 나는 희망한다. 그 땅에서 농부와 수천 년을 함께한 쟁기를 대신하여, 생명과 지구를 배신하지 않는 혁신과 노동이 풍성히 자라나길! 먹을거리 생산이 죽이는 노동이 아닌 살리는 노동이 되는 그날이 오면, 잡초로 태어나도 송아지로 태어나도 불만이 없어, 잘난 체 비행하는 제비를 선망하지 않고 스스로 만족할 텐데.

4
논

무논에서 펼쳐지는 마법

전 세계 사람을 움직이는 열량의 20퍼센트는 쌀에서 온다. 아시아의 쌀 농부는 지구 인구의 반을 먹여 살리는 거인들이다. 깊이가 10센티미터에 불과한 물이 논과 밭을 나눈다. 왜 애써 물을 채울까? 이 질문에 답해야만 우리는 한국과 아시아인의 사회와 문화 성정을 만들어낸 거푸집으로서의 농업을 이해할 수 있다. 질문의 끝에 새롭게 발견하는 무논은 수많은 개미 농부가 끊임없이 시행착오를 반복하여 찾아낸 마법 같은 기술이다. 녹색혁명 이전의 논농사가 성취한 안정성과 지속가능성 속에 심어진 미래로의 가능성을 탐구하는 것은 기후변화의 시대에 아시아의 지속가능한 식량 생산과 토지 사용을 위한 기초 작업이다.

> 고도로 발달한 기술은 마법과 구별되지 않는다.
> _아서 클라크

쌀

박사학위를 위해 공부하던 2000년 여름, 야외 실습 수업을 따라 캘리포니아 구석구석을 돌아다니며 땅 구덩이를 파고 드러난 토양층을 관찰 기술했다. 한 달 반 동안 낮에는 삽질, 밤에는 캠핑, 이튿날 아침 일찍 자리를 뜨는 빠듯한 일과가 반복되었다. 두 주도 못 되어 몸이 홀쭉해졌고 입안엔 혓바늘이 돋았다. 원래 볼품없는 체력에 먹는 것마저 시원찮았다. 유일한 외국인 학생이자 아시아인이었던 나로서는 하루 세 끼 무한 반복되는 밀로 만든 식사가 견디기 힘들었다. 쌀밥 생각이 간절했다. 동료 학생 및 조교와 교수는 내가 말만 하면 서둘러 메뉴를 바꾸어줄 사려 깊은 사람들이었고, 나 역시 "네 생각을 말해Speak Up!"가 도덕적 의무로 여겨지는 문화로 유학 왔음을 이해하고 있었으나, 내 정신은 개인적인 일로 중요한 수업을 복잡하게 만드는 것은 학생의 본분이 아니라고 더 큰 소리로 외치고 있었다.

그런 내 마음을 들여다보기라도 한 것처럼, 시카고대학교의 사회학자 토머스 탈헴은 중국 양쯔강을 따라 분포한 벼농사와 밀농사 마을들을 비교한 결과를 근거로, 전통적인 논농사 지대 사람들이 밀농사 지대 사람과 비교해 갈등을 피하고 자신을 내보이기보다는 감추는 성격을 가졌다고 주장했다.[1] 나는 농사를 지어본 적도 없는, 아시아 최대의 도시 중 하나인 서울에서 자라난 도시 사람이었지만, 어쩔 수 없이 쌀 문화의 세례를 받은 평균적인 동아시아인임을 다시 깨닫게 되는 순간이었다.

그보다 앞선 1997년 가을, 캘리포니아대학교 버클리캠퍼스의 대학원에 입학했을 때는 시간을 아끼려고 하숙집 근처 기숙사에서 한 학기 식권을 샀다. 인터내셔널 하우스라고 불리는 국제 학생 기숙사인 덕에 메뉴가 화려했지만 음식은 내게 맞지 않았다. 기숙사 밥은 밥이라고 부를 수 있는 것이 아니었다. 처음 만나는 인도 쌀(인디카indica)로 지은 밥은 숟가락 위에서 밥알이 따로 놀았다. 짧고 통통한 쌀(자포니카japonica)이 찰기 있게 붙어 윤기가 자르르 흐르는, 그때까지 내가 유일하게 알고 있던 그 밥이 아니었다. 아시아 학생들은 국적에 따라 다른 논평을 날렸다. 평소에 조용하던 아시아 학생들이 쌀밥을 놓고 벌이는 끝장 토론에 유럽 학생들은 의아해했다. 인도, 베트남, 태국, 인도네시아 학생들은 쌀밥이 맞다고 했고, 중국 학생들은 "이런 쌀도 있지만, 찰기 있는 쌀도 있는데 둘 다 괜찮다"라고 했다. 그리고 한국과 일본 학생들은 밥상 앞에서 씩씩거렸다.

쌀은 오늘날 밀과 옥수수 다음으로 지구에서 가장 넓은 땅(1억 6713만 헥타르)을 덮고 있는 곡물이다. 해마다 4억 8000만 톤의 쌀이 생산된다. 인구가 많고 아직은 가난한 나라가 많은 아시아에서 쌀은 곧 밥이고 식량의 상징이다. 벼농사는 농지 면적에서는 세계에서 세 번째를 차지하지만, 쌀은 가장 많은 인구의 주곡이며 가난한 사람들이 먹는 첫 번째 곡물이다. 미국의 코스트코에서 캘리포니아산 쌀을 파는 오늘에도 아시아는 전 세계 쌀의 90퍼센트를 생산한다. 차와 배를 타고 생산지를 떠나 국경을 넘는 밀 또는 옥수수와 달리 아시아의 쌀은 대부분(70퍼센트) 생산국에서 소비된다.[2, 3]

생산량에서 세계 최대인 옥수수가 가축 사료 또는 바이오디젤 원료로 쓰인다면, 쌀은 그 절대량이 사람의 입으로 들어간다. 고픈 이의 배를 채우는 곡물로 보자면 쌀은 옥수수와 밀을 가볍게 제치고 세계 으뜸의 주곡이다. 이 글을 쓰고 있는 지금, 전 세계 사람을 움직이는 열량의 20퍼센트는 쌀에서 나온 것이다. 아시아의 쌀 농부 대부분이 1헥타르도 못 되는 코딱지만 한 땅을 부치는 소농이지만, 그들의 수는 밀이나 옥수수를 재배하는 농부를 큰 차이로 압도한다. 그들은 개미 군단이다. 개미는 트랙터를 살 형편도 못 되고 그들의 논은 화석연료를 태워야 돌아가는 기계들이 누비기엔 비좁지만, 그들은 세계 인구의 절반을 먹여 살리는 거인들이다.

쌀은 인류의 운명을 바꾸어놓았다. 쌀밥 먹은 힘으로 문명을 건설하고 짝을 만나 자손을 낳고 가족을 키웠다. 늘어난 인구는 논을 넓히고 농업 기술의 혁신과 집약화를 이끌었다. 그 결과는 더 많은 쌀과 더 늘어난 인구였다. 잉여와 함께 자기 밥의 출처를 알지도 못하고, 모르는 게 자랑인 새로운 인류가 등장했다.

'쌀의 최초 재배지가 어디인가?'라는 기초적인 질문에 답하기란 아직 쉽지 않다.[4] 벼는 아시아와 아프리카에서 따로따로 최초 재배되었지만, 이 질문을 둘러싼 논란은 특히 아시아에서 뜨겁다. 아시아의 정체성이기도 한 쌀을 최초로 길들인 자가 바로 자신이라고 인정받고 싶기 때문이다. 쌀의 최초 재배지를 둘러싼 중국과 인도 사이의 경쟁—'논쟁'보다 적합한 표현이다—은 치열하고 혼탁하기까지 하다. 한국과 일본도 상대적 순위 다툼에 빠지지 않는다. 아시아인이 먹는 쌀을 제공하는 벼인 오리자 사티바 *Oryza sativa*(자포니카와 인디카는 오리자 사티바의 품종이다)의 야생 원조인 오리자 루피포곤 *Oryza rufipogon*이 히말라야 인도와 중국의 남부에 걸쳐 널리 분포하는 것 또한 논쟁을 어렵게 만들었다.

연구자와 논문에 따라 다르지만, 쌀 재배의 기원은 약 8000~1만 년 전으로 거슬러 올라간다. 한 예로 양쯔강의 중류나 후아이강의 상류에서 일어난 벼 재배는 2000년 만에 하류 전역으로 전파되었다. 기숙사에서 아시아 출신 유학생의 밥상 토론을 역동적으로 만들었던 자포니카와 인디카는 야생 원조인 오리자 루피포곤과 차별되는 두 가지 돌연변이의 산물이다. 야생 벼는 자손을 남기기 위해 낟알이 익으면 씨주머니가 터지기 때문에 효과적으로 수확할 수 없지만, 자포니카와 인디카는 영글어가는 이삭을 떨구지 않고 농부가 수확할 때까지 기다리는 것이 그 하나다. 또 자포니카와 인디카의 쌀은 오리자 루피포곤에 비해 껍질이 얇아 도정이 쉽다. 이 두 가지 차이는 최초의 농부에게 결정적인 이점을 주었을 것이다.

무논이라는 마법

한국 땅을 다니다 보면 절로 알게 되는 것이 하나 있다. 한국 땅의 3분의 2를 덮은 산지의 비탈진 땅은 대개 논보다는 밭으로 쓰인다는 것이다. 산자락 사이 평탄한 나머지 땅은 도시 아니면 발목까지 빠지도록 물을 채운 논, 즉 무논이다. 모내기 직전의 무논이 조각난 거울처럼 구름과 하늘을 비추는 봄이면, 깊이가 고작 10센티미터도 안 되게 논에 고인 물이 풍경을 통째로 바꾸어놓는다. 벼라는 식물은 수영장처럼 물이 찬 땅이 아니면 자라지 못한다고 흔히 생각하지만 벼는 물을 채우지 않은 밭에서도 자란다. 벼 생산에는 물을 채우는 논과 마른 논의 농법이 공존해왔으며, 한국도 논벼와 밭벼를 구분해왔다.[5] 앞에서 다루었듯 히말라야 산지 나갈랜드의 화전민은 불을 질러 새롭게 만들어진 땅에 막대기로 가볍게 구멍을 내고 볍씨를 넣는다.

논은 물을 들이는 방법에 따라 나뉜다. 가령 1년 내내 물이 빠지지 않는 논은 심수답深水畓이라 해서 열등한 논으로 쳤다. 반면 논과 밭 사이의 회전이 가능해 벼와 밭작물을 오가며 이모작을 할 수 있으려면 배수가 잘되어야 했는데, 그런 논을 건답(乾畓)이라 하여 최고의 논으로 쳤다.[6] 무논이라 하더라도, 그 역사는 홍수가 날 때마다 강의 범람에 휩쓸릴 수 있는 저지대보다는 언덕과 산지의 비교적 경사가 없는 땅이나 물이 고이는 곳에서 시작했다. 전 세계적으로 보았을 때, 평탄한 저지대에 둑을 두르고 물을 채워 흙을 다지는 논농사는 1만 년 전 벼농사가 시작되고 5000년이 지난 후에나 나타났다. 논에 관한 문헌 기록은 한국의 경우 백제의 다루왕(재위 28~77)으로 거슬러 올라가지만, 조선 후기와 일제 강점기를 지나는 근대, 그리고 현대에서야 강의 범람지를 포함하는 저지대 평야와 간석지가 대규모의 수리안전답(水利安全畓)으로 개간되었다.

그렇다면 농부들은 왜 힘든 노동을 들여 논에 물을 채울까? 밀이나 옥수수와 달리 적정량의 수분만 맞추면 큰일이라도 나는 특별한 이유가 있었던 것일까? 대기에 노출된 밀밭이나 옥수수밭과 달리, 벼를 키우는 환경만은 왜 대기와 땅거죽 사이에 물이 채워져야 하는가? 이 질문에 답함으로써만, 우리는 습지형 논이 대세인 아시아와 한국의 문화 및 생태 경관을 제대로 이해할 수 있을 것이다. 이 질문에 답하는 것은 또한 논에 물을 대기 위해 소요되는 얽히고 꼬인 노동, 사회, 생태 비용의 정당성을 이해하는 첫걸음이기도 하다.

먼저 벼와 흙 사이의 상호작용에 중요한 영향을 미치는 벼의 생리를 알아보자. 벼와 같은 식물도 동물과 마찬가지로 호흡을 한다는 사실에서 시작할 수 있다. 식물은 광합성만 하지 않는다. 광합성의 결과물인 탄수화물 일부를 산소로 태워 여기서 나오는 에너지로 탄수화물 분자를 결합해 단백질과 지방을 만들어낸다. 참기름도 올리브기름도 이렇게 만들어지는 것이고, 우리가 식물 단백질을 섭취하겠다고 콩을 먹는 것도 이 덕분이다. 식물은 광합성의 부산물로 산소를 생산하는 한편, 체내로 스며드는 산소를 이용해 대사를 하고 새로운 유기물을 만들어낸다. 그 결과 사람과 동물처럼 식물도 질식하는 일이 벌어질 수 있다. 뿌리가 물에 잠기면 식물은 산소 수급에 어려움을 겪고, 이 상태가 지속되면 결국 대사가 멈춘다. 질식사한다는 말이다. 그러나 습지식물은 예외적으로, 공기가 스며들 수 있는 통기조직aerenchyma이라고 부르는 해면(스펀지) 조직이 뿌리까지 내려가 있어 뿌리가 물에 잠긴 습지에서도 질식을 피하고 번성할 수 있다. 통기조직을 통해 대기의 산소가 잎에서 줄기를 지나 뿌리까지 스며드는 것이 습지식물의 생존 메커니즘이다.

  벼는 상황에 따라 습지식물로 변모하는 특이한 생리를 가지고 있다. 즉 물에 잠기는지 여부에 따라 통기조직이 생기기도 하고 생기지 않기도 한다. 물에 푹 잠긴 토양에서 뿌리를 뻗고 자랄 수 있는 주요 곡물은 오로지 벼뿐이다. 경쟁 관계에 있는 다른 식물―흔히 잡초라고 부르는―이 물을 채운 논에서 질식할 때, 벼는 스노클을 입에 문다. 따라서 논에 물을 채워 땅을 잠기게 하는 것은, 벼에 물을 주는 작업이면서 동시에 잡초를 제거하는 전략이기도 하다. 논에 물을 채우는 노동은 단순히 물만 주는 것이 아니라 벼가 잡초와 동일 조건에서 경쟁하는 판을 깨고 벼가 잡초를 쉽게 제압할 수 있도록 새로운 판을 짜는 지극히 전략적인 행동이다.

논에 물을 채우는 노동의 정당성은 아시아의 벼농사 지역에 장마와 가뭄의 위협이 공존하는 데서도 찾을 수 있다. 즉, 무논은 장마와 가뭄에 대비하는 종합보험이다. 많은 연구가 무논이 장마 때 물을 가둠으로써 홍수의 빈도와 파괴력을 줄여줌을 보였다.[7] 그러나 하류의 홍수를 줄여주는 것이 최초의 농부, 즉 무논을 유지하는 거대한 노동 비용을 감당해야 하는 농부들에게 유인책이 될 수 있었을까? 벼 농법이 특별한 마스터플랜 없이 다양한 시도를 통해 좌충우돌 발전하던 수천 년 전, 언덕과 산지의 농부들이 하류의 홍수 피해를 걱정해 논에 물을 채웠을 것 같지는 않다. 홍수 방지는 무논이 수계 내 물의 순환에서 수행하는 역할일 수는 있지만, 그 때문에 논에 물을 채웠다고 보기는 힘들다. 대신 최초의 농부들은 맨땅이 드러난 밭과 무논 사이에 큰 수확의 차이가 있음을 발견했을 것이다. 장마의 거센 빗방울이 노출된 밭의 흙 알갱이를 파내고, 폭우 속 물길이 작물과 거름을 쓸어갈 때, 끄떡없이 자리를 지키는 무논의 흙과 벼는 최초의 농부에게 강렬한 인상을 남겼을 것이다. 아시아의 벼농사 지대를 상징하는 장마라는 조건은 최초의 농부에게 무논과 밭 사이에서 고민할 여지를 크게 줄여주었다. 할 수만 있다면 무논으로 가야 했다.

홍수보다 가혹하고 장기적인 재해는 가뭄이었다. 한국의 예를 보자. 사회학자 이철승에 따르면 고대 왕국인 신라(기원전 57~기원후 935)의 경우 《삼국사기》에 "992년 동안 홍수가 27회, 역병이 15회, 지진이 55회 기록된 반면, 가뭄은 62회나 기록되었다". 모든 재난 기록을 압도하는 가뭄의 빈도는 마지막 왕조인 조선에서도 마찬가지였다(가뭄 약 3540회, 홍수 약 2270회, 역병 약 1000회).[8] 생사의 갈림길에 선 최초의 농부들은 물을 채운 무논이 그렇지 않은 논에 비해 가뭄을 월등히 잘 견딘다는 것을 발견했을 것이다. 가뭄에 견디는 무논의 내성을 이해하기 위해선 다시 한번 벼의 생리를 보고 다음에는 흙의 메커니즘을 알아보아야 한다.

벼는 기본적으로 물을 많이 먹는 작물이다. 그러면서도 밀이나 옥수수에 견주어 흙 속의 물을 빨아올리는 힘이 크게 부족하다. 뿌리의 입장이 되기 위해 잠시 상상해보자. 지금 손에 흙 한 줌을 들고 있다. 이 흙을 물속에 담갔다가 가만히 다시 꺼내보자. 물이 뚝뚝 떨어지는 모습을 상상할 수 있을 것이다. 흙 속의 물이 중력에 끌렸기 때문이라고 다들 생각할 것이다. 물이 더 떨어지지 않을 때까지 좀 더 기다려보자. 이제 물방울이 멈췄다. 당신의 경험에 따르면, 손의 흙은 뽀송뽀송 말랐는가? 아직도 젖어 있는가? 젖어 있다면, 중력에도 불구하고 흙 속에 남아 있는 물은 무엇인가? 물을 흙 속에 머물게 만드는, 중력보다 더 센 이 힘은 어디에서 오는가? 그 힘은 모세관 현상의 원인인 물의 응집력, 그리고 토양 입자와 물이 서로를 끌어당기는 부착력의 합이다. 이 두 힘 때문에 물이 중력에 끌려 떨어지고 나서도 흙이 여전히 축축한 것이다. 폭우가 그치고 흙의 질퍽함이 사라진 후에도 물기가 한동안 유지되는 것 역시 이 힘 때문이다. 식물이 물을 흡수하기 위해선 흙이 물을 붙잡는 이 힘들을 이겨내야만 한다.

물이 중력을 거슬러 뿌리에서 잎으로 올라가는 것에서 쉽게 볼 수 있듯이, 식물은 지구의 중력보다 더 센 힘(삼투압)으로 흙 속의 물을 흡수한다. 벼는 흙 속 모세관에 응집력으로 매달려 있는 물을 뺏어 갈 수 있는데, 이 정도 힘은 밀과 옥수수에는 기본이다. 하지만 토양 입자에 붙어 있는 물에서는 이야기가 달라진다. 밀과 옥수수는 흙에 붙어 있는 물의 상당 부분을 빨아들일 수 있지만 벼에게 이 물은 그림의 떡이다.

그렇다면 한정된 물로 벼의 생장을 극대화할 열쇠는 흙 입자들과의 전기력에서 자유로우면서 모세관에 머무는 물의 양을 늘리는 것이라고 할 수 있다. 그런데 이것이 쉬운 일이 아니다. 흙 속 구멍을 꽉 채웠던 빗물 중 중력에만 구속된 물은 곧바로 토양층을 투과해 지하수로, 시냇물로 내려가버린다. 그러고 나면 원래의 물 중 고작 반 정도가 남는다. 남은 물 중에서 벼가 빨아들일 수 있는 물은 지름이 0.2마이크로미터보다 작은 모세관 구멍에 있으면서 동시에 광물 표면의 전기력에 붙잡힐 만큼 광물에 가까이 위치하지 않은 물이다.

이 두 마리 토끼를 한꺼번에 잡는 방법이 바로 논에 물을 채우는 것과 써레질_puddling_이다.[9] 써레질은 오랫동안 벼농사의 북방 한계였던 한국에서는 4월에 한다. 모를 옮겨 심기 전, 가로로 긴 써레를 소나 트랙터로 끌고 가며 이미 물이 찬 논흙을 다듬는 작업이 써레질이다. 단순하지만 논농사의 핵심 과정인 써레질의 일차 효과는 흙 알갱이들이 물속에서 서로 부딪혀 부수어지면서 알갱이에 묶여 있던 점토 광물이 낱낱으로 흩어지는 것이다. 만약 점토를 그림으로 그려보라 한다면, 나는 아마 종잇장처럼 얇은 육각형을 그리고, 육

그림 4-1 써레질 풍경. 써레질은 물에 잠긴 흙덩어리를 부수어 다짐으로써 물을 새지 않게 하고, 모를 꽂기 쉽게 하며, 논바닥을 편평하게 만든다.

각형의 길이가 2마이크로미터보다 작다고 첨부할 것이다. 이 미세한 나노 또는 마이크로 규모의 점토는 종잇장처럼 생겼다고 할 수 있다. 이 미시적인 규모에서 일어나는 현상이 만들어내는 거시적인 변화는 놀랍다. 물의 절대량에는 변함이 없이, 벼가 빨아들일 수 있는 물의 양이 써레질 이전보다 늘어나고, 동시에 중력에 의해 빠져나가는 물은 줄어든다.

낱낱이 흩어진 점토 사이의 물은 점토가 서로 끌어당기는 전기적 인력을 방해하면서 점토 사이의 틈을 벌리고 그 틈 안으로 들어가게 된다. 점토 사이의 물은 윤활유 역할을 하는데, 이 때문에 무논의 흙이 질퍽하고 미끄러운 것이다. 써레질이 흙 표면을 가다듬으면 미끌미끌해진 점토들이 서로 몸을 부딪치면서 종잇장이 겹쳐지듯 재배열된다. 결국 써레질 전 흙 알갱이 사이의 큰 구멍에 있던 물은, 써레질 후 종이처럼 겹쳐진 점토와 점토 사이에 재배치된다. 써레질 전과 후, 논흙 속의 물은 같은 물이면서도 다른 물이다. 써레질 전 흙 알갱이 사이의 물이 중력에 끌려 쉽게 배수될 처지에 있었다면, 써레질 후의 물은 점토 사이 모세관에 잡혀 있거나 점토 표면에 구속되어 있다. 써레질한 논은 중력으로 인한 배수율이 작게는 10분의 1 크게는 1000분의 1 정도로 떨어진다.[10] 밭에서 하는 쟁기질의 미덕 중 하나가 흙의 물이 잘 빠지고 공기가 잘 통하게 하는 것이라면, 써레질은 그 반대다. 무논의 써레질은 물빠짐을 어렵게 만들어 물을 아끼는 동시에 통기조직을 갖춘 벼가 잡초에 맞서 상대적 우월성을 갖추도록 적극 후원하는 작업이다.

무논에서의 써레질은 물의 흐름과 관련한 물리화학 과정에만 관여하는 것이 아니다. 생태와 농업에 관한 영상 기록을 꾸준히 남겨온 인류학자인 서울대학교 이문웅 교수는 한국 자연농의 선구자인 한원식(1948~2019)의 말을 전해주었다.[11] "그분이 써레질을 꼭 하는 것은 '땅강아지들이 파놓은 구멍으로 채워놓은 물이 오래 견디지 못해 모두 새어 나가고 논이 메말라버리기에 써레질로 잘게 부서진 진흙이 이런 구멍들을 모두 메우는 작업'이라고 했습니다." 한원식은 또한 "무논에선 지렁이와 같은 분해자가 잘 살지 못하기 때문에 유기물의 분해가 더디다"라고 했다. 지렁이 또한 땅강아지처럼 흙에 구멍을 낸다는 점을 고려하면, 논에 물을 채우는 것은 논흙의 유기물 함량을 높이 유지하는 것일 뿐 아니라, 그 자체로 물이 빠지는 것을 막아 무논이 무논으로 남도록 스스로 보존하는 작업임을 알게 된다. 무논과 써레질의 조합이 만들어내는 물 관리는 물리화학을 넘어 이렇게 흙 속에 사는 동물까지 포함하는 포괄적인 행위이다.

여기에 또 하나의 놀라운 현상이 일어난다. 써레질 때문에 종잇장처럼 수평으로 재배치된 점토 사이의 공극은 적당히 넓고 적당히 좁으면서 나란히 연결되어 있어서, 모세관 현상이 가능해진다. 풀린 화장실 휴지를 타고 물이 중력을 거슬러 올라가는 모습을 상상하면 된다. 써레질이 끝난 후 흙 속의 물은 모세관 현상에 의해 상대적으로 수분 함량이 높은 곳에서 낮은 곳으로 흘러든다. 벼의 뿌리가 물을 흡수하는 대로 뿌리 근처의 물이 주변으로부터 다시 채워지는 원리이다. 써레질은 중력으로 인한 물의 손실을 크게 줄이면서도, 모세관을 통한 물의 수평 이동성을 높여줌으로써 벼가 주변에 퍼진 물에 접근할 수 있는 길을 터준다. 논 전체 물의 절대량을 늘리지 않고서도 벼에 유용한 물의 양은 늘리는, 두 마리 토끼를 한꺼번에 잡는 마법이다. 물을 채운 논에서 하는 써레질은 벼의 물 사용성을 극대화한다.

봄가뭄이 유독 심한 한반도에서, 모내기 철을 앞두고 행하는 써레질은 더욱 중요했다. 봄가뭄 탓에 모내기 때를 놓치면 호미로 마른 흙을 파서 모를 심기도 했고(호미모), 가뭄이나 홍수로 수확을 포기하게 되면 대체 작물을 심기도 했다(대파법代播法). 그러나 호미모나 대파법이 이미 일어난 가뭄의 피해를 최소화하는 방법들이었다면, 써레질은 물을 절약하면서 사용성을 극대화하는 가뭄 대비책이었다.

논에 물을 채우고 써레질을 함으로써, 최초의 농부들은 아시아 장마 지대에서 반복되는 두 재난인 홍수와 가뭄에 대항할 농법을 일구었다. 거대한 자본과 훈련된 인력이 투입되는 현대 과학 없이, 개미 농부들은 세대를 넘어 축적된 지식과 노동을 통해 벼와 잡초의 생리적 특성, 아시아의 기후, 토양의 지구화학적·물리적 특성에 최적화한 실리적 방법을 개발해냈다. 이것은 아시아의 개미 농부들이 수천 년에 걸쳐 일구어낸 엄청난 업적이다. 나는 여기에 희대의 과학저술가였던 아서 클라크(1917~2008)가 남긴 말을 꼭 인용하고 싶어진다. "고도로 발달한 기술은 마법과 구별되지 않는다."

벼와 무논의 상승효과

논에 물을 채우는 작업은 홍수와 가뭄에 대비한 종합보험이면서 동시에 잡초 제거라는 필수적인 기능을 수행했다. 벼의 뿌리는 잡초와 달리 물에 잠겨서도 숨을 쉴 수 있어서, 무논은 이미 벼에 유리하게 짜인 판세였다. 덧붙여 써레질은 물을 절약할 뿐 아니라 그 자체로 잡초 제거 작업인데, 써레질이 이른 봄에 싹 튼 잡초들을 흙 속으로 파묻어버리는 효과가 있기 때문이다. 어느 정도 자란 모를 심는 이 앙법 또한 웃자란 벼가 뒤따라 자라날 잡초를 가려 생장을 방해하도록 하는 전략이다. 이렇듯 논에서 일어나는 농부의 노동은 한 가지 목표를 향해 돌진하는 것이 아닌 다목적 행위이며, 상호 상승작용으로 시너지를 내도록 구성되어 있다. 이 구성이 처음부터 의도된 것인지 오랜 세월에 걸쳐 거듭 갈고 닦은 것인지는, 궁금하지만 나로선 대답할 수 있는 성질의 것이 아니다.

논에 물을 대는 데 소요되는 노동과 사회적 비용을 감안한다면, 무논의 관개가 다목적 행위이며 다른 노동 행위와 더불어 상승효과를 내게 되어 있다는 것은 당연한 일일 수도 있다. 그러나 무논이 일상적인 농사에 유용하고 합리적일 뿐 아니라 동시에 재난에 대한 종합보험 역할까지 한다는 사실은 놀랍다. 그러나 아직도 우리는 무논이 가진 매력의 부분만을 보았을 뿐이다. 이제 논에 물을 대는 작업이 동아시아에서 토양의 비옥도를 고갈하지 않고 논농사를 수천 년 지속할 수 있었던 핵심 이유였음을 알아보자.

1장 '똥'에서 다루었듯이, 비옥한 흙의 첫째 필요조건은 유기물질이다. 토양 유기물질은 광합성된 식물체 및 먹이사슬 속의 다른 생물이 죽은 후 썩어서 이산화탄소로 날아가고 남은 물질이라고 할 수 있다. 해마다 죽어서 땅에 묻히는 생물이 많을수록, 또는 흙 속에서 유기물이 썩는 속도가 느릴수록 그 양은 많아진다. 반대로 죽어 들어가는 생물이 적거나 썩는 속도가 빠르다면 흙의 유기물 함량은 낮아질 것이다.

물이 들어찬 논을 케이크처럼 절단해 단면을 본다면, 5~10센티미터 깊이의 얕은 물이 맨 위에 있고, 바로 아래는 1센티미터 두께의 얇은 유산소 층이 있다. 관개수에 녹아 있는 산소와 벼의 통기조직을 통해 대기로부터 스며든 산소를 유산소 층의 미생물이 다 소진하고 나면, 벼 뿌리 주변을 뺀 논흙 대부분은 산소 공급이 차단된 혐기성의 상태로 남게 된다. 혐기성 미생물은 산소를 사용하는 호기성 미생물보다 유기물질을 분해하는 속도가 현저하게 느리다. 식물이나 동물의 잔해를 조각내 분해를 가속화하는 지렁이나 절지동물이 혐기성 환경을 좋아하지 않는 것 또한 논흙의 유기물질 분해 속도가 느린 이유 중 하나다. 그 결과 논흙은 밭흙에 비해 같은 양의 생물이 죽어 묻히더라도 유기물 함량이 높다. 농부가 축조한 인공 습지가 유기물질의 분해 속도를 늦춤으로써 토양 유기물질의 함량을 높이는 한편 써레질과 쟁기질은 잡초 또는 논물에 사는 생명체의 잔재까지 혐기성의 흙 속으로 강제로 집어넣어 유기물질 함량을 더욱 높이는 효과를 낳는다. 즉 논을 무논으로 가꾸는 노력은 잡초를 제거하고 홍수와 가뭄에 대비하는 종합보험인 동시에, 토양 유기물 함량을 높은 수준으로 유지하는 결과도 가져왔다.

집약적 작물 생산을 지속하면 흔히 말하는 '땅심' 또는 땅의 비옥도가 떨어진다고 한다. 그 이유는 다양하지만 방금 말한 유기물질의 손실이 한 자리를 차지한다. 토양 유기물질이 다 손실되면 안정적인 영양 공급이 어려워지는데, 이는 유기물이 지속적인 양분 공급의 가장 큰 원천이기 때문이다. 작물은 탄수화물, 단백질 등의 유기물 분자구조에 묻혀 있다가 분해되면서 나와 물에 녹은 영양물질을 흡수한다. 유기물이 공급하는 필수 영양소인 질소, 인, 칼륨 등 중에서 질소 영양분만을 먼저 살펴보자.[12] 유기물의 질소 공급량은 유기물질의 분해 속도 곱하기 유기물질의 양에 비례할 것이다. 이 단순한 방정식에 따르면, 아무리 유기물질이 조금밖에 없어도 빨리 썩으면 질소 공급이 유지된다. 반대로 유기물질이 많으면 느리게 썩어도 적정량의 질소 공급이 가능하다. 전자가 열대의 경우라면, 후자가 바로 습지 논의 상황이다. 혐기성 분해는 느리지만, 논흙이 유기물 함량을 높게 유지함으로써 논의 경우 유기물이 공급하는 질소만으로 헥타르당 1~2톤의 쌀 생산이 가능하다(질소비료에 의존하는 쌀 생산량은 한국의 경우 헥타르당 평균 7톤 정도이다). 유기물질의 집적과 질소 영양분 공급 사이의 상승작용 또한 결국은 논에 물을 채우는 노동의 덕이다.

농부가 볼 때 흙 속의 질소 순환은 오래된 파이프처럼 새는 곳이 많다. 유기물질이 분해되면서 나온 질소가 온전히 벼에 흡수된다면 좋겠지만, 질소는 물에 잘 녹는 질산염의 형태로 변해 물에 씻겨 내려가거나 기체 상태의 산화질소가 되어 대기로 날아갈 수 있다. 둘 다 흙 속의 미생물에 의해 일어나는 변화들이다. 그러나 습지 논은 줄줄이 새는 질소 순환에 두 가지 보완책을 제공한다. 첫째, 써레질이 배수량을 획기적으로 줄임으로써 물로 빠져나가는 질소 손실을 줄여준다. 둘째, 질소 손실을 보상할 질소 생산 메커니즘을 확보한다. 논을 채운 물에서 사는 남세균이라는 조류는 광합성을 하면서 만들어낸 에너지로 대기 중의 질소 가스를 암모늄 이온으로 바꾸는 질소고정을 수행한다.[13] 무논에 부유하는 작은 양치식물인 물개구리밥은 질소고정을 하는 남세균과 공생관계를 이루어 결과적으로 논에 질소를 공급한다. 벼는 자체적으로 질소를 고정할 능력이 없지만, 이처럼 논물 속에서 일어나는 질소고정의 도움을 받는다고 할 수 있다.

질소 소비, 누출, 보충 생산이 하나의 논 안에서 동시 진행된다는 점에서 논은 밀밭 또는 옥수수밭과 크게 다르다. 벼와 마찬가지로 질소고정 능력이 없는 밀이나 옥수수를 재배하려면 해마다 고갈된 질소를 채워넣기 위해 두 가지 작업을 해야 한다. 하나는 휴경이고, 다른 하나는 질소고정 세균과 공생하는 콩과작물과 돌려짓기하는 것이다. 그러나 논농사는 질소 고갈의 문제에서 상대적으로 자유로울 수 있다. 샐 틈이 크지 않은 논 특유의 질소 순환 덕분이기도 하고, 논 안에 채워진 물속에서 진행되는 질소고정 덕분이기도 하다. 이 두 가지 모두 또다시 논에 물을 대는 노동으로 연결되는 것이다.

무논의 뛰어난 지속가능성은 유기물과 질소 순환에서 그치지 않는다. 논흙의 산성도 또한 반드시 짚고 넘어가야 할 요소인데, 토양 산성화는 전 세계적으로 농업 생산력을 저해하고 결국은 땅을 버려지게 만드는 주요 이유 중 하나이다. 산성 토양을 중화시킬 수 있는 칼슘이나 마그네슘 성분이 적은 화강암과 변성암이 주종인 한반도에서 토양 산성화는 특히 심각한 문제이다.[14] 안타깝게도 산성 토양은 열대와 온대에 걸쳐 있는 모든 경작지의 궁극적 결말이라고 할 수 있다. 식물이 흡수하는 영양분은 물속에 양이나 음의 전하를 가진 이온으로 존재한다. 가령, 벼가 선호하는 질소 양분인 암모늄 이온(NH_4^+)은 양의 전하를 가지며, 인은 산소 이온 4개와 결합한 음이온(PO_4^{3-})의 형태로 식물에 흡수된다. 그런데 식물이 흡수하는 양분을 보면, 양이온의 양이 음이온의 양보다 많다. 즉 식물은 초과 흡수한 양만큼 양이온을 물로 방출해야만 하는데, 그 양이온이 바로 산성토의 원인이 되는 수소 이온(H^+)이다. 계속되는 작물 재배와 수확이 토양의 산성화로 귀결되는 것은 이것 때문이다.[15]

산성 토양은 작물 성장, 즉 식량 생산에 심각한 피해를 준다. 산성 토양에서 필수 영양분인 인은 철과 결합해 작물이 흡수할 수 없는 형태가 되고, 대신 알루미늄이나 망간처럼 작물에 독성을 가진 이온들이 늘어난다.[16] 이것이 산성 토양의 특징이다. 그렇지만 습지 논처럼 흙이 물에 잠겨 산소가 부족한 상황이 되면, 산성 토양은 벼 생산에 적절한 약산성 또는 중성으로 돌아가게 된다. 혐기성의 논 토양에선 산화된 철과 망간의 환원 작용이 진행되는데, 그 부산물인 수산화 이온(OH^-)이 수소 이온과 결합하면서 산성도를 낮추는 것이다. 즉 논에 물을 채우는 것은 작물 재배의 귀결인 토양 산성화를 막는 장치이기도 하다.

그렇다면, 논과 밭이라는 2개의 선택지를 가진 동아시아 또는 한국의 농부라면 어떤 선택을 내리는 것이 합리적일까? 재난에 대한 저항성을 보거나 자손들에 남겨줄 지속가능성을 보거나, 할 수만 있다면 논을 택할 것이다. 높은 인구밀도와 집적화에도 불구하고 아시아의 논농사가 토양 비옥도를 고갈하지 않고 수천 년간 지속할 수 있었던 것은 벼를 밭이 아닌 물을 채운 논에서 재배한 덕분이고, 벼라는 식물이 가진 생리적 특성과 무논을 유기체적 시스템으로 통합한 덕분이다. 물을 채우고 써레질하는 등골 휘는 노동 비용에도 불구하고, 농부들은 오랜 시간에 걸쳐 무논의 단기적·장기적 쌀 생산력이 밭보다 월등하다는 깨달음에 도달했을 것이다. 재난, 세대를 넘어서 지속하는 생산력, 능률 등 모든 시험을 통과하고 동아시아에서 살아남은 농업 체계가 바로 무논이었다.

일상적인 물질세계의 탐구를 통해 세계 역사의 커다란 결들을 나누어 이해하고자 했던 역사학자 페르낭 브로델은 각각 밀과 쌀에 집착한 유럽과 아시아를 비교하면서, 상대적으로 밀보다 생산성과 영양가가 높았던 쌀의 생산에 아시아가 역설적으로 갇혀버렸다고 했다.[17] 브로델은 저지대 무논 개발에 치중해 중국의 산지 농업 개발이 멈추었고, 가축 자원이 모자란 벼농사 지대에선 사람이 가축 대신 거의 모든 노동을 떠맡았다고 쓰면서, 그것들을 쌀에 갇힌 결과로 주목했다. 그러나 결과보다 과정을 주목하면, 우리는 가뭄과 홍수를 반복하는 자연 재난과 한두 해 농사를 짓고 나면 힘을 잃는 변덕스러운 토양 비옥도에 맞서 '마법과 구별되지 않는 고도로 발달한 기술'을 완성한 창의적이고 능동적인 농부를 보게 된다.

논과 밭 그리고 한국

논과 밭이 먹을거리 생산의 뼈대를 이루는 한국에서 논을 이해한다는 것은 한반도의 기후와 지형, 토양 조건 그리고 사람과 문화·정치·경제·역사를 아우르는 중요한 지적 모험이다. 그 노력은 미래를 향한 것이기도 하고 과거를 향한 것이기도 하며, 그사이를 사는 우리 자신을 향한 것이기도 하다.

한국농촌경제연구원이 2016년에 출간한 〈가뭄으로 인한 농업피해액 계측 연구〉는 밭이 논보다 가뭄에 훨씬 더 취약함을 보여주면서, 이는 수리·관개 시설이 비대칭으로 논에 쏠렸기 때문이라고 분석한다.[18] 즉 2014년 기준 한국 전체 논 면적인 93만 3000헥타르 중 안정적인 관개가 가능한 수리답은 75만 3000헥타르(81퍼센트)이지만, 밭은 전체 75만 7000헥타르 중 단지 19퍼센트만이 관개할 수 있다. 기후변화와 자원의 무기화가 새로운 세계 경제 질서의 축이 되는 요즘 식량안보는 한국의 미래를 설계하는 데 있어 가장 중요한 문제이기에, 이와 같은 분석은 앞으로 더 많아지고 깊어져야 한다. 한국농촌경제연구원의 연구는 벼농사에만 관개를 집중함으로써 밭의 가뭄 취약성을 키웠다고 암시하는 듯하지만, 이 암시 속에는 앞으로 드러나야 할 다양한 한국의 현실이 가려져 있다. 가령 무엇 때문에 관개는 밭이 아닌 논에 집중되었을까? 한때 쌀 자급을 급선무로 삼았던 정책의 산물이었을까, 아니면 한국 자연환경의 반영일까?

흙과 지형을 공부하는 내 눈에 띄는 것은 어쩔 수 없이 두 번째 질문이다. 논은 산과 산 사이의 저지대에 몰려 있어서 관개가 상대적으로 쉽고, 퇴적물을 바탕으로 한 깊고 찰진 저지대의 토양은 물을 오래 보존할 수 있다. 한편 밭은 비탈진 산지에 소규모로 산재해 있어서 관개가 태생적으로 힘들다. 게다가 암반 위에 생성된 산지 토양은 급한 비탈에서 일어나는 토양침식 때문에 돌과 흙이 섞여 있고 깊이가 얕아서 쉽게 메말라버린다. 애써 관개를 해도 효과를 보기가 어렵다는 말이다. 토양학자인 내가 보기에 밭보다 논에 집중된 관개는 한국의 지형 현실에 논리적으로 부합하는 결과로 보인다. 하지만 이 똑같은 통계를 두고 경제학자와 사회학자, 역사학자는 다른 것을 볼 것이다. 진실은 이 다채로운 생각과 지식, 통찰의 합보다 클 테지만, 그 진실에 접근하기 위해선 어느 때보다 학제적이고 입체적인 공부가 필요하다.

〈가뭄으로 인한 농업피해액 계측 연구〉가 미래에 대한 대비에서 촉발된 연구라면, 《쌀, 재난, 국가》에서 저자 이철승은 한국 사회 불평등의 기원을 이해하려는 노력으로 과거와 현재를 이으며 이렇게 썼다. "문제는, 쌀에 대한 집착에서 비롯된 벼농사의 확대가 가뭄으로 인한 재난의 크기를 그에 비례해서 키웠다는 것이다. 가뭄에도 잘 자라는 밭작물의 재배 면적을 줄이고 성공과 실패 사이의 간극이 큰 쌀에 '올인'하면서, 가뭄이 들었을 때 포트폴리오를 통한 리스크 관리에 문제가 생기기 시작한 것이다. 가뭄 시 벼농사는, 특히 이앙법에 바탕을 둔 수전 농사는 망할 수밖에 없다."[19] 선이 굵은 이 진술은 많은 생각거리를 준다. 그러나 쌀에 대한 집착의 기원 또는 쌀농사의 기술적 문제와 동아시아의 특수한 재난 사이의 관계는 이 사회학 저술에서 다루어지지 않는다. 자연과학자인 나는 그의 논지를 제대로 이해할 만한 배경지식이 없지만, 막상 《쌀, 재난, 국가》가 답하지 않는 책의 기본 전제에 대해 솟아나는 질문을 막을 수 없었다. '벼농사의 확대가 재난의 크기를 비례해서 키운 것이 아니라, 벼농사 자체가 재난에 대한 대응이었다면 이야기가 어떻게 달라질까?' '집착을 어떻게 정의하고 측정할 수 있을까?' '한국의 논은 정말 역사적으로 밭을 대체하면서 확장했을까?' '가뭄 또는 홍수에 대한 안정성에서 논과 밭은 우열 관계에 있는 것만이 아니라 상보적일 수도 있지 않을까?' '밭이 되었다 논이 되었다 했던 건답은 이 논의에 어떻게 들어가야 할까?' 등등 아직 답을 모르는 물음이 생겼다. 역사학자와 민속학자들에겐 더 많은 질문이 있을 것이다. 빠진 톱니 같은 수많은 질문이 다른 전공자들 사이의 협력으로 채워져, 자연 재난 앞에서 드러나는 한국의 불평등과 농업 체계의 관계를 정말로 더 잘 알게 된다면 그것은 얼마나 멋진 일일까?

그것이 어디 불평등만일까? 그것이 어디 기후변화 대비에 국한될 것일까? 미래를 보고 과거를 보아도, 쌀과 논, 한국의 정치·경제·사회·문화, 한국인의 성정은 떼려야 뗄 수 없어 보이지만, 그 심증을 구체적인 것으로 바꾸어줄 이야기, 부분의 합을 훌쩍 뛰어넘는 총체적이고 입체적인 논 이야기는 아직 없다. 분야별로, 시간대로, 공간적으로 쪼개지고 갈라진 논에 대한 공부들이 있을 뿐이다. 그 갈라진 공부들 사이에서 우리가 들어야 할 논 이야기는 분산되고 해체되어 온전히 만들어질 길이 요원해 보인다. 그러는 사이 쌀이 수요와 공급의 시장논리에 먹히면서, 논은 한국에서 이리 차이고 저리 차이는 존재가 되었다. 논을 줄이자는 것이 정부의 지침이 되었다.

시장뿐만 아니라 기후변화 그리고 불안정한 국제 정세를 이겨낼 식량안보, 생태와 지속 가능성, 한국인의 입맛과 건강을 포괄적으로 계산에 넣은 논 이야기, 한국인이라면—농민이건 인공지능 개발자이건—공감할 논을 위한 변론은 아직 만들어지지 않았다. 수천 년의 역사만큼 그리고 논농사에 목숨을 건 수많은 농부의 일상과 과학과 혁신만큼 넓고 깊을 그 이야기는 각각의 전문가가 가진 좁고 깊은 지식으로 만들어질 수 있는 것이 아니다. 여러 분야의 전문가와 농부가 서로를 경청하고 연대해야만 만들어질 이야기다. 그렇게 만들어진 이야기가 한국인 모두를 한배에 태울 순 없다 하더라도, 그들의 마음을 흔들 수는 있지 않을까? 쌀과 돈 사이의 등호가 정책의 출발점이 되는 걸 볼 때마다, '이건 아닌데!' 하며 마음에 뭔가 걸리는 게 있도록 만드는 이야기가 나와야 하지 않을까?

녹색혁명 이후의 논

재래식 논농사가 무논과 노동체계 간의 상승작용을 극대화하면서 재난에 대한 저항성과 지속가능성을 발전시켜왔다면, 녹색혁명 이후에는 벼 품종 개량과 질소비료 공급의 병행이 논농사의 근간이 되었다. 1960년대 아시아의 녹색혁명은 쌀 생산성을 높이려는 노력이 벽에 부딪히면서 초기에 좌절을 맛보았다. 재래종 벼들은 질소비료를 주면 더 많은 수확으로 반응하기는커녕 키만 웃자라 비바람이 불면 넘어졌다. 수천 년 내려온 습지 논 시스템의 질소 및 영양물질 순환은 재래 벼 품종과 완벽하게 조율되어 있었다.

녹색혁명 이후의 논과 재래 논의 차이를 명확히 하기 위해, 질소비료에서 시작해 다른 영양소까지 전파되는 도미노 현상을 인 영양분을 통해 살펴보자. 공기를 원천으로 하는 질소와 달리, 영양분으로서의 인은 궁극적으로 광물에서 공급된다. 질소가 미생물에 의해 고정되어야 식물에 유용하다면, 인은 화학적 풍화작용으로 광물에서 분리되어 물에 녹아들어야만 식물의 뿌리가 흡수할 수 있다. 동시에, 유기물의 분해가 질소를 공급하듯이 유기물은 썩으면서 분자구조 안에 갇혀 있던 인 또한 내놓는다. 여기서 무논에서 자라는 벼가 쓸 수 있는 인의 양은 물에서의 인 농도 곱하기 물의 양에 비례한다. 인 농도가 낮더라도 물의 양이 많으면 충분한 양의 인이 공급될 수 있다는 것이다.

  인이 풍화를 통해 광물로부터 분리되는 속도 또는 유기물에서 나오는 인 공급의 속도가 느려서 논물이 가진 인의 농도가 낮더라도, 논흙을 넘칠 듯 꽉 채운 물 때문에 인이 벼가 자라는 데 모자랄 일이 없었던 것이 녹색혁명 이전의 상황이었다. 그러나 폭발적으로 늘어난 질소비료와 주는 대로 질소를 흡수해 쌀로 바꾸어주는 새로운 벼 품종 사이의 무한 경주는 인 또한 비료로 공급해야 할 것으로 만들어버렸다. 질소를 대량 흡수하는 벼 품종이 더 많은 세포를 만들기 위해선 추가적인 인이 필요하고, 이는 재래식 논에서 일어나는 광물의 풍화와 유기물질의 순환으로는 따라잡을 수 있는 선을 넘어버렸기 때문이다. 질소비료 사용으로 시작된 벼 생산량의 증가는 결국 다른 영양분의 추가 투입에 대한 필요로 이어지면서, 전통적으로 소

농의 농업 시스템 안에서 유지되던 토양 비옥도를 외부로부터의 입력에 종속시켜버렸다.

질소도 인도 오래된 파이프를 통하는 물처럼 새기 마련이다. 구멍 뚫린 파이프로 더 많은 영양물질을 보내면, 그에 비례해 새는 양도 많아진다. 집약화된 논에선 질소비료가 기껏해야 절반도 벼에 흡수되지 못하는 경우가 비일비재하다. 심지어 이 비효율성은 질소비료의 양이 늘어날수록 비선형적으로 증가하는 경향이 있다. 벼가 흡수하지 못한 반 이상의 질소비료는 암모늄이나 질산염의 형태로 지하수나 하천에 흘러들어 부영양화의 요인이 된다. 낭비된 질소비료는 토양 속 미생물의 작용으로 아산화질소 기체가 되어 기후변화를 촉진한다. 무논에서의 과도한 질소비료 사용이 강력한 기후변화 기체인 메탄의 생성을 늘린다는 연구 또한, 쌀 증산이 외부 입력에 종속된 벼농사가 전 지구적인 문제임을 보여준다.[20]

현대의 벼농사는 지리적인 확장 또한 거듭했다. 그 영향을 일목요연하게 볼 수 있는 곳은 인도다. 내가 가르치는 미네소타대학교의 흙물기후학과에서 2020년 정년퇴직한 토양물리학자 사티시 굽타는 인도에서 보낸 유년과 청년 시절을 회상하며, 자신이 살아남은 것은 1960년대 아시아에서 절정을 맞은 녹색혁명 덕이었다고 말했다. 그 후의 이야기가 궁금해서 역시 인도에서 자라 우리 학과에서 관개수를 연구하고 가르치는 바수다 샤마 교수를 내 학부 수업인 '세계 문화 속의 땅과 사람'에 초대했다. 샤마 교수는 1970년대 이후 인도 펀자브에서 일어난 일을 이야기해주었다.

펀자브는 인도 북서쪽에 있는 주로, 인도 면적의 1.5퍼센트를 차지하는 가장 작은 주의 하나이지만, 땅의 83퍼센트가 작물 재배에 쓰이는 인도의 대표적인 식량 생산기지이다. 펀자브의 '펀즈'는 다섯, '아브'는 강을 뜻하는데, 여기서 다섯 강은 히말라야에서 발원하여 펀자브를 통과해 인더스강으로 흘러든다. 펀자브 지역은 강수량은 적지만, 히말라야에서 발원한 다섯 지류의 물을 끌어들여 보리와 콩류를 주로 재배한다. 이곳에서 녹색혁명은 새로운 작물 종자, 질소비료, 그리고 관개 시스템의 영향이 컸지만, 주요 생산 곡물이었던 보리와 콩이 쌀과 밀로 급속히 전환된 것은 1970년대 이후 식량 증산의 기치를 내건 인도 정부의 노력 때문이었다. 녹색혁명과 이어진 인도 정부의 노력 덕에 펀자브는 인구가 세 배로 늘면서도 식량을 자급할 수 있게 되었다. 하지만 이 결실의 질과 미래 지속가능성에는 회의가 크다.

펀자브의 벼농사에 영향을 미친 외부 요인에는 비료뿐 아니라 물도 있다. 1970년대 이후 가속화된 쌀과 밀의 이모작은 펀자브의 고온 기후대를 활용하는 탁월한 선택처럼 보였지만, 지류에서 끌어오는 관개만으로는 물 수요가 높은 쌀과 밀의 생산을 맞출 수 없었다. 그들은 지하수 개발로 눈을 돌렸다. 그 결과 지난 40년간 펀자브 전역에서 지하수면은 급속도로 낮아졌으며, 2023년까지 펀자브의 66퍼센트에서 지하수면이 20미터보다 더 낮아질 것이라고 한다. 물값도 공짜에 양수기용 전기요금도 면제해준 정부 정책은 지하수를 앞다투어 퍼내도록 부추겼고, 경쟁의 승자는 강력한 모터 양수기를 돌릴 수 있는 부농들이었다. 소규모 영세농은 말라가는 땅을 보고만 있거나 공동으로 돈을 모아 양수기를 사들여야 했다.

지하수면이 낮아질수록 농가의 빈익빈 부익부는 심해졌다. 공유지의 비극을 연상시키는 펀자브의 지하수는 인도의 범국가적 문제이면서, 보통의 가뭄이 재앙으로 이어지는 기후 온난화와 '보이지 않는 물'을 통해 전 세계와 연결되어 있다. '보이지 않는 물'은 인도가 수출하는 수자원을 일컫는다. 인도가 무슨 수자원을 수출하냐고 할 수 있겠지만, 인도의 물로 인도가 수출하는 쌀과 밀을 키웠음을 생각하면 인도는 물 부족 국가이면서도 실질적으로는 물 수출국이다. 그렇게 해마다 수출되는 '보이지 않는 물'이 1300만 명의 인도인이 쓸 수 있는 양이다.

녹색혁명 또는 쌀 생산 증가에 초점을 맞춰야 했던 국가의 정책을 비난하거나 그 성과를 폄훼하려는 것은 아니다. 중요한 것은, 식량 증산을 위해 빠르게 외부의 입력에 종속된 벼농사가 재난에 취약해지고 지구 생태계를 파괴할 수 있음을 인식하자는 것이다. 또한 녹색혁명 이전의 논농사가 성취한 안정성과 지속가능성 속에 담긴 미래의 가능성을 탐구하자는 것이다. 재래식 논농사와 현대 쌀 생산 체계의 차이를 최대한 명확히 그려보는 것이 필요하다. 이것은 과거에 대한 향수병에서 기인한 퇴행이 아니라 사람과 자연이 함께 엮이며 쌓아온 역사를 지닌 벼농사를 아는 데 필요한 첫 조치이며, 지속가능한 식량 생산과 토지 사용을 위한 기반 작업이다. 벼농사는 사람과 자연이 서로 만들어온 가장 오래된 관계 중 하나이다. 아시아에서는 벼농사 자체가 사회와 문화, 성정을 만들어낸 거푸집이다.

녹색혁명 이전의 쌀 생산이 습지에서도 잘 자랄 수 있는 벼의 생리와 논에 물을 채우고 써레질하는 농부의 노동을 버팀목으로 만들어진 단층집이었다면, 녹색혁명 이후의 쌀 생산은 새로운 벼 품종과 질소비료 등의 외부 입력을 재료로 세 층을 더 올린 사층집이다. 그렇게 식량 생산이 네 배로 늘었고, 덕분에 두 배 반으로 불어난 식구가 길바닥에 내쫓기지도 않고 오히려 풍족하게 살게 되었다. 그러나 기후변화, 악화하는 지구 생태계, 변화하는 식량 수요에 맞서, 이 집이 무너질 조짐은 없는지 물어볼 때가 되었다. 사 층짜리 집이 덩치에 걸맞게 좋은 이웃인지, 즉 모든 이에게 고르게 양질의 영양을 제공하며, 작은 규모에선 주변의 생태와 환경에 도움이 되고, 지구 규모에선 기후변화를 극복하는 데 기여하는지 물어볼 때가 되었다. 이 질문에 답하는 과정은 계속해서 층을 올리는 것이 아니라 아래층을 찾아가는 데서 시작해야 한다. 아래층에는 마법과도 같은 오래된 기술이 새로운 발견을 기다리고 있을 것이다.

5

물

땅의 진화를 이해하는 열쇠

땅의 형상에 맞춰 낮은 곳에 고이거나 중력의 인도를 따라 낮은 데로 흐르는 수동성만이 물의 본질은 아니다. 흙이 모습을 갖추는 긴 시간을 놓고 보면, 물은 땅보다 먼저 움직여 땅을 형성한다. 얼면 언 대로 녹으면 녹은 대로 자신과 밀착한 존재를 갈고 깎고 움직여서 땅의 형상과 흙을 만들어내는 물은 고정된 명사가 아닌 능동태의 동사다. 시시각각, 봄·여름·가을·겨울, 그리고 지구의 역사에 따라 물-얼음-수증기 사이를 오가는 물의 변용은 땅과 흙의 진화를 이해하는 열쇠다.

> 겨울 한번 보내기가 이리 힘들어
> 때 아닌 삼월 봄눈 퍼붓습니다
> (…)
> 천지에, 퍼붓는 이…폭설이, 보이지 않아?
> _한강, 〈편지〉

얼음

미네소타대학교로 직장을 옮기겠다고 어렵게 작정했을 때, 주변 사람들이 미네소타 겨울 이야기로 겁을 주었다. 당시 다니던 체육관의 습식 사우나에서는 욕쟁이 할아버지 한 분이 말을 걸곤 했다. 뿌연 수증기 너머 할아버지는 내가 들어온 것을 어찌 알았는지, 이사 준비는 어떻게 되어가냐고 물어왔다. 미시간 어퍼반도Upper Peninsula에서 자랐다는 그는 내가 수집한 오대호 겨울 괴담을 들을 때마다, 사우나에 어울리는 앓는 소릴 내며 말했다. "썩을 놈의 소리. 무식한 소리니까 신경 쓰지 말게나!" 훗날 미네소타 겨울을 몇 번 지내고선 생각했다. '이름과 주소라도 알아둘걸!' 편지 한 통 보내드리고 싶었다. '미스터 욕쟁이 할아버지, 위로의 말씀인 줄 알고 감사했는데, 통찰력이 있는 말씀이었어요.' 습식 사우나에 가면 지금도 그의 목소리가 들리는 듯하다. "달달 떨면서 집구석에나 처박혀 있을 것 같지? 알지도 못하는 것들이 하는 소리야. 수은주가 떨어지면 머리통이 얼음통이 되는 놈이나 그러는 거라고. 빌어먹을. 거기 사람들은 겨울에 더 잘 놀아!"

캘리포니아 버클리로 교환 학생을 왔던 조나탄 클라민더가 스웨덴 북부의 우메오로 돌아간 다음 해 2월, 안부를 묻는 이메일을 보냈다. "골목 모서리 돌면 봄이 보인다는데, 영하 24도야." 그는 눈이 녹기 전 열심히 스노모빌을 탄다고 했다. 5년 후 조나탄이 델라웨어로 아내와 어린 아들 둘을 데리고 막 조교수가 된 나를 찾아왔을 때도 겨울이었다. 영하 8도. 지역 신문이 추위 소식으로 지면을 도배한 날, 스웨덴에서 온 젊은 가족은 아이들을 유모차에 태워 놀이터에 다녀와선 내게 물었다. "아이들이 다 어디에 간 거지?"

"나쁜 날씨는 없다. 옷을 잘못 입었을 뿐이지." 스웨덴 속담은 북구 사람이 추위를 대하는 기본 철학이다. 미네소타의 첫 겨울, 당시 94세였던 신생대 지질학의 대가 허버트 에드거 라이트 주니어(1917~2015)의 집에서 수요일 밤이면 세미나가 열렸다. 연구실에서 20분이면 걸어갈 길을 어찌 가야 할지 망설였다. 다 껴입으면 집 안에 있을 때 불편할 테고, 그러지 않으면 가는 길에 얼어죽을까 겁이 났다. 특히 바지가 신경쓰였지만 괜한 걱정이었다. 문을 열고 들어오는 사람마다 교수건 학생이건, 여자건 남자건, 외투와 함께 바지부터 벗었다. 겨울 바지가 허물 벗듯 내려오자, 일상용 바지가 드러났다.

좋은 것 배웠다! 이듬해 겨울, 서울에서 들른 선배의 사무실에서 똑같이 하자, 선배가 신기한 걸 봤다고 페이스북에 올렸다.

미네소타와 스웨덴의 겨울은 얼어붙은 호수가 닮았다. 뒷마당 잔디 깎듯 호수 얼음을 관리하고 심지어 조명까지 끌어와 야간 아이스하키를 즐기는 호숫가 주민도 있다. 하루는 둘째와 스케이트를 타러 갔더니 3킬로미터는 족히 되는 호수 둘레를 눈도 치우고 사포질이라도 한 듯 얼음을 매끄럽게 만들어놓았다. 누군가 트럭 뒤에 제설기를 달고 일주한 모양이었다. 미네소타의 겨울 호수에는 하얀 눈 위에 빨강, 노랑, 파랑의 텐트들이 점점이 서 있다. 정작 얼음낚시에는 건성인 어른들이 텐트 안에서 가스버너로 밥하고 위스키 한잔 마시며 노닥거리는 동안 텐트 주위에는 집에서라면 잔소리만 듣고 있을 아이들이 눈썰매를 타고 놀았다. 어느 겨울이던가, 조나탄은 북극권 너머 처가 앞 호수에서 가족과 함께 보름을 쉬고 왔다고 했다. 보내온 사진에는 텐트와 스노모빌이 달빛 아래 눈부신 하얀 호수에 떠 있었다. 스웨덴 북부 라플란드보다 인구밀도가 높은 미네소타에서는 트럭이 호수 한복판까지 들어오는 것은 다반사이고, 아예 캠핑카를 몰고 들어간다.

미네소타 천연자원부에 따르면, 사람이 안전하게 걸으려면 호수 얼음 두께가 10센티미터는 넘어야 한다. 일반 승용차가 들어가려면 23~30센티미터. 50센티미터가 넘어야만 중장비나 캠핑카도 들어갈 수 있다.[1] 어느 순간 얼음이 녹아버리거나 깨지면? 자동차도 중장비도 캠핑카도 호수 바닥 진흙 속으로 빠져버릴 것이다.

그림 5-1 얼어붙은 미시시피강 위에서 스케이트를 타거나 얼음낚시를 한다. 낚시 움막을 열고 들어가면 난로와 의자 그리고 낚시를 내릴 수 있는 작은 얼음 구멍이 있다.

"바로 그런 일이 있었던 거예요!" 흰 수염을 바람에 날리며 에드 네이터 교수가 열 명 남짓한 학생들을 향해 말했다. 미네소타의 1만 2000개 호수 중 하나인 피시트랩Fishtrap 호수로 가는 길, 도로 옆 잘린 언덕에는 점토 지층이 차곡차곡 균질하게 쌓여 있었다. 예외라면 '요건 꼭 보세요' 하며 누군가 한복판에 박아놓은 듯한 돌멩이였다. 크기는 테니스공만 했다. "퇴적물이 모두 점토이고 균질한 크기로 봤을 때 잔잔한 호수 밑 퇴적층이죠. 그렇다면 요 돌덩어리는 도대체 어떻게 여기 끼었을까?" 다들 조용했다. '설마 날 콕 집어 답하라고는 않겠지?' 당장 내년부터 이 수업을 물려받아 가르쳐야 할 나는 머릿속이 하얬다. 빙하에 묻어 들어와 호수 표면을 떠돌던 돌덩이가 얼음이 녹으면서 가라앉았을 거라는 기막힌 설명을 듣고서야 정신이 들었다.

흐르는 얼음, 빙하가 만든 땅들이 그랬다. 시체만 남고 범인은 도망간 지 오래된 현장이었다. 에스커, 드럼린, 케임, 아웃워시 등 처음 만난 낯선 지형은 1만 년 전 물에 녹아 어디론가 흘러가버려 볼 수도 만질 수도 없는 빙하의 무자비한 힘을 증언하고 있었다. 빙하의 힘은 얼음의 무게에서 온다. 몸무게에 눌렸다 튕겨나는 매트리스처럼, 스웨덴 동쪽 보트니아만의 해안선은 해마다 0.1~1.5센티미터씩 솟아오르는 중이다. 준액체 상태의 맨틀을 상대로 지각을 찌그러트리며 누르던 수 킬로미터 두께의 육중한 빙하가 스르르 녹아버렸기 때문이다. 보트니아해 내륙에서 버려진 낚시 부두를 만나는 것은 특별한 일이 아니다. 바다 밑에서 지난 세기 솟아오른 땅이 흙-숲 시

그림 5-2 도로 옆 잘린 언덕에 보이는 옛 호수의 퇴적물. 균질하게 쌓인 점토 퇴적물 곳곳에 누군가 박아놓은 듯한 돌멩이들이 보인다.

스템의 천이와 함께 육지 생태계로 편입되었다. 보트니아해 건너편의 저지대 국가 핀란드는 해마다 7제곱킬로미터씩 국토를 넓히고 있다. 빙하가 녹으면서 해수면이 상승했으나, 빙하의 압력에서 해방되어 튀어 오르는 땅을 붙잡기에는 역부족이었다. 빙하기부터 아직 오지 않은 미래까지 보트니아해의 변천은 얼음이 물이 되고 물이 얼음이 되는 상변화狀變化의 함수였다.

백두산을 통째로 삼킬 만한 얼음이, 추운 곳에서 덜 추운 곳으로, 눈이 많이 내리는 곳에서 덜 내리는 곳으로, 높은 곳에서 낮은 곳으로, 지표의 마찰이 큰 곳에서 작은 곳으로 느릿느릿 흐르는 동안, 제

그림 5-3 보트니아만의 스웨덴 해안. 조나탄 클라민더가 서 있는 곳은 지난 몇 년 사이에 지각이 융기해 바다에서 육지가 된 곳이다.

곱미터당 3000톤에 이르는 무게의 얼음이 그 아래 지반을 눌렀다. 암석은 빙하에 먹히거나 비틀어지고 깎이고 갈렸으며, 부서진 파편은 같은 압력을 감당하는 이웃 파편과 마찰하고 서로를 갉아 먹으며 빙하와 함께 흘렀다. 빙하가 깎고 지나간 곳에는 U자형 계곡이나 날카로운 산봉우리들이, 빙하가 녹아 사라진 곳에는 끌고 온 흙과 돌덩어리 바위들이 남았다.

미네소타에서는 암석의 풍화로 흙이 만들어지는 것은 드문 일이다. "그렇다면 흙이 뭐로 만들어진다는 거죠?" 학생들이 놀라서 묻는다. "미네소타 빙하 퇴적물의 두께는 100미터가 넘는 곳이 많아요.[2] 흔히 흙 1미터만 파면 암반이 나오겠지 하지만, 미네소타와 같은 빙하 하류 지대에선 그렇지 않죠. 표면의 흙과 기반암 사이에 아무 관계가 없는 경우가 대부분이에요." 미네소타의 흙은 빙하가 실어온 캐나다의 돌과 흙으로 만들어졌다. "미네소타의 흙은 물과 얼음 그리고 기후변화의 합작품인 거죠!" 미네소타가 유별난 것도 아니다. 얼음에 덮이지 않은 지구 육지의 20퍼센트는 빙하 퇴적물과 빙하 퇴적물에서 생성된 토양으로 덮여 있다. 녹은 빙하라 할 수 있는 강의 퇴적물은 그보다 조금 많은 23퍼센트의 땅을 차지한다.[3]

땅의 형상에 맞춰 낮은 곳에 고이거나 중력의 인도를 따라 낮은 데로 흐르는 수동성만이 물의 본질은 아니었다. 긴 시간을 놓고 보면, 물의 본질은 땅보다 먼저 움직여 땅을 움직이는 것이다. 얼면 언 대로, 녹으면 녹은 대로, 물은 자신과 밀착한 존재를 갈고 깎고 움직여서 땅의 형상과 흙을 만들어냈다. 물은 고정된 명사로 볼 수 없다.

그림 **5-4** 빙하가 물러가면서 드러난 지표면에서 새로운 토양이 만들어진다. 알래스카의 마타누스카 빙하(위)와 하딩 빙하(아래).

능동태의 동사여야 한다. 고체로 얼었다 다시 녹아 액체로 돌아오는 것이 물이었지만, 물이 시작점이어야 할 이유조차 없다. 액체로 녹았다 다시 얼어 고체로 돌아오는 것이 얼음이라고, 얼음을 기준점으로 삼아 순서를 바꾸고 나면 옛 빙하권의 땅, 다시 말해 북반구 흙을 이해하기가 편해진다.

눈

추억 속 가장 아름다운 풍경에는 늘 눈이 있었다. 대학 첫겨울에 올랐던 한계령, 달 밝은 밤에 도착한 스웨덴의 아비스코, 밤샘 폭설 후 새벽 네 시에 걸어 들어가던 동해 낙산사, 다섯 식구가 함께한 것만으로도 뜨겁게 느껴졌던 영하 27도 슈피리어 호수의 등산로. 조명발이 아닌 눈발로 아름다웠던 풍경들이다. 눈은 실용적이기도 하다. 우리 식구는 눈을 맥주 냉장고로 활용한다. 식탁 옆 유리문을 열고 맥주병과 캔을 눈 속으로 던진다. 북극 제트기류가 뚫려 미네소타 기준으로도 추운 날에도 맥주는 눈 속에서 얼지 않는다. 햇볕만으로 목이 타는 겨울날, 눈에서 파낸 맥주는 여름 맥주보다 통쾌하다.

"요 귀여운 동전이 온도계라니!" 대학원생인 새라와 함께 미네소타 중북부 미시시피강의 발원지인 이타스카 호수 주변 숲을 돌다니면서 25센트 동전을 똑 닮은 온도계를 흙 속 정해진 깊이에 묻었다. 지상 1미터 위에도 거치대와 보호막을 씌워 온도계 설치를 마쳤다. 센서들은 앞으로 2년간 하루 여섯 번 온도를 측정, 기록할 것이다. 한편 360킬로미터 남쪽 미네소타 식물원의 숲에서는 대학원생 타일러가 똑같은 온도 측정을 시작했다. 측정이 끝나 데이터가 동전 센서에서 컴퓨터로 옮겨지고, x축에는 날짜와 시간이, y축에는 섭씨 온도가 한 그래프 안에 그려지자, 센서가 겪은 온도의 역사가 드러났다.

1월의 이타스카 숲. 적송, 백송, 자작나무 등 숲의 주점종에 상관없이 대기 온도가 영하 30도를 찍을 때조차 흙은 얼지 않았다. 0도 이하로 내려가는 적이 없었다. 하루를 주기로 사인함수를 그리는 대기의 온도에 아랑곳없이 눈 아래 흙 속의 온도는 항온 장치를 단 인큐베이터처럼 겨우내 움직임이 없었다. 내 허리까지 쌓인 이타스카의 눈 때문이었다. 이타스카보다 평균 5도에서 10도가 높은 미니애폴리스 근처 남쪽 식물원의 같은 1월은 어땠을까? 같은 깊이에서 흙은 역시 영하 1.0도와 0.0도 사이를 오락가락하며 얼다가 녹기를 반복했다. 식물원의 숲은 급한 경사 때문에 눈이 한 자 이상 쌓이는 법이 없었기 때문에 약간의 온도 변화가 있었다.

눈은 물도 얼음도 아니다. 눈 결정 사이의 공간은 열전도라면 젬병인 공기의 자리다. 공기를 품는 능력에서 눈은 물 또는 얼음과는 수준이 다르다. 높은 곳에서 낮은 곳으로 흐르는 물처럼, 열은 온도가 높은 곳에서 낮은 곳으로 흐른다. 여름에 따뜻해진 흙에서 차가운 대기로 전도하는 열은 눈이 품은 희박한 공기 분자들에 다다라 건너뛸 징검다리를 잃고 정체한다. 대기가 추워지는 만큼 흙도 같이 차가워지리라는 예상은 쌓여가는 눈 속에 묻혀버린다.

몸의 반은 대기에, 다른 반쪽은 땅에 묻은 나무에게 겨울은 하나가 아니라 둘이었다. 변덕스럽고 추운 지상의 겨울과 인큐베이터 같은 지하의 겨울. 겨울이 가고 지상의 봄이 오면 나뭇잎은 싹트고 광합성을 시작한다. 뿌리는 때맞춰 광합성 원자재 중 하나인 물을 공급한다. 그런데 한겨울 눈이 없어 흙 속 깊이 침투한 추위에 잔뿌리들이 죽어버렸다면? 연구자들은 미국 뉴햄프셔 허버드브룩 실험림에 있는 단풍 숲에서 겨울의 첫 4~6주 동안 눈을 치우는 실험을 5년 동안 실시했다. 눈을 치운 곳에선 토양 결빙이 증가했고, 단풍나무(설탕단풍나무 *Acer saccharum*)의 이듬해 성장률은 40퍼센트나 감소했다. 5년짜리 실험이 끝나고 1년이 지난 후에도 회복의 징후는 나타나지 않았다.[4]

추운 겨울 삽질까지 하며 이런 실험을 하는 까닭은 기후변화와 함께 눈이 줄고 비가 늘기 때문이다. 겨울이면 북부 활엽수림 흙을 오래 덮어주던 두꺼운 눈이 온난화와 함께 얇아지고 지속 시간 또한 짧아지고 있다. 연구자들은 눈의 이불 효과를 누리는 산림 면적이 미국 북동부의 경우 2099년까지 49~95퍼센트 감소할 것으로 예상한다. 지상의 온도가 계절과 무관하게 오르고 겨울은 더욱 빠른 속도로 따뜻해지는 사이 흙의 겨울은 더 깊어지고 길어진다.[5] 서로 더 멀어지는 두 겨울을 한 시간 한자리에서 한 몸으로 견뎌야 할 나무에게, 강설량의 변화는 이제까지 겪어본 적 없는 새로운 계절의 도래를 뜻한다.

그림 5-5 눈이 녹으면 겨우내 들쥐들이 눈과 땅 사이에서 오가던 터널들이 드러난다. 오른쪽 사진의 볼펜으로 터널의 크기를 짐작할 수 있다.

 4월, 눈이 녹자 뒷마당에 숨어 있던 맥주병이 드러났다. 아껴놓은 걸 잊은 건 나만이 아니었다. 잔디밭 가운데 엉뚱한 곳에 튤립 싹이 솟았다. 건망증이 심한 다람쥐가 묻어두고 잊어버린 알뿌리였다. 뒷마당 들쥐는 겨우내 바빴구나! 들쥐가 마실 다닌 눈 속 통로의 흔적도 함께 드러났다. 봄이 되면 사라지는 눈은 흙의 연장이었다. 들쥐는 굴에서 나와 눈과 지표 사이에 터널을 만든다. 들쥐가 되어 나도 그 굴을 따라 뛰고 싶다. 아랫목처럼 올라오는 지열을 받으며 빛이 스며드는 눈 터널을 뛰는 기분은 어떨까? 그들도 가장 아름다운 풍경 속에는 늘 눈이 있었다고 할까?

물

"물은 낮은 데로 흐른다." 그래도 물이 다 낮은 데로 가버리면 큰일이 아닐까? 땅은 늘 가뭄일 것이다. 흙은 (물에게) 지구 중심을 향해 늘 일정한 크기로 당기는 중력만이 아닌 "다른 곳을 향해 다른 크기로 당기는" 제2의 힘이 공존하는, 물이 머물 수 있는 공간이다.

미키마우스 얼굴―동그란 머리의 양쪽 위에 작은 동그라미 2개―을 대충 그려보자. 가운데 큰 동그라미에 산소라고 적고 작은 동그라미 둘에 수소라고 쓴 다음, 수소 동그라미를 무한히 축소하면 물 분자 모습이 완성된다. 수소와 산소 원자가 공유결합해 만들어진 물 분자는 쌍극자이다. 즉 한쪽의 수소는 양의 전하를, 반대쪽의 산소는 음의 전하를 띤다. 쌍극자라는 것은 곧 물 분자가 무리 속에서 살 팔자라는 뜻이다. 만약에 그런 족집게가 있어서 물 분자 하나만을 콕 집어 옮긴다면 주변의 물 분자들이 개구리 알처럼 따라 움직이는 모습을 볼 것이다. 수소 양이온이 이웃 물 분자의 산소 음이온과 서로 끌어당기기 때문이기도 하고(수소결합), 몰려다니는 물 분자 떼 속의 전자 배치가 변하면서 물 분자 사이에 당기거나 미는 힘이 생기기도 하기 때문이다(반데르발스 힘).

물 분자의 수소와 산소는 각각 전기장을 만든다. 극성이 반대라도 크기와 위치가 달라, 전기장들끼리 서로 지우고 나서도 남는 전기장이 있다. 물 분자에 전기장이 있다는 말은 전기장을 가진 다른 물체와 서로 끌고 당길 수 있는 관계라는 말이다. 지구의 한가운데를 중심으로 그려진 중력장 말고도 떨어져 있어도 서로의 존재를 힘으로 체험하는 새로운 관계가 가능해진 것이다. 모든 힘이 그렇듯 이 힘 또한 '사이', 즉 물 분자와 광물 표면의 '사이'에서 작용한다.

흙 광물 중 흙을 흙답게 만드는 점토, 점토 중에서도 흔한 스멕타이트의 구조는 두께 1나노미터(10^{-9}미터)의 샌드위치를 닮았다. 식빵 사이 땅콩잼은, 중심에 놓인 알루미늄 양이온을 8개의 산소 음이온이 꼭짓점으로 둘러싼 팔면체가 반복하는 얼개를 이룬다. 바깥 식빵은 땅콩잼과 구조가 다르다. 규소 양이온을 중심에 두고 꼭짓점마다 4개의 산소 음이온이 자리한 사면체가 바닥의 세 모서리를 공유하면서 반복하는 것이 바로 식빵의 구조다. 사면체의 높은 꼭짓점은 샌드위치 안쪽을, 바닥은 샌드위치 바깥쪽을 향한다. 바닥에 놓인, 즉 식빵 표면의 산소 음이온에 주목해야 하는데, 이들이 바로 스멕타이트 주변을 얼쩡대는 물 분자의 수소 양이온을 끌어당긴다.

도시락 속 샌드위치가 그렇듯 스멕타이트도 망가진다. 샌드위치 스멕타이트가 전기적으로 중성이라면, 망가진 스멕타이트는 조금 다르다. 크기가 비슷한 알루미늄이 피라미드 사면체 중심의 규소를, 마그네슘이 팔면체 속의 알루미늄을 대체하는 것이다. $^{+4}$의 양이온인 규소가 $^{+3}$인 알루미늄 이온으로, $^{+3}$인 알루미늄이 $^{+2}$인 마그네슘으로 바뀌면서 중성이었던 스멕타이트는 음전하를 띠게 된다. 마이너스가 된 스멕타이트와 물 분자의 수소 양이온 사이에는 끌어당기는 힘이 작용한다. 멀쩡하든 망가졌든 스멕타이트 곁을 지나는 물 분자는 결국 중력이 아닌 전기력에 잡혀 곁을 떠나지 못한다. 물의

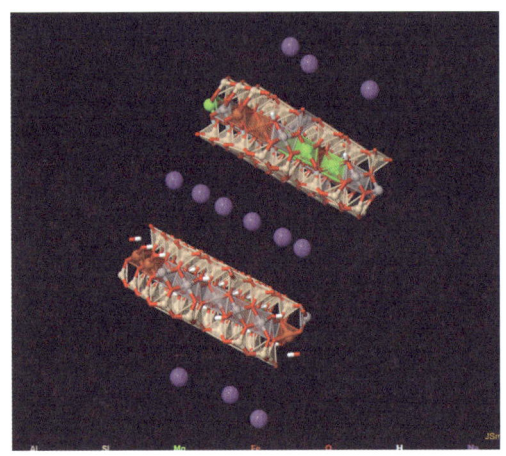

그림 5-6 스멕타이트 점토 광물의 구조. 보라색 공은 2개의 스멕타이트 사이에 끼인 나트륨 이온으로 그림에 표시되지 않은 물 분자와 함께 들어와 있다. 스멕타이트 광물을 샌드위치로 보면, 빵은 규소 이온(살구색)을 중심으로 한 사면체로, 땅콩잼은 알루미늄 이온(회색)을 중심으로 한 팔면체로 만들어져 있다. 간혹 알루미늄 이온(+3)이 마그네슘 이온(+2, 연두색)으로 대체되고, 그런 곳은 음전하를 띠게 된다.

머무름이다.

  뒷마당에서 흙 한 움큼을 잡았다. 촉촉하다. 눈 녹은 물이 중력에 끌려 낮은 곳으로 가고서도 흙에는 물이 남았다. 물 분자와 지구 사이의 중력장 그리고 물 분자와 점토 사이의 전기장. 삼각관계 정산이 끝나고 남은 물이다. 눈 녹은 물이 흙으로 스며드는 과정은 물의 몸이 흙의 몸과 얽히는 것이라 단순한 통과와는 격이 다르다. 빗물이 대기를 통과하듯 흙을 지나친다면, 육지는 사막이었을 것이다. 지나가는 물을 흙이 잡아주지 않는다면, 물이 머무를 틈이 없다면, 흙에 깃든 무수한 생명체를 일구기에, 물은 너무나 순간적인 존재에 지나지 않을 것이다.

비

갑작스레 소나기가 퍼부은 어느 여름날이었다. 앞마당에 쏟아지는 비를 바라보며 가족들과 이런저런 이야기를 나누다 막내에게 학교에서 과학 시간에 pH[6]가 뭔지 배웠냐고 물었다. 아이는 "그럼, 다 알지!" 하며 호기롭게 답했다. "그럼, 아빠가 퀴즈 하나 낼게. 빗물의 pH는?" 마침 옆에 있던 아내까지 가세해서 퀴즈는 재미있어졌다. 아들도 아내도 깨끗한 빗물은 중성(pH7)이라는 데 한 표를 걸었다. 산성비 뉴스를 들어서 알긴 했지만, 빗물이 산성이면 그건 공해 때문이리라 생각했다. "사실 도시와 공장 농업지대에서 아주 먼 청정지역을 가면 어디를 가나 빗물은 산성이야. pH는 5.6!"[7]

오로지 물 분자만으로 이루어진 순수한 물이 있다면, pH는 7, 중성일 것이다. 빗방울은 순수한 물일 수가 없다. 대기와 몸을 비비면서 대기를 씻어주기 때문이다. 그사이 이산화탄소가 녹아든다. 순수한 물이 담긴 병의 뚜껑만 열어도 대기의 이산화탄소가 스며든다. 지표의 물은 늘 대기와 몸을 비비는 중이다. 수증기에서 응결되는 시작점에서 땅 위로 낙하하는 순간까지 빗방울은 대기와 몸을 비비고, 녹아든 이산화탄소는 물과 결합해 탄산(H_2CO_3)을 만든다. 탄산을 구성하는 것은 탄소 양이온을 둘러싼 3개의 산소 음이온과 산소 음이온의 바깥에 달린 수소 양이온이다. 가장자리 수소 양이온과 중심의 탄소 양이온은 같은 전하를 가졌기 때문에 서로 밀치다 수소 양이온 하나가 떨어져 나가면, 물속 수소 양이온의 개수가 늘어난다. 그러면 물은 산성이 되고 pH 값은 낮아진다. 빗물이 대기 중의 이산화탄소와 충분히 접촉하여 물에 들어오고 나가는 이산화탄소의 양이 같은 평형 상태에서, 빗물의 pH 값은 5.6이다.

대기와 몸을 비빈다는 점에서 인간의 피는 빗방울을 닮았다. 피 또한 지상의 물이니까 당연하다. 인체 해부도 속 폐의 안쪽을 엄지와 검지로 꼭 잡고, 입을 통해 폐를 끄집어낸 다음, 계속해서 몸의 안과 밖을 뒤집는 상상을 해보자. 인류는 대기라는 허파에 달라붙은 꽈리들임을 알게 된다. 인간의 체세포 안에서 에너지원인 유기물을 태우고 발생한 이산화탄소가 핏물에 녹아 탄산이 만들어지고, 탄산에서 분리된 수소 양이온이 핏물을 산성으로 만든다. 그러나 이게 이야기의 끝이 아니다. 인체는 시시각각 이산화탄소를 피에 실어 폐로 나른 후, 폐를 통해 대기로 배출한다. 폐에서 이루어진 피와 대기의 평형 상태에서 피는 7.4의 pH 값을 가진다.[8]

미네소타는 다코타 말로 '하늘을 비춘 물'이라는 뜻이다. 물 반 땅 반인 미네소타에서 태어난 막내에게는 같은 뜻의 이름을 지어주었다. 하늘을 비춘 물은 하늘과 몸을 비빈 물이기도 하다. 미네소타 1만 2000개의 호수, 인간의 피, 그리고 빗물은 그것이 서로 닮았다.

탄소의 여행

미네소타 트윈시티스 Twin Cities 에서 서쪽으로 100킬로미터 정도를 가면, 연간 강수량이 600밀리미터 아래로 떨어진다. 그쯤부터 흙을 파면 비가 많은 곳에서는 녹아 없어지는 허연 탄산칼슘을 볼 수 있다. 장소에 따라 눈에 보이지 않을 만큼 미량으로 존재하는 탄산칼슘을 확인하기 위해, 답사 여행에는 10밀리리터 약병에 100 대 1로 희석한 염산을 담아 지참한다. 염산의 pH는 1이다. 염산이 탄산칼슘을 만나면 물과 이산화탄소를 만들어낸다. 염산 한 방울에 흙덩이는 이산화탄소 게거품을 물고 부글거린다.

  호주에 흙 표본을 뽑으러 갈 때도 습관처럼 염산 병을 챙겼다. 북반구는 겨울, 남반구는 여름이었다. 캔버라에서 내륙으로 들어가자 땅은 타들어갔다. 지독한 가뭄이라 했다. 종일 달려도 차 하나 보이지 않았지만, 차에 치인 캥거루와 왈라비의 사체들이 심심치 않게 보였다. 파리가 많았다. 물기가 있는 신체 부위는 파리의 공격을 받았다. 눈도 감고 귀도 막고 싶었다. 말하기도 겁났다. 입을 벙긋할 때마다 입가에서 윙윙거리던 파리가 혀에 달라붙었다. 목적지에 도착해 짐을 풀고 작은 삽을 꺼내는데, 손바닥이 따가웠다. 생각 없이 비행기 짐에 집어넣은 염산 병이 샌 것이다. 염산의 파괴력은 수소 양이온과 염소 음이온으로 순식간에 갈라지는 특성에서 나온다. 수소 양이온이 벌 떼처럼 달려들어 내 손바닥 단백질의 뼈대인 아미노산의 전기력에 기반한 결합을 찢고 뒤틀어놓았다. 깨끗한 삽자루 하나 사러 가기에는 이미 너무 멀리 왔고, 삽을 씻을 만한 물줄기도 가뭄에 다 말라버렸다. 땡볕과 가뭄에 돌처럼 굳은 흙, 잠을 때마다 따가운 삽자루, 눈·귀·입으로 들어오는 파리 떼. 일행 모두 말이 없었다.

수소 양이온(H^+)은 작지만 단단한 돌멩이라 할 수 있다. 아무렇지 않게 몇 개는 맞아줄 수 있는데, 10개가 100개가 되고 1000개가 되면, 상처가 나고 끝내는 맞아 죽을 수도 있는 그런 돌멩이 말이다. 수소 양이온 돌멩이를 싸들고 날아다니는 빗물은 위험한 물건이다. pH5.6의 빗물에는 중성의 물보다 25배가 많은 수소 양이온 돌멩이가 있다. 지구 대기에 골고루 퍼진 이산화탄소 때문에, pH5.6의 빗물 또한 국제적이다. 미국 미네소타에서도, 한국에서도, 빗물 한 바가지 받아 수소 양이온 개수를 세면, 즉 pH를 측정하면, 비슷한 값을 얻을 것이다. 흙이라면 지구 어디에 있든, 비를 맞는 만큼 수소 양이온에 얻어맞는다. 낮은 곳으로 직진할 빗물이 흙 속에 머묾으로써, 빗물 속 수소 양이온이 광물을 두들길 시간은 더 길어진다. 암석 부스러기 광물 속 칼슘, 마그네슘 등의 양이온이 수소 양이온을 맞고 튀어나온다. 광물은 부식되고 암석은 풍화한다. 염산에서 나온 수소 이온이 탄산칼슘을 이산화탄소와 물로 해체하듯, 탄산을 품은 빗물은 광물의 표면을 녹인다.

　물속에 부유하는 이온들을 볼 수 있다면, 광물이 물에 내놓은 칼슘 이온(Ca^{2+})과 물에 녹은 이산화탄소에서 유래한 탄산 이온(CO_3^{2-})이 보일 것이다. 둘은 결합하여 탄산칼슘으로 침전한다. 미네소타의 서부와 호주의 사막같이 연간 강수량이 600밀리미터 이하인 건조 지역에서는 빗물이 흙을 미처 통과하지 못하고 증발하면서 허연 탄산칼슘을 남기지만, 강수량이 많은 곳에서 탄산칼슘의 침전은 먼 곳에 가서야 이루어진다. 탄산칼슘은 심지어 바다까지 가서 침전한다.

바다 밑에 가라앉은 탄산칼슘이 암석이 되면 퇴적암인 석회암이 되고, 지각의 운동과 함께 고온고압 처리를 받으면 변성암인 대리석이 된다. 칼슘 대신 탄소에 집중해 똑같은 과정을 따라가보자. 대기에서 바다로, 끝내는 암석 속으로 탄소를 실어 나르는 컨베이어 벨트가 보일 것이다. 대기의 탄소를 바닷속 퇴적암 생성 장소로 실어 나르는 컨베이어 벨트 말이다. 자유롭게 대기를 떠다니던 탄소는 석회암 또는 대리석의 결정구조 안에 갇힌 신세가 되었다.

암석에 갇힌 탄소

빗물이 대기에서 낚아챈 탄소가 암석에 갇히는 드라마는 빙하기와 간빙기의 반복을 이해하는 열쇠 중 하나다. 6000만 년 전 인도가 아시아와 충돌했을 때, 두 대륙이 맞닿은 부분에 주름이 잡히며 히말라야가 솟았다. 같은 공부를 하는 친구가 히말라야가 솟구쳐 신생대 후반 빙하기가 시작되었는데 그 원인이 흙 속에서 일어난 풍화작용이라면서 논문 하나를 읽어보라고 권했다.[9] 믿기지 않았다. "빙하가 흙을 만든다는 걸 잘못 본 거 아니야?"

흙 혼자라면 어땠을지 모르겠으나, 흙과 비의 듀오는 빙하기를 불러올 정도로 강했다. 이 듀오가 갖춘 힘에 다가서려면 흙의 노화 문제를 짚어야 한다. 흔히 암석이 지표에서 부서지고 부식되는 풍화를 인간의 '노화'에 빗댄다. 그러나 흙은 인간과 달리 젊은 흙이 가장 빨리 노화한다. 이미 늙은 흙은 더디 늙는다. 흙은 나이를 먹을수록, 흙 속에서 생성된 반응성 낮은 산화철 또는 고령석 같은 점토 광물이 쌓인다. 반대로 고온고압의 맨틀에서 생성된 1차 광물은 반응성이 높아 빠른 속도로 풍화된다. 빗물의 수소 양이온과 반응할 1차 광물은 젊은 흙에 많고 흙이 늙을수록 줄어드는 것은 이 때문이다. 늙은 흙에 있다 하더라도 산화철이나 점토에 둘러싸여 수소 양이온과의 접촉이 힘들다.

히말라야의 융기는 산과 가파른 땅을 만들었다. 비탈의 흙은 침식에 씻겨나가기 바빠 제자리에서 진득이 나이를 먹을 수 없었다. 산화철이나 점토가 누적될 겨를이 없다 보니 반응성이 높은 1차 광물이 대세를 차지했다. 인도양에서 히말라야 산등성이를 타고 오른 습한 바람은 비를 내렸고, 그 빗물에 대기의 이산화탄소가 녹아들어 생긴 수소 양이온이 흙에 스며들면서 1차 광물을 맹폭했다. 광물에서 녹아 나온 칼슘과 마그네슘이 물속 탄산염과 결합해 퇴적암이 되었다. 솟아오른 히말라야는 한쪽으로 대기의 탄소와 광물의 칼슘이 들어가고, 다른 쪽으로 퇴적암이 나오는 컨베이어 벨트였다. 히말라야 컨베이어 벨트가 탄소를 실어 나르면서 대기 중 이산화탄소 농도는 4000만 년에 걸쳐 조금씩 내려갔다. 빗물에 잡혀간 대기의 탄소들이 영영 돌아오지 않았기 때문이다. 화석연료를 태워 상승한 이산화탄소 농도가 지구 온난화를 일으키는 현대와 반대의 상황이 일어났다. 빙하기가 온 것이다.[10]

숲, 빙하의 최전선

미네소타 수목원의 단풍나무 숲에서 동료 교수인 존 걸리버, 앤디 에릭슨과 함께 수분 침투율을 측정할 때였다. 속이 빈 실린더를 수직으로 흙 위에 세우고 꾹 눌러 틈새를 막은 다음, 물을 가득 붓고 물 표면이 내려가는 것을 실린더의 눈금으로 기록하며, 동시에 타이머의 시간을 적었다. 데이터를 모아 물이 흙 속으로 침투하는 속도를 계산하려고 했다. 실린더 속 물이 빨리 내려가지 않고 서로 할 말도 없을 때는 늦가을의 하늘을 보았다.

물의 침투율을 측정하는 것은 중노동이다. 측정에 필요한 물을 실어와야 하기 때문이다. 여기에 온 것도 가까이 수도꼭지가 있고, 오랫동안 같이 일해온 미네소타 수목원의 에린 벅홀츠가 친절히 물을 채워 ATV로 날라주었기 때문이다. 몇 년 전 오지의 숲에서 같은 측정을 시도한 적이 있다. 물을 조달할 방법이 없어, 커다란 쓰레기통 10개를 숲의 여러 곳에 설치했다. 뚜껑을 뒤집어 구멍을 뚫어 놓으니 빗물 수집기로 맞춤이었다. 봄여름 동안 빗물이 모이면 가을에 나타나 수분 침투율을 측정한다는 계획이었다. 수달꼬리Ottertail라는 지명을 가진 그곳은 참피나무 숲이었다. 시월의 어느 멋진 날, 수달꼬리에 도착해보니, 빗물 수집기는 뒹굴거나 박살이 나 있었다. 구겨지고 심지어 찢기기까지 했다. 걱정은 했지만 곰이 이렇게까지 갖고 놀지는 몰랐다. 장난감을 사놓고 간 꼴이었다.

왜 이렇게 많은 물이 필요할까? 거듭된 측정이 필요해서였다. 도

그림 5-7 늦가을 흙으로 들어가는 물의 침투율을 측정하는 장면.

시의 빗물 관리를 연구하면서 침투율을 수없이 측정한 존과 앤디는 흙의 입자 크기와 분포, 측정시 토양 수분, 계절, 지형 등에 따라 침투율이 변화무쌍하므로, 작은 면적에서도 침투율을 여러 번 측정해야 한다고 거듭 강조했다.[11] 들쭉날쭉한 측정값이 나오면서 초조해졌다. 실린더 물이 블랙홀에 빨려가듯 흙 속으로 사라진 곳에서 1미터만 옆으로 옮겨도 물이 내려가질 않아 반 시간 넘게 기다릴 때도 있었다. 데이터가 무작위 숫자처럼 보여 걱정되었지만, 측정이 되풀이되면서 지저분한 잡음을 뚫고 패턴이 드러나기 시작했다. "가설이 맞는 것 같아." "정말 지렁이 종 따라 수분 침투율이 다르네!"

우리가 일하던 숲 일대는 한때 빙하의 최전선이었다. 바로 여기서 돌과 흙을 몸에 지닌 빙하가 전진을 멈추고, 녹고, 사라졌다. 미네소타 구석구석 빙하가 죽지 않은 곳이 없다 보니 사실 '여기'라는 말은 별 의미가 없다. 빙하가 남긴 땅을 다음 빙하가 깎거나 덮고 갔던 언덕은 낙엽에 묻혀가고 있었다. 한 사람은 실린더에 물을 붓고, 한 사람은 타이머를 손에 쥐고, 또 한 사람은 실린더의 눈금에 눈높이를 맞춘 채로, 우리는 낙엽이 쌓인 땅바닥에 반쯤 누운 채로 일했다.

산책을 나선 중년 여성 한 명이 우리 쪽을 응시하다 궁금증을 못 참고 들어왔다. "매일 여길 지나는데 뭘 하고 계시는지 정말 궁금해요." 멋진 가설과 연구 배경을 찬찬히 설명하는 대신, 뭐가 급했는지 그냥 답을 말해버렸다. "물이 흙 속으로 얼마나 빠르게 스며드는지 알고 싶어서요." 그녀는 엉뚱하다는 듯 잠시 눈을 깜빡이다 내 얼굴을 빤히 보며 큰소리로 웃었다. "아! 정말 어린아이 같은 궁금증이네요! 너무 멋있어요! 정말 너무 멋있어요!" 과학자로서 이보다 더 큰 찬사가 있을까? 나도 같이 기분이 좋아져 크게 웃었다.

지렁이 고치의 묘기

"서리가 내린 흙을 밟을 때, 반쯤 얼어 있는 땅의 감촉이 운동화 바닥을 통과해 발바닥에 느껴지는 순간을 나는 좋아한다."[12] 서리가 내렸다. 모든 계절은 둘이다. 시간 축을 나란히 따라가는 지상의 계절과 지하의 계절. 서리는 두 계절이 겹치는 순간이다. 기온이 영하로 떨어지면서 공기 중의 수증기가 땅 표면에 얼음 결정으로 승화된 서리는 사라질 때 또한 액체 상태를 거치지 않고 얼음에서 수증기로 직행한다. 서리는 액체가 아닌 물의 두 다른 상태, 수증기와 얼음 사이에 간신히 걸친 순간의 존재다.

　겨울의 시작과 함께 지렁이는 흙 속으로 숨어버렸다. 미네소타에 오기 전, 모든 지렁이가 겨울을 피해 흙 속 깊은 곳으로 숨어버리는 줄 알았다. 따뜻한 플로리다 해변에 호화 별장을 세우고 겨울 철새 놀이를 하는 이들처럼, 능력 많은 지렁이도 그렇겠거니 했다. 그래서 수직의 굴 파는 능력으로 유명한 이슬지렁이가 사는 미네소타 단풍나무 숲의 흙을 처음 파보았을 때, 깜짝 놀랐다. 20~30센티미터 아래서부턴 지렁이의 흔적이 없었다. 토양 온도를 측정해보고 나서야 깊은 눈 아래의 겨울은 내 생각과 다른 세상임을 알았다. 두꺼운 눈 이불이 있는 곳에서 지렁이는 굳이 깊이 내려갈 이유가 없었다. 대신 첫눈보다 먼저 도착한 한파는 지렁이에게 치명타였다. 얼음 결정이 성장한 탓에 지렁이의 세포막이 찢어지고 세포는 기능을 잃기 때문이다. 마찬가지로 눈이 오지 않아 흙이 동결해버린다면, 지렁이는 다음 봄을 보지 못할 것이다.

　혹한 속 지렁이에게 희망이 있다면, 그 이름은 고치다. 몇 해 전 너무나 따뜻해 눈조차 없던 겨울이 물러가자, 땅 위를 기는 지렁이 중에 어른[13]은 없고 고치에서 막 깨어난 어린 것들만 가득했다. 땅속에서 어른 지렁이들이 다 얼어 죽었던 것이다. 지렁이 고치는 1~2밀리미터 크기의 고무주머니처럼 생겼다. 밝은 빛을 비추면 반투명 고치를 보호막으로 삼은 배아를 발달 단계에 따라 볼 수도 있다. 땅 표면에 사는 작은 유럽 지렁이인 덴드로바에나 옥타에드라*Dendrobaena octaedra*의 고치는 영하 8도에서 무려 석 달을, 영하 13.5도에서는 두 주를 살아남을 수 있다.[14]

고치가 영하의 온도를 살아내는 방식은 물의 세 가지 상태인 액체, 고체, 기체 사이를 오가는 고난도의 묘기다. 고치는 하나로 움직이는 두 가지 작용 덕에 얼음 결정의 생성을 피해간다. 첫째는 90퍼센트까지 물을 잃는 극한의 탈수 상태가 되도록 용인하고 이를 견뎌냄으로써, 둘째는 얼음 결정이 자라나는 것을 막는 유기물질(부동액)을 만들어냄으로써, 고치는 얼어버린 흙에서 생존한다. 이 두 능력은 따로 보아도 탁월하지만, 필연처럼 연결된 하나의 능력이다. 흙이 얼기 시작한다. 고치 주변 흙의 수분이 얼음 결정이 되고, 그 얼음

그림 5-8 이슬지렁이의 고치. 크기는 2밀리미터 정도다.

5 · 물   199

에 습기가 달라붙는다. 당(부동액)을 포함한 고치는 아직 얼지 않고, 고치 안의 물은 주변의 얼음보다 증기압이 높다. 고치 안 물과 고치 밖 얼음 사이에, 증기압의 경사가 만들어진다. 증기압의 경사를 타고 고치 안의 물은 기화되어 기체 상태로 고치의 표피를 통과해 고치 밖의 얼음에 들러붙는다. 고치 안에서는 물이 증발하고, 고치 밖에서는 고치에서 나온 수증기가 얼음으로 승화한다. 고치 껍질을 사이에 두고 일어나는 수증기의 이동만큼 고치 안에선 얼 수 있는 물이 줄고, 동시에 그만큼 당의 농도는 높아진다. 높아진 당의 농도 때문에 고치 안의 어는점이 더욱 낮아지고, 고치는 온도가 내려가도 얼지 않는다.[15]

  물의 세 가지 상태인 액체, 고체, 기체 사이를 오가는 고난도 묘기를 통해, 고치는 영하의 온도를 살아낸다. 물리와 화학. 세포와 개체. 개체와 개체의 생애 주기. 40억 년 지구의 역사와 계절. 어떻게 얽히고설켜왔기에, 2밀리그램의 무게를 가진 좁쌀만 한 지렁이 고치가 이런 기적 같은 묘기를 부리는 것일까? 내 작은 머리로는 감당할 수 없는 질문이다. 생각을 좁혀 물만 보고 다음과 같이 적어도 신비로움은 줄어들 줄 모른다. 서리와 수증기 사이에는 물을 비껴가는 길이 있다. 서리 내린 흙 속, 그 비껴가는 길을 겨울의 생존 전략으로 승화한 지렁이 고치가 하나 살고 있다.

토양 온도와 순록 발자국

첫눈이 왔다. 가볍고 풍성하게 땅을 덮은 모습 그대로 두면 좋으련만, 막내는 벌써 앞마당 뒷마당을 뛰어다니며 꾹꾹 발자국을 남겼다. 동네 친구들까지 찾아와 한바탕 눈싸움을 벌이고 떠나자 첫눈은 시루떡처럼 납작하게 다져졌다. 산타의 썰매를 끈다는 순록 또한 눈을 단단히 다져놓는다고 한다. 북스웨덴의 순록이 눈의 두께를 82퍼센트까지 압축한다고 보고하면서, 과학자들은 '대형 초식동물'에 주목했다.[16] 순록보다 훨씬 작은 우리 아이들이 눈 쌓인 앞마당에서 한 일을 보니 연구 결과가 가슴으로 다가왔다. 과학자들은 이렇게 전했다. 대형 초식동물을 방목하면 눈이 다져지고, 눈 속의 공기가 빠지면서 토양에서 대기로의 열전도가 빨라져, 짐승을 방목한 곳은 지면에서 1미터 깊이 토양의 연평균 온도가 방목하지 않은 곳보다 약 2도나 낮았다.

장난처럼 보일 수 있는 발자국 연구는 의외로 깊은 뜻을 품고 있다. 북구의 광대한 면적을 차지하는 동토와 지구 온난화 때문이다. 온난화를 둘러싼 쟁점 중 하나는 동토가 높아진 온도에 반응하는 방식이다. 즉 낮은 온도 덕에 오랫동안 썩지 않고 쌓인 유기물질이 지구 온난화로 썩기 시작해 이산화탄소를 배출한다. 이렇게 높아지는 대기 온도와 동토의 이산화탄소 배출이 서로를 부추기는 양의 되먹임 작용이 일어나는 것이 바로 과학자가 두려워하는 일이다. 동토 속 탄소의 양은 그 예상치가 8조 톤에서 20조 톤까지 연구에 따라

천차만별이다. 대기의 탄소 양이 8조 톤임을 생각할 때, 동토 탄소 양의 자그마한 감소는 대기 이산화탄소 농도를 폭발적으로 증가시킬 수 있다.

순록 발자국과 토양 온도 사이의 관계에 대한 연구는 동토 지역 대형 초식동물의 개체 수를 늘리고 동토 지역으로 이주시키거나, 심지어 매머드 같은 초대형 초식동물을 보존된 DNA로부터 복원하자는 제안으로 이어진다. 그렇게 대형 초식동물의 눈 발자국으로 토양 온도를 낮춤으로써 온난화로 인한 동토 손실을 막자는 것이다. 말도 안 되는 소리 같지만, 생각할 거리가 많다. 첫째, 빙하기 당시 지금의 시베리아 땅은 매머드, 털북숭이 코뿔소, 들소, 말, 순록, 사향소, 엘크, 무스, 사이가, 야크 등의 대형 초식동물이 현재의 10~100배 밀도로 살고 있었다. 둘째, 그 많던 대형 초식동물이 사라진 것은 1만 년 전 파괴적인 사냥 기술을 가지게 된 현생인류 때문이었다. 인류

그림 5-9 대형 초식동물이 누비는 매머드 스텝의 상상도.

가 동토를 누비던 대형 초식동물을 몽땅 사냥해버리지 않았다면, 지금쯤 우리는 동토 걱정을 할 필요가 없을지도 모른다. 동토 보존을 위해 대형 초식동물을 들이자는 것은, 그러니까 인간만을 위한 생태 공학이 아니라, 인간 때문에 사라진 생태계를 복구하는 '재야생화rewilding'라는 것이 제안의 뼈대다.[17]

매머드 스텝

대형 초식동물이 누비던 빙하기 시대의 북구는 어떤 모습이었을까? 스웨덴의 라플란드에서 100년 넘게 버려진 사미족의 순록 캠프를 방문한 적이 있다. 넓게 흩어져 이끼를 뜯던 순록을 한자리로 모아 젖을 짜고 도살도 하던 1~2헥타르 크기의 캠프는 주위의 식생과 전혀 달랐다. 광활한 극지의 산악지대 땅은 이끼와 관목에 뒤덮여 있었다. 이끼는 두터워 품질 좋은 쿠션 같았고, 관목에는 달디단 블루베리가 열렸다. 순록 캠프는 달랐다. 이끼와 관목 대신 풀이 자랐고, 툰드라도 아니고 타이가 숲도 아닌 초지라고 해야 맞았다. 오래 이곳에서 일한 우메오대학교의 요한 올로프손 교수가 가기 전 귀띔했다. "주위에 어울리지 않게 혼자 튀는 이런 초지가 나중에 알고 보면 옛 순록 캠프였어요."

매머드 스텝Steppe을 알게 되었을 때서야 깨달았다. "아! 그때 본 사미 순록 캠프가 바로 그런 거였구나!" 지금은 몇 곳만 남기고 다

그림 5-10 사미족이 100여 년 전까지 순록을 모아 젖을 짜고 도살하던 장소. 주위의 식생과 다른 초지가 펼쳐져 있다. 스웨덴 파디엘란타 국립공원.

사라졌지만 매머드 스텝은 빙하기 당시 지구상의 가장 큰 생물권이었다. 스페인에서 시베리아를 걸쳐 캐나다까지, 그리고 극지의 섬에서 중국까지를 포괄했던 매머드 스텝은 매머드를 포함한 대형 초식동물이 풀을 뜯던 초지였다.[18] 21세기 지구에서 비슷한 시스템을 굳이 찾자면, 엄청난 기온과 위도의 차이가 있긴 하나 아프리카의 사바나가 그나마 비슷할 것이다. 둘의 공통점은 대형 초식동물에 뜯겨 관목이나 나무가 자랄 틈이 없다는 것, 그래서 풀이 대세라는 점이다. 아프리카 사바나에서도 매머드 스텝에서도, 관목이나 나무가 자라게 하려면 우선 초식동물을 막아야만 한다.

매머드 스텝은 생장이 느린 투석tussock 풀 또는 이끼나 관목이 낮은 온도 때문에 썩지 못하는 죽은 유기물 위에 자라는 현대의 툰드라와는 다른 생태계였다. 매머드 스텝을 장악한 대형 초식동물은 따뜻한 위장을 가졌고, 풀은 위장을 통과하면서 분해되어 똥으로 바뀌었다. 눈 녹은 여름은 짧았지만, 똥거름 위에서 풀은 더 크고 더 깊고 더 빠르게 자랐다. 온도만큼 중요한 것이 물의 양이었다. 알래스카 내륙과 동북부 시베리아를 방문한 사람들은 건조지라 할 만큼 적은 강수량에도 불구하고 축축한 땅과 압도적인 습지에 놀라곤 한다. 식물의 낮은 생산성 때문이다. 광합성에 필요한 증발산량이 적어, 식물이 물을 다 쓰고도 대부분의 강수가 흙에 남는 것이다. 반대로 활발한 증발산을 했던 매머드 스텝의 풀은 깊은 뿌리로 흙의 물을 빨아들여 건조한 토양을 만들었다. 더 크고 더 깊고 더 빠르게 자란 매머드 스텝의 풀이 죽고 나면, 죽은 유기물의 분해를 막은 것은 추운 겨울과 눈을 꾹꾹 눌러주었던 대형 초식동물의 발자국이었다. 초지는 나무나 관목보다 햇빛을 훨씬 더 잘 반사하기 때문에, 흙의 온도는 더욱 낮았다. 초식동물의 따뜻한 위장과 차갑거나 얼어붙은 건조한 흙 사이에서, 높은 식물 생산성과 유기물의 느린 분해라는 아슬아슬한 조합이 만들어졌다. 이 불가능해 보이는 조합의 균형점에서 유기물이 풍부한 토양이 만들어졌다.

  오랜 시간 바람에 불려온 토사에 묻혔다가 시베리아나 알래스카의 강변에 노출된 매머드 스텝의 토양은 지금의 초지 토양처럼 높은 유기물 함량을 보인다. 더욱 놀라운 것은 쏟아져 나오는 대형 초식동물의 뼈다. 뼛조각을 세고 맞추어서 추정하는 대형 초식동물의 밀도는 높다. 가령 오늘날 스웨덴 북부 라플란드의 순록 밀도는 1제곱킬로미터당 한 마리인데, 이는 매머드 스텝에서 추정되는 초식동물 밀도의 0.5퍼센트에 불과하다!

매머드 스텝을 둘러싼 과학 퍼즐이 잘 맞춰진다 해도[19] 극지 북유럽, 아시아의 시베리아, 북아메리카의 알래스카와 캐나다, 점점이 존재하는 극지 섬의 대형 초식동물을 빙하기 수준으로 복구하는 것은 가능할까? 인간은 이미 너무 멀리 온 것이 아닐까? 아니, 가능성을 따지기 전에, 그렇게 하는 게 과연 옳은 걸까? 이런 일은 누가 결정해야 할까? 옳다 그르다 하는 판단을 여기에 끌어들이는 것은 이성적인가? 매머드 스텝을 둘러싼 논쟁은 계속될 것이다.

동네 언덕은 눈썰매 타는 아이들로 붐볐다. 핼러윈 이후 못 만난 막내 친구의 엄마 아빠들도 만났다. 아이 썰매에 어른도 함께 올라탄다. 막내 썰매에 나도 체중을 더했다. 썰매는 매끄럽게 경사를 타 내려가고, 차가운 눈의 파편이 얼굴로 떨어진다. 언덕의 풍성한 눈이 납작해졌다. 매머드에 밟힌 눈처럼.

물의 변용

사우나 수증기 건너에서 들리는 욕쟁이 할아버지의 말에는 욕만 있는 것이 아니었다. 권위도 있었다. 조나탄 클라민더의 말 또한 그랬다. 어린 시절부터 영하 20도의 마른 공기를 숨 쉬며, 얼음을 깨 낚시를 하고, 얼음 위에 깐 순록 가죽 위에서 잠이 들고, 호수 건너편 마을로 가는 교통수단으로 보트보다 스노모빌이 먼저 떠오르는, 그런 사람만이 전파할 수 있는 '겨울 백배 즐기기'의 비법 같은 것 말이다. 그런데도 고백한다면, 스노모빌을 타는 조나탄의 이메일을 받을 때도, 욕쟁이 할아버지의 겨울 찬미론을 들을 때도, 내 머릿속 겨울은 생각만 해도 사타구니가 오그라드는 군 복무 시절의 겨울을 벗어나질 못했다. 겨울을 마주하는 공포 앞에 나의 상상력은 무기력했다.

  토양학자로 옛 빙하 지역을 다니면서 땅의 진화를 알고 싶었지만, 안 보이는 것을 그리지 못하는 빈약한 상상력이 걸림돌이었다. 가장 큰 문제는 물, 물의 변용이었다. 지금은 파란 하늘뿐인 공간을 빈틈없이 채웠다는 백두산 높이 두께의 빙하를 함수 안에 넣어 지금 막 땀 흘려 판 구덩이 속 흙의 기원을 설명하는 것은 힘겨웠다. 다른 과학자들이 이미 맞춰놓은—빙하를 고발하는 수사 보고서인—논문을 정성껏 읽어도, 살해당한 자의 몸처럼 누워 있는 땅의 자초지종은 쉽게 그려지질 않았다. 겨울에 대한 두려움을 상상력이 제압하지 못하듯, 빙하와 흙에 관한 공부는 상상력이 부족한 탓에 발전이 더디었다.

  나의 느린 진보가 향하는 곳, 다가가기 어려운 대상에 대한 존경심이 커졌다. 빙하는 빙산의 일각이었다. 얼음과 물 사이의 변용만이 아니었다. 물·얼음·수증기 사이를 건너며 광물과 유기물질로 이루어진 흙 속의 미로를 타고 이동하는 물. 대기와 흙과 몸을 비비면서 지구의 기후를 조절하는 물. 1밀리미터짜리 지렁이 고치가 겨울을 나는 데 유용한 물·수증기·서리 사이 관계를 포괄한 물. 마실 때도 세수할 때도 찌릿찌릿하지 않지만 분자 단위에선 전기적 극성을 지닌 물. 중력장만이 아닌 흙의 전기장에 반응하는 물. 그래서 낮은 곳으로 직행하지 않고 머무는 물. 그리하여 모든 생명체의 몸을 이루는 물. 같은 눈이라도 발자국에 따라 다른 땅속 기후를 만드는 물. 적설량에 따라 따뜻한 지상의 겨울을 혹한의 땅속으로 또는 혹한의 지상을 훈훈한 땅속으로 반전시키는 물. 다양한 변용으로 땅 위와 땅 아래 2개의 계절을 선사하는 물. 똑같은 극지이지만 이끼와 관목 사이에선 습지를 만들고 매머드 스텝에선 생산성 높은 풀의 광합성을 따라 얼른 증발해버렸던 물.

  그런 대상에 어찌 쉽게 다가갈 수 있을까? 상상과 신비의 공간이 중첩하는 어딘가에서 물은 변용했다. 과학이라는 징검다리가 없다면, 나의 빈약한 상상은 더욱 왜소했을 것이다. 과학을 타고 오른 상상이 신비를 건드릴 때, 툭! 소리 내며 퍼붓는 폭설을 맞아보지 못했을 것이다. 그 시원하고 장대한 폭설의 아름다움을 목격한 이로서, 그 폭설을 이야기하는 것이 나의 중요한 일부가 되었다. "천지에, 퍼붓는 이… 폭설이, 보이지 않아?"

6

강

우리가 다시 태어날 곳

과학자들은 강의 원래 모양에 접근하기 시작했고, 새롭게 발견한 강이 비정형일 뿐 아니라 자연의 함수인 만큼 사람과 문화의 함수라는 것에 놀랐다. 사실 그것은 놀랄 일이 아니라 일상 경험의 과학적 확인이었다. 인류라는 종은 숱한 물가에서 얼마나 많은 시간을 보냈던가! 제국주의, 산업화, 녹색혁명이 휩쓸기 전에도 산하는 자연 현상이자 인문 현상이었다. 강을 둘러싼 인류의 풍부한 관찰과 실험이 말해주는 굳건한 사실은 강과 땅이 하나라는 것이다. 강을 만지면 땅이 변하고, 땅을 만지면 강이 변한다. 이 경험의 단절이야말로 놀랍고 경계할 일이다.

저렇게 흐르고도 지치지 않는 것이 희망이라면
우리는 언제 절망할 것인가

_이성복, 〈강〉

두물머리

중환자실에 누운 아버지를 보니 한강에 가고 싶어졌다. 1년에 한 번 뵈면 제일 먼저 가자시던 곳이 한강이었다. 두물머리, 정약용 생가, 팔당 물안개 공원에서 한강을 배경으로 보는 아버지와 어머니는 자유로웠다. 한 바퀴 돌고 온 사이 한창때의 처녀총각으로 돌아가 연애를 하고 계신 모습을 보더라도 하나 이상할 것 같지 않았다. 인천 사람인 아버지는 물을 좋아하셨다. 어린 시절 아버지 손을 잡고 가던 하인천 어시장이 내겐 자연사박물관이었다. 동네 식품점을 시작하고 1년 365일 가게에 묶인 아버지는 답답해 못 견딜 때면 배달용 짐자전거를 몰고 훌쩍 강가에 다녀왔다. 그래서인가, 고등학생일 무렵부턴 나도 공부하기 싫을 때마다 콘크리트로 발린 한강 둔치를 쏘다니곤 했다.

  겨울철 강가에 서면, 서울의 한복판에서도 세상은 쓸쓸하리만큼 넓고 휑했다. 한국은 좁아빠진 땅덩이라 답답하다고 학교 선생님은 불평했지만, 광활한 느낌이 들 기회조차 없지는 않았다. 오히려 면적으로 보면 비교가 안 되게 넓은 미국에 살고 나서야, 올 때마다 한국이 크게 느껴졌다. 강과 산 때문이었다. 어느 시골 마을이건 동네 길을 무작정 올라가면 개천과 시냇물을 따르게 되고, 그러다 보면 물을 모아주는 골짜기에 다다랐다. 뭐가 더 있을까 싶어 언덕을 오르면 능선에 닿고, 땀을 말리며 능선을 걷다 언덕을 타고 내려오면, 비슷한 다른 골짜기가 나오고 시냇물이 시작했다. 새로운 마을에 온 것이다.

  한양 도성길 북악 구간을 따라가면, 옛 성곽이 대충 능선을 따라 놓였음을 알게 된다. 갈림길이 나올 때 오른쪽 또는 왼쪽, 어느 쪽을 택하느냐에 따라 다른 동네에 도달한다. 종로구 와룡공원에서 북악산 정상을 바라보고 오른쪽 길로 내려가면 성북구 성북동, 왼쪽으로 내려가면 종로구 삼청동이 나온다. 도성길 능선에 서면 골짜기마다 품은 마을이 보인다. 지금은 흔적을 찾을 길 없어진 실개천이 시작되었을 골짜기들은 정릉4동, 정릉3동, 성북동, 명륜동, 혜화동, 삼청동, 청운동, 부암동, 평창동을 품었다. '洞(동)'에선 '물 수(水)'와 '한 가지 동(同)'이 나란하다. 왼쪽에서 오른쪽으로 읽으면, '물이 하나로 모이는' 곳, 골짜기란 뜻이다. 산과 물줄기가 만나는 지형을 뜻하는 자연지리 용어인 '골짜기'가 사람이 사는 땅을 구획하는 가장 기초적인 단위와 같은 뜻이다.

"산하는 자연 현상인 동시에 인문 현상이다."[1] 평면에 그려진 지도 위의 동과 동은 붙어 있는 듯 가깝다. 그러나 능선 하나를 경계로 나뉜 두 동 사이에는 여유만 있다면 며칠을 쏘다니고도 남을 등산로가 숨어 있다. 가파른 언덕과 능선을 피해 두 동 사이에 길을 놓자면 산을 돌아야 한다. 이렇게 저렇게 동과 동은 멀다. 지도가 보여주지 않는, 걸어야만 경험되는 공간이 숨어 있다. 지도가 숨긴 공간, 그 공간은 면적이 아닌 거리 또는 시간으로 체화되는 선형의 공간이다. 동에서 동을 발로 걸을수록 한국의 땅은 더욱더 커진다. 한 줌의 흙이 평생을 골라내고도 남을 잔뿌리나 곰팡이실을 품은 것처럼, 한국의 땅은 걸어도 걸어도 끝이 안 나는 길을 품었다.

중환자실. 아버지 삶의 위태로움을 보여주듯 온몸에 달라붙은 주사약 줄들, 아버지를 비추는 형광등 불빛, 사연 많은 아버지를 둘러싼 사연 많을 중환자들 사이에서 일과를 수행하는 간호사들. 그사이로 볼 수 있을까? 강가에 앉은 아버지. 어린 시절, 아버지 손 잡고 매미 잡으러 쏘다니던 한강변과 동과 동 사이의 언덕과 능선들.

브도트

브도트 Bdote는 아메리카 원주민인 다코타 사람들 말로 두물머리, 즉 2개의 물줄기가 만나는 곳이다. 브도트 중에서도 으뜸은 미네소

그림 6-1 한강 두물머리 근처의 물안개 공원(위)과 미네소타강과 미시시피강이 만나는 브도트(아래).

타의 주도 세인트폴 남쪽 미시시피강과 미네소타강의 합류점이다. 1500년대 첫 유럽인들이 도착할 무렵, 수천 년 동안 이곳을 삶의 터전으로 삼아온 다코타 사람에게 브도트는 세계의 중심이었다. 영혼이 은하수를 딛고 브도트에 내려와 진흙을 입고 태어난 것이 인류의 시작이었다. 브도트는 창조 신화의 정점인 성스러운 곳이었다.

브도트를 굽어보는 절벽 위에는 19세기 팽창하는 미합중국의 최전선이었던 스넬링 요새Fort Snelling가 야무진 성곽에 둘러싸여 브도트를 감시하듯 서 있다. 약속 시간보다 늦게 도착한 나에게, 미네소타 대학교 역사고고학자인 캣 헤이즈와 광물학자인 조슈아 파인버그가 그때까지 나눈 이야기를 요약해주었다. 우리는 공원이 된 요새의 성곽을 끼고 돌아 내려갔다. 캣이 성곽문 중 하나를 가리켰다. "샥페단(작은 여섯)과 와칸 오잔잔(약병)이 교수형 당한 곳이야." 1865년 11월 11일의 일이다. 두 사람은 미·다코타 전쟁 후, 수백 명의 생존자를 캐나다 쪽으로 피신시켰다가 현상금 사냥꾼에게 잡혀 이송되었다. 그보다 3년 전인 1862년 11월 13일, 1600명이 넘는 다코타 여자, 아이, 노인이 스넬링 요새로 끌려왔다. 다코타의 전사들이 우드레이크의 전투에서 패하고 한 달 보름 후의 일이었다. 전쟁에 참여했을 법한 사람과 아닌 사람으로 나뉘어, 포로들은 만카토Mankato와 스넬링 요새로 보내졌다. 때로는 5분조차 안 걸린 판결을 통해, 만카토로 이송된 392명의 남자 중 38명이 성탄절 다음 날 교수형에 처해졌다. 브도트에선 그해 겨울, 정확한 숫자조차 기록되지 않은 130~300명의 여자와 노약자가 홍역과 혹독한 추위로 죽었다.

그림 6-2 브도트의 미시시피강 쪽에서 바라본 스넬링 요새.

"습하고 차가운 공기가 계곡의 낮은 곳으로 모이지. 다코타 사람에게 이곳은 성스러운 곳이면서 동시에 비극의 장소야." 2002년부터 2년마다 미네소타의 눈물길이라 불리는 브도트까지의 160킬로미터를 7일에 걸쳐 걷는 행진을 통해, 다코타 사람들은 군인과 유럽 정착민의 희롱과 학대 속에 끌려간 1862년의 엄마와 딸, 아들과 할아버지, 할머니를 애도한다. 브도트로 가는 그 길은 밭, 기차길, 고속도로, 공장지대, 주택가, 학교, 목장을 지난다.[2] 눈물길의 종착점인 브도트의 조형물 앞에서 우리는 숙연해졌다. 모든 것이 달리 보였다. 처음 이 길을 가며 식구들한테 스넬링 요새가 멋지지 않냐고 물

그림 6-3 스넬링 요새 아래 미네소타 강변에 포로로 갇힌 수족 원주민들. 1862~1863.

었던 내가 부끄러웠다.

스넬링 요새의 고고학 발굴을 지휘하는 캣의 모습을 학교 신문에서 보고 나도 좀 데려가달라고 부탁해서 온 짧은 방문이었다. 캣의 발굴은 스넬링 요새 안에 국한되었고, 브도트의 발굴은 요원했다. 캣도 그의 동료도 잘 알고 있었다. 고고학자가 브도트에 들어와 땅을 파는 작업을 다코타 사람이 순순히 받아들일 수 없음을. 더 나아가 다코타 사람과 함께 그들의 축복 속에서 착수하는 발굴만이 폭력의 과거를 반복하지 않고 미래를 함께하는 작업이라는 것을 말이다. 다코타 사람의 가슴에 쌓인 살인, 사기, 종족 말살, 착취, 차별의 기억과 영향은 현재 진행형이며 차별과 부정의는 아직도 반복되고 있기에, 고고학 발굴에 앞서야 할 신뢰의 회복은 아직 멀어 보였다.

미시시피강과 미네소타강이 한눈에 보이는 곳에 다다랐다. 강가로 나오자 눈이 부셨다. 숲에 가렸던 해가 두 강을 비추고 있었다. "브도트는 사람과 물건이 오가는 통로였고, 그러니까 물물교환이 이루어지는 시장이기도 했지." 도착하고 떠나는 카누가 반짝이는 강물 위에 보일 듯했다. '고고학 발굴에 앞서야 할 신뢰의 회복'을 캣이 이야기할 때, 나는 오히려 더 땅을 파고 싶어졌다. 흙에 남아 있을 다코타 사람들의 흔적이 궁금했다. 생각일 뿐, 지질-생태학적 흙을 보도록 훈련받은 내가 흙을 통해 사람 이야기를 듣겠다는 포부는 주제넘은 것이었다. 나의 반대 지점에 역사고고학자 캣이 있었다. 캣은 스넬링 요새의 흙을 한 켜 한 켜 조심조심 들어내면서 식민 지배의 결과를 설명하는 지배적 서사에 도전한다고 했다. 그는 흙에 남은 유물과 배치와 같은 물질 흔적을 바탕으로 다코타 사람의 주체성, 협상 능력, 저항을 보여줌으로써 백인의 지배에 무력하다고만 여겨졌던 다코타 사람의 다른 면을 보여주고 싶다고 했다.

쌍둥이 도시

브도트에서 1만 년 전에 만났다면, 캣과 조슈아가 아무리 나에게 지난 이야기를 되풀이한들 강의 포효에 묻혀 들을 수 없었을 것이다. 그때의 미네소타강을 빙하강 워런Warren이라고 부른다. 지구상에 존재한 호수 중 가장 크다는 아가시 호수가 남쪽의 빙퇴석 댐을 넘으면서 생긴 빙하강 워런은 어마어마한 유량과 유속으로 폭 2킬로미터, 깊이 100미터의 계곡을 깎아놓았다. 빙하강 워런이 꽉 채워 흘렀던 계곡은 그 폭이 7~8킬로미터에 이르기도 한다. 지금의 아마존에 필적할 강이었다. 이게 다 1만 년 전 수천 년에 걸쳐 일어난 일이다. 빙하가 물러가고 지각이 융기하고, 주변의 지형 때문에, 또는 빙하가 녹는 속도와 공간적 분포에 따라, 아가시 호수의 물은 빙하강 워런을 통해 멕시코만으로, 때로는 북동쪽 허드슨만으로 빠져나갔다. 9400년 전, 빙하강 워런의 수명이 끝났다.[3] 그 자리를 졸졸 흐르는 현재의 미네소타강으로는 장엄한 미네소타강 계곡을 설명할 길이 없다.

미네소타 트윈시티스(쌍둥이 도시)를 방문하는 사람은 강을 사이에 두고 2개의 도시(미니애폴리스와 세인트폴)가 붙어 있다시피 한 것에 의아해한다. 미니애폴리스는 인구 40만 명, 세인트폴은 인구 30만 명의 도시다. 왜 굳이 2개의 도시를 만들었을까. 인문 현상에 관한 질문의 답은 자연 현상에 있다. 앞서 이야기한 빙하강 워런을 알아야 하고, 세인트앤서니 폭포를 알아야 한다.

미니애폴리스를 대표하는 경관은 도심을 빠른 속도로 통과하는 미시시피강, 특히 세인트앤서니 폭포 주변이다. 인도교인 스톤아치교에서 폭포가 뿌리는 물방울을 맞으며 도시 경관을 즐기는 것은 더운 여름날 최고의 피서다. 강에서 보는 미니애폴리스의 첫 얼굴은 공원으로 잘 가꾸어진 공장의 폐허다. 부모님과 장인장모님이 오셨을 때 그분들이 가장 먼저 알아본 것은 옛 공장 중 하나에 달린 간판이었다. 'Gold Medal Flour'(골드메달 밀가루)! "저거, 저거, 본 건데. 옛날 미국서 오던 구호품 밀가루 아니야?" "맞아요, 맞아요. 바로 그거예요!" 한때 제분업의 중심지였던 이곳에서 밀방아를 돌린 건 세인트앤서니 폭포수의 운동에너지였다. 제분소 옆 제재소에선, 폭포수의 힘으로 도는 톱날이 미시시피강에 실려온 나무를 쉴 새 없이 잘랐다. 에너지원으로서의 강이 화석연료로 대체되고 상류의 숲이 농경지로 전환되면서, 제분소와 제재소는 미니애폴리스를 떠났다.

  강가의 공장들로서는 세인트앤서니 폭포가 불안정한 에너지원이라는 점이 골칫거리였다. 폭포수는 고생대 플라테빌Platteville 석회암 위를 넘는데, 두께가 10~20미터에 이르는 단단한 석회암 바로 아래 물러빠진 세인트피터Saint Peter 사암이 놓여 있다. 강물이 석회암의 갈라진 틈을 따라 사암으로 새어들고, 그만큼 약해진 사암이 폭포수 뒤 소용돌이에 노출되면서 떨어져 나갔다. 그 결과, 빠른 속도로 무너져 내리며 후퇴하는 사암 위에 석회암이 어정쩡하게 얹혀 있는 형태가 만들어졌다. 사암이 더 물러나면 석회암은 자신의 무게로 인해 주저앉았다. 폭포의 두서없는 무너짐과 퇴각은 안정된 수력 에너지가 필요한 제재소와 제분소에는 위험 요소였다. 결국 세인트앤서니 폭포는 거듭된 공사 끝에 콘크리트로 발라버린 보와 같은 모습으로 산업의 지속성을 위해 길들여졌다.

  콘크리트를 발라버릴 때까지 세인트앤서니 폭포는 이동 중이었다. 폭포는 원래 미니애폴리스가 아닌 세인트폴 남동쪽 단단한 석회암이 끝나는 곳에 있었다. 빙하강 워런이 석회암의 보호 없이 노출

그림 6-4 미니애폴리스 스톤아치 다리에서 보이는 오늘날의 세인트앤서니 폭포.

된 물러빠진 세인트피터 사암을 무자비하게 파들어간 곳이기도 하다. 지난 몇 세기 동안 관찰된 세인트앤서니 폭포의 후퇴 속도를 바탕으로 폭포의 원래 위치와 현재 위치 사이의 거리를 나누면, 8000년이 나온다.[4] 방사성 동위원소 분석 등의 첨단 기법으로 알아낸 빙하강 워런의 활동 연대와 얼추 일치한다. 세인트폴 항구를 이루는 4개의 터미널은 바로 세인트앤서니 폭포의 최초 위치에 인접한 하류에 자리 잡았다. 수운은 기차와 자동차 이전 물류 수송의 핵심이었고, 당시 배들이 거슬러 올라갈 수 있는 최상류점이 바로 화석으로만 남은 세인트앤서니 폭포의 시작점이었다.

미네소타 정치행정의 중심인 세인트폴은 배가 오가며 통상이 이루어지는 세인트앤서니 폭포의 빙하시대 위치에, 산업도시인 미니애폴리스는 수력을 제공하는 현재의 세인트앤서니 폭포 옆에 자리 잡았다. 2개의 도시가 과거와 현재의 폭포 위치에서 역할을 분담하며 성장했다. 빙하와 강이라는 자연 현상이 인간 역사와 얽혀 쌍둥이 도시를 만들어냈다. 제분소와 제재소의 생산, 그리고 미시시피강 수운을 통한 완성품 수출에 의존해 쌍둥이 도시는 성장했다. 수운으로 나갈 밀가루와 목재를 생산하기 위해 제분소와 제재소는 바삐 움직였다. 제분소에 밀을 대기 위해 초지는 밭으로 대체되고, 제재소에 나무를 대기 위해 숲은 벌목되었으며, 이미 잘린 숲은 밭으로 변했다. 브도트 주변 미시시피와 미네소타강의 강둑을 따라 있던 다코타의 무덤들은 공장과 주택단지를 짓겠다고 몰려오는 굴착기로 파헤쳐졌다.

물레방아

쌍둥이 도시로 이사 오기 전, 조교수 시절의 첫 4년을 델라웨어주 폭포선Fall Line 위에서 살았다. 폭포선은 말 그대로 폭포가 늘어선 선이다. 미국 중동부 뉴저지주에서 앨라배마주까지 장장 1400킬로미터에 걸친 폭포선은 결정질의 단단한 암반이 깔린 피드몬트Piedmont 산악 지역과 하천이나 해양 퇴적물로 만들어진 해안 평야 사이의 경계를 이룬다. 피드몬트에서 발원하여 바다를 향해 흐르는 하천은 먼저 단단한 결정질 암반 위를, 다음에는 연약한 퇴적물 위를 흐른다. 연약한 퇴적물이 더 빨리 깎이므로 하천이 경계를 넘으면서 갑자기 경사가 가팔라졌다. 폭포는 그 결과다.

유럽인이 아메리카 대륙 대서양 중부 지역에 정착했을 무렵, 물방앗간은 산업의 주요 동력이었다. 유량이 풍부하고 빠르게 흐르는 강이 핵심 요건이었고, 폭포는 빠르게 흐르는 강의 극단이었다. 아메리카 대륙 대서양 연안의 폭포선은 산업도시의 터가 되었다. 또 다른 이유는 당시 주요 운송 수단이 해운이라는 데에 있다. 유럽발 선박은 폭포선에서 짐을 내렸다. 그 너머로 항해하는 것은 불가능했다. 필라델피아, 윌밍턴, 볼티모어, 리치먼드, 레일리 등 16~17세기의 산업 활동에 기원을 둔 역사 도시들이 폭포선 위에 자리 잡았다.

식구들이 한국에 들어가고 혼자 남은 어느 더운 여름날, 초짜 조교수는 아침 산책길에서 돌아오지 않고 출근을 제쳐버렸다. 밤늦게 초주검이 되어 기어 들어올 때까지 나는 브랜디와인Brandywine강을 따라 폭포선을 넘고 주 경계를 넘어 펜실베이니아까지 다녀왔다. 그날 아침 강둑길을 걷다 돌아갈 시간이 다가오자, 눈앞이 캄캄하고 오장육부가 뒤집힐 정도로 연구실이 끔찍하게 느껴졌다. 공부가 싫어질 때면 한강 둔치를 싸돌던 십 대는 삼십 대 후반이 되어도 버릇을 버리지 못했다. 졸졸거리는 물소리는 매혹적이었다.

펜실베이니아에서 델라웨어를 거쳐 바다로 드는 브랜디와인강은 여러 갈래가 아닌 하나의 물줄기로 흐르는 단일 수로를 가졌다. 또 다른 특징은 단일 수로를 양쪽에서 둘러싼 강둑이다. 지형학 원론에 따르면 강둑은 홍수로 강이 넘칠 때마다 범람원에 퇴적물이 쌓이면서 만들어진다. 과학자들은 피드몬트의 하천이 원래부터 이런 모습이었다고, 즉 잘 보존된 강이라면 이런 모습이어야 한다고 믿었다. 그러나 강력한 증거를 바탕으로 한 혁명적인 아이디어가 등장했다.[5] 지금 보는 브랜디와인강의 모습은 16세기 최초의 유럽인이 정착했을 당시의 강을 전혀 닮지 않았다는 것이다.

이 새로운 아이디어를 받아들이려면 듀폰Du Pont과 물방아 이야기를 잠시 듣고 가야 한다. 이레네 듀폰Irénée du Pont이 1802년에 설립한 듀폰 기업은 브랜디와인강에서 화약 제조업체로 시작했다. 미국 남북전쟁(1861~1865) 당시 연합군에 화약을 공급하는 최대 군수업체가 되면서 듀폰은 급성장했다. 옛 화약공장 터에 들어선 해글리박물관에 가면, 물방아의 운동이 다양한 모양의 베어링과 축을 통해 방향을 바꾸어 공장 안으로, 그다음에는 커다란 솥 안을 구르는 연자방아로 전해져 화약을 으깨는 일련의 과정을 볼 수 있다. 제시된 내용을 요약하자면, 물방아와 댐은 한 세트다. 급경사 덕에 빠르게 흐르는 강에 댐을 쌓는다. 댐 뒤에 저수지가 생긴다. 저수지에서 물을 끌어 도랑을 만들되, 도랑의 고도를 저수지의 고도로 유지한다. 하류 방향으로 일정 거리를 지난 후 도랑의 물을 관을 통해 더 낮아진 고도의 강으로 돌려보낸다. 물의 위치에너지가 수차의 운동에너지로 전환된다.

19세기 초, 폭포선 위에는 수많은 물방아 댐이 있었다. 펜실베이

그림 6-5 브랜디와인 강가의 무너진 물방아 댐. 피드몬트에 널린 편마암 돌덩이로 만들어졌다.

니아의 세 카운티인 요크, 랭커스터, 체스터에는 매 킬로미터마다 하나꼴로 모두 1025개의 물방아 댐이 있었다.[6] 브랜디와인 강가를 걸으며 내가 본 물방아 댐들의 재질은 피드몬트에 널린 편마암 돌덩이였다. 댐은 무너졌거나 무너지기 직전이었다. 에너지원이 바뀌어 용도를 잃은 탓도 있지만, 저수지가 퇴적물로 가득 차 물을 저장할 능력을 잃었기 때문이기도 하다. 댐이 방치되고 나서도 저수지를 파내지 않으면 퇴적물이 결국 제방 둑 높이까지 차오른다.

조교수 생활이 지긋지긋해지면 강가를 걷던 2008년, 나의 산책길을 대상으로 파격적인 논문이 나왔다. 밥 월터와 도로시 메리츠가 폭포선 주변 강들의 양쪽을 막고 있는 강둑이 자연산이 아니라 물방아 댐의 산물이라는 과격한 주장을 한 것이다.[7] 지금 피드몬트의 강이 그 모양인 건 유럽 정착민 때문이라는 것이었다.

유쾌한 부부 과학자인 밥과 도로시의 논문에서 하천 둑은 피드몬트 강물의 수면보다 고도가 1~3미터 높다. 하천 둑의 높이는 댐의 높이와 같았고, 댐 뒤 하천 둑을 이루는 퇴적물의 두께는 댐으로부터 떨어진 거리에 반비례했다. 고도 데이터를 포함한 여러 증거를 제시하며, 부부 과학자는 강둑의 재질이 홍수범람에 의한 퇴적물이 아니라 지난 세기 물방아 댐 저수지에 내려앉은 퇴적물임을 보였다. 댐이 붕괴한 후, 저수지의 부드러운 퇴적물을 새로 생긴 물길이 절개했다. 결과물은 부드러운 저수지 퇴적물을 두 쪽으로 나누고 흐르는 한 줄기의 강, 그리고 강의 양편에 남은 저수지 퇴적물이었다. 다만, 과학자를 포함한 모든 사람이 저수지 퇴적물을 강의 범람에 의한 퇴적물로, 이런 강이 자연 하천의 원래 모양새라고 잘못 알고 있었던 것이다.

매장된 강

"여길 보세요. 검은색 층이 보이죠?" 밥과 도로시가 가리키는 곳을 보기 위해, 일행 모두 첨벙첨벙 무릎까지 물에 잠긴 두 다리를 바삐 끌며 다가왔다. 강둑―아니 저수지 퇴적물―의 위층들은 댐 건설

이후 쌓인 침적물이지만, 맨 아래 거무튀튀한 유기물이 풍부한 층이 보였다. "댐이 만들어지기 전, 저수지 퇴적물에 묻히기 전, 이 자리에 있던 토양의 표층입니다!" 밥과 도로시는 토양의 표층에서 발견된 식물 사체의 탄소 연대 측정을 했다. 300년부터 1만 년 전까지 다양했다. 반면, 토양층을 덮어버린 퇴적물의 식물 잔해는 모두 200~300년 전을 넘지 않았다. 식물 사체의 탄소 연대를 측정하고 계곡 단면도를 작성한 것을 바탕으로, 밥과 도로시는 피드몬트에서 흔히 보이는 강둑 사이를 흐르는 한 줄기 강의 원래 모습은 넓은 습

그림 6-6 강의 범람으로 만들어진 줄 알았던 강둑은 물방아 댐 후면 저수지의 퇴적물이었다. 사진 속의 과학자가 가리키는 지점 위는 댐 건설 이후 쌓인 침적물이고 아래의 검은 유기물 층은 댐이 만들어지기 이전의 토양이다.

지를 흐르는 여러 갈래의 얕은 물줄기였다고 결론내렸다.

"움직이는 과녁." 강을 복원하는 과학자나 엔지니어는 강의 역동성 때문에 '복원'이라는 말의 철학적 함의를 생각해야 한다. 복원이란 '원래'의 모습으로 돌이키는 것인데, 그 '원래'가 끊임없이 변하는 것이라면 어느 시점의 모습으로 돌이켜야 제대로 된 복원일까? 밥과 도로시의 논문은 이 질문조차 부차적인 것으로 만들어버렸다. 강의 역동성을 들먹이기 전에 '강' 자체를 제대로 그리지 못한다면, 역동성을 안들 무슨 소용일까? 적어도 피드몬트에서 우리가 자연산이라고 여겼던 강은 지질학으로 보면 방금 전인 유럽인의 정착 이후 근본부터 유린당하고 변형된 것이었다. 진품이 가짜로 드러나는 순간이었다. 진짜 강은 퇴적물에 묻혀 있었다.

2013년 가을, 피드몬트의 토양침식을 연구하러 갔을 때, 당면 과제는 농사 또는 도시 개발 등으로 교란되지 않은 기준점을 찾는 것이었다. 모든 침식된 토양은 이 기준점에 비교될 것이었다. 우린 먼저 윌리엄펜William Penn 나무를 방문했다. 펜실베이니아주의 설립자인 윌리엄 펜이 1682년 아메리카 대륙에 도착하는 것을 목격한 나무들이다. 펜실베이니아주 체스터카운티의 장로교회에 있는 흰색 떡갈나무는 아무리 적게 잡아도 수령이 400년을 훌쩍 넘는 우람한 나무였다. '장수한 나무라니 17세기 이후 그 흙을 건들지 않았겠지?' 도착하는 순간 그것은 판타지였음을 알았다. 예배드리러 온 차가 빼곡히 들어선 주차장 한편에 나무는 서 있었다. 또 하나의 윌리엄펜 나무는 두 밭 사이에 있었는데, 쟁기질에 걸려 나온 돌덩어리들이

그림 6-7 펜실베이니아 체스터카운티의 윌리엄펜 나무.

나무 밑동을 덮고 있었다.

　'교회 무덤에 가볼까?' 18세기부터 유지된 묘지라는데, 무덤으로 찜해놓은 땅을 누가 해코지했을 것 같지는 않았다. 1775~1776년에 매장된 무덤을 발견했을 때 우리 일행은 자신의 아이디어에 감탄해서 손뼉을 부딪치기까지 했다. 그러나 첫 무덤은 1966년에 개장되어 다시 묻혔다. 너덜거리는 종이 속 기록은 무덤들이 이장, 합장, 개장, 재매장되었음을 보였다. 배우자가 죽고, 자식이 죽고, 그들의 자식 세대가 죽으면서, 무덤은 파헤쳐져 가족묘가 되고, 식구 수가 많아 땅이 좁으면 가족을 옆자리로 옮기고 그 자리에 다른 사람을 들여놓는 도미노 작업이 실행되었다. 말 없는 무덤은 장기판의 졸처럼 움직이고 있었다.

묘지도 윌리엄펜 나무도 팔자가 기구했다. 인간에 의한 흙의 교란은 흔하고 보편적인 과정이었다. 17세기 이전 상태로 남아 있는 땅 한 평 찾는 일이 모래사장에서 바늘 하나 찾는 것만큼이나 어려웠다.

펜실베이니아 피드몬트는 완만한 언덕으로 유명하다. 숲과 농경지의 토양은 뚜렷이 달랐다. 산림 토양에는 70센티미터 깊이에 붉은색 층이 있었다. 풍화된 편암 조각이 있고, 붉은색은 산화철의 색이었다. 밭 토양에서는 붉은 층이 20센티미터 쟁기 층 바로 아래 나타났다. 경작 이후 숲에 비해 50센티미터가량의 흙이 더 침식되었기 때문이다. 과거 가축 방목지였던 숲의 토양도 상당히 침식되었을 테지만 밭 흙에 비하면 온전했다. 17~18세기에 피드몬트에 정착한 유럽인은 약탈 화전[8]도 했고, 그들의 산림 벌채, 목축과 쟁기질은 빠른 토양침식으로 이어졌다. 씻겨간 흙은 피드몬트의 강으로 들어가 저수지에 갇혔고, 10년, 100년 시간이 흐르면서 기존의 강을 질식시키고 묻어버렸다.

눈치채고 기록한 이가 아무도 없었기에, 사람이 땅을 혹사한 착취의 산물이 강을 익사시키고 암매장했어도 세상은 조용했다. 원래의 강을 터전으로 삼았던 원주민의 목소리와 그들 마음에 담겼을 강의 기억도 지워졌다. 진짜는 묻혔고 진짜를 묻어버린 물레방아 댐과 산지의 밭마저 시간이 삼켜버렸다. 세대가 바뀌는 사이 새로운 강이 그 자릴 차지했고, 강은 늘 그런 것이라고 믿어졌다.

증발과 모세관의 허연 흔적

에너지원으로서의 물 외에 물질로서의 물의 가치를 활용하는 행위는 작물 생산을 위해 물을 대는 관개다. 강을 복구할 때 '강'의 원모습이 중요하듯, 작물에 물을 줄 때는 '물'의 화학적 조성을 아는 것이 중요하다. 강이 다 같지 않은 것처럼, 물도 서로 다르다. 물이 물만이 아니기 때문이다.

물질로서의 물을 보려면 물이 귀한 곳으로 가야 한다. 20년 전 구직을 시작할 무렵, 면접 때 만난 어느 지질학과 교수는 동부의 학부생이 지질학에 관심을 두긴 어렵다고 했다. "서부에는 비가 적어 나무도 없고, 암석이 완전히 노출되잖아요. 숲보다 암석이 먼저 보이니 학생이 지질학에 관심을 두기가 쉽지요. 비가 많고 숲이 많은 동부에선 지질학이 눈에 잘 안 띄어요." 적어도 물은 그렇지 않아 보였다. 강이 많은 한국에서 자란 내게 물이 무엇인지를 가장 잘 보여준 곳은 사막이었다.

캘리포니아의 오언스 호수는 이름만 호수일 뿐, 말라 바닥이 드러나 있었다. 동서 양쪽으로 꽉 막힌 분지의 복판에 서면, 물을 찾겠다는 임무로 화성에 도착한 우주인이 된 심정이었다. 메마른 호수 바닥이 이어지는 북쪽을 향한 채 왼쪽으로 고개를 돌리니 알래스카를 빼곤 미국에서 제일 높다는 휘트니산이 꼿꼿하게 서서 바다에서 오는 습한 공기를 가로막고 있었다. 동료 대학원생들과 여름 한 달 캘리포니아 구석구석을 돌아보는 토양학 답사였다. 호수 바닥의 허연 색깔은 물이 증발하고 남긴 소금기였다. 땡볕 아래 40~50도를 넘나드는 열기와 싸우며 흙을 팠다. 통째로 삶아 먹을 듯 달려드는 뜨거운 바람이 표면을 긁어 흙먼지를 일으킬 때면, 허연 소금 먼지가 하늘을 가려 눈 뜨기도 숨쉬기도 쉽지 않았다.

오후 일과가 끝날 때는 열 명도 안 되는 일행에게 할당된 75리터짜리 물통이 텅 비었다. "경수야, 너 등에 Bz층[9]이 생겼어!" 방금 배운 토양학 용어를 써먹으며 우리는 으쓱해졌다. 색깔 있는 옷에는 허연 소금 자국이 분명히 드러났다. 이렇게 뜨거운데도 옷이 땀에 젖지는 않았다. 땀이 나는 족족 증발하기 때문이었다. 땀 소금은 나의 파란 셔츠에도 친구의 검은 셔츠에도 남았다. 셔츠의 표면에서 땀이 증발하면, 피부가 분비한 땀이 면의 모세관을 따라 셔츠의 표면으로 흘러 그 자리를 메꾸고 또 증발했다. 증발과 모세관 흐름 속도가 피부의 땀 분비 속도보다 빨라, 끈적대는 땀이 피부에서도 셔츠에서도 느껴지지 않았다.

게토레이 가루를 후하게 푼 물을 우리는 마셨다. 땀을 많이 흘릴 때 맹물만 마시면 전해질 부족으로 신진대사에 지장을 받는다고 했다. 게토레이 속 전해질은 양이온인 나트륨과 칼륨, 음이온인 염소와 황산염이 대부분을 이룬다. 식용 소금을 푼 것과 크게 다르지 않다. 마시는 족족 그 소금기가 셔츠 위의 허연 침전물로 남은 것이다. 비슷한 이야기를 오언스밸리의 허연 가루들에 대해서도 할 수 있다. 물속 염분을 이루는 양이온은 나트륨, 칼슘, 마그네슘이, 음이온은 이산화탄소가 물에 녹아 만들어진 탄산류와 광물에서 녹은 염화물과 황산염이 주를 이룬다. 흙을 통해 나온 물의 전해질은 게토레이의 전해질을 닮았다.

메마른 땅이지만 10센티미터만 흙을 파면 물이 고여 있었다. 한때 오언스밸리를 경이롭게 채웠던 주변 산지의 눈이 녹아 모인 물은 1913년 완공된 수로를 통해 로스앤젤레스로 보내졌다. 호숫물이 바닥나는 데는 20년도 걸리지 않았다. 더는 뺏어갈 기술이 없어 남은 물이 흙 속에 고인 물이었다. 지친 대학원생들이 게토레이 물통 주변에 모여 셔츠에 남은 소금 자국 모양을 놓고 수다를 떨었다. 누가 먼저라고 할 것 없이 우리는 알아챘다. 10센티미터의 흙이 바로 우리 셔츠고 얕은 지하수가 바로 땀샘이라고 말이다. 강렬한 태양 아래 달아오른 흙 표면은 나의 셔츠처럼 점토 사이의 모세관을 통해 얕은 지하수에서 대기로 끊임없이 물을 보내고 있었다. 증발 작용과 모세관 현상이 흙 표면에 남기고 간 것이 허연 소금이었다.

소금밭이 된 땅

그리스어로 '메소포타미아'는 '두 강 사이'를 뜻한다. 대부분은 현재 이라크에 속하지만, 이란, 시리아, 튀르키예, 쿠웨이트 또한 메소포타미아 땅의 일부를 차지한다. 티그리스강은 북부 자그로스산맥에서, 유프라테스강은 토로스산맥에서 발원한다. 두 강은 이라크의 바그다드에서 40킬로미터까지 가까워졌다가 바그다드에서 페르시아만 사이의 중간 지점에서 다시 160킬로미터까지 벌어진다. 그러다 알쿠르나에서 하나로 합쳐져 160킬로미터를 흐른 후 페르시아만에 이른다. 자그로스와 토로스산맥 외에 레바논산맥이 있다. 세 산맥은 각각 카스피해, 흑해, 지중해로부터 들어오는 습한 공기를 차단한다. 산맥 양쪽의 강수량은 확실하게 대비된다. 높은 산에 쌓인 눈이 티그리스강과 유프라테스강의 기원이 된다. 봄철, 눈 녹은 물이 두 강 사이 건조한 저지대에 홍수를 일으키는 것은 놀랄 일이 아니다.

'비옥한 초승달'은 사실 메소포타미아가 아니라 산이 바닷바람을 막아 생긴 산 중턱의 강우 지역을 가리킨다. 언덕이 많고 험준한 지형의 이곳에서 최초의 농경이 시작했다. 기원전 7000년경 관개 기술이 발달해 티그리스강과 유프라테스강의 물로 사막에서 농사를 짓게 되면서, 농경은 또 한 번 전기를 맞았다.

초승달 지대의 연간 강수량은 400~1000밀리미터 이상으로 미국 중서부와 동부의 강수 범위를 포함하고, 서울의 1400밀리미터보다는 적다. 400밀리미터를 기억해두자. 연 400밀리미터는 되어야 관개 없는 농경이 가능하다. 임계치보다 적은 비로는 관개의 도움 없이 농사를 지을 수 없다. 산맥 넘어 비 그림자에 들어서면 메소포타미아인데, 이곳은 연 강수량이 200밀리미터를 넘지 못한다. 미국의 소노라 사막과 비슷하거나 더 가물다. 메소포타미아의 관개는 범람원의 비옥한 토양이 가진 엄청난 농업 잠재력을 실현할 열쇠이자 농업 사회의 위험을 자초할 도박이기도 했다.

작물이 물을 흡수하는 것을 어렵게 만들기 때문에 토양 염화는 작

그림 6-8 메소포타미아는 티그리스강과 유프라테스강 사이의 지역을 일컫는다.

물 수확량에 직격탄을 날린다. 염화 위험은 물이 빠르게 증발하는 메소포타미아에서 특별히 클 수밖에 없다. 관개수를 퍼붓는 대로 물이 증발해 흙 속에 짠 물이 남으면, 작물은 바다 한가운데서 갈증에 시달리는 〈라이프 오브 파이〉[10]의 파이 파텔과 같은 처지가 된다. 염분을 버티는 능력은 작물마다 다르다. 옥수수와 쌀은 소금이 취약이다. 두 숟갈 분량(약 12그램)의 소금을 1리터의 물에 풀어주는 것만으로 수확을 영으로 만들 수 있다. 같은 효과를 보리에 안기려면 네 숟가락을 풀어야 한다. 바닷물 1리터에는 여섯 숟가락의 소금이 들어있다. 보리에는 별것 아닌 한 숟가락의 소금으로 쌀 생산을 반 토막낼 수 있다. 옥수수, 쌀, 밀, 보리의 순으로 토양 염화에 대한 내성이 커진다.[11] 토양 염화는 고대 메소포타미아 식량 안보에 결정적 위험

요소였다. 고대 메소포타미아 남부의 농부들은 점차 밀에서 소금기를 잘 버티는 보리로 옮겨갔다.[12]

저지대인 현재의 이라크 남부(두 강이 합쳐 페르시아만으로 들어가는 지역)는 기원전 2400년에서 기원전 1700년 사이 심각한 토양 염화 피해를 입기 시작했다. 소금의 어두운 힘은 기원전 1300년에서 기원전 900년 사이 이라크 중부로 거슬러 올라갔다. 저지대에서 시작된 토양 염화 문제를 피해 당시의 정치 중심지 또한 상류로 옮겨갔다. 토양 염화가 강을 거슬러 올라가는 까닭은 우선 지하수면의 깊이 때문이었다. 지하수면은 관개용수가 흙에 부어지는 만큼 상승했고, 물이 이미 모여 있던 저지대일수록 적은 양의 관개로도 지하수면이 작물 뿌리가 자라는 지표면 가까이 올라왔다. 점토 함량이 높은 토양층까지 지하수면이 올라오면 그다음은 점토 사이 모세관 작용이 지하수를 지표로 실어 날랐다. 내 얼룩진 셔츠를 닮은 오언스밸리 10센티미터 두께의 흙처럼, 메소포타미아 흙 속의 모세관과 사막의 뜨거운 증발력이 지하수에서 대기로 이어지는 물의 흐름을 촉진하면서 물속에 용해되었던 소금이 흙의 거죽에 남았다. 저지대의 땅은 버려지고, 관개는 상류로 이동했다. 기원후 1200년, 토양 염화는 이라크의 중부인 바그다드까지 치고 올라왔다.

일단 지하수가 흙 속의 모세관에 닿으면 토양 염화는 되돌릴 길이 없었다. 모자란 관개용수를 들이부어 소금기를 흙에서 씻어버리겠다고 마지막 몸부림을 칠 수도 있겠지만, 미련한 도박이다. 지하수 수위만 더 높아져, 높아진 수위만큼 짧아진 모세관 이동으로 토양 염화는 더욱 빨라진다. 시스템이 이 지경에 이르면 실행 가능한 선택지는 지하수위를 낮추는 것, 즉 농사를 한 해씩 건너뜀으로써 관개를 줄이거나 관개 또는 농사를 완전히 포기하는 것이다.

 토양 염화를 걷잡을 수 없게 만드는 것은 지하수면의 상승만이 아니다. 소금의 양이온 중 칼슘 이온(Ca^{2+})은 음전하를 띤 점토 입자들 사이에서 다리 역할을 함으로써 낱낱의 점토를 알갱이로 모은다. 나트륨 이온(Na^+)은 반대다. 점토 가루를 칼슘 이온 수용액에 넣고 흔들면, 점토 입자들이 서로 달라붙어 알갱이가 되어 가라앉는다. 반대로 나트륨 이온 수용액에 넣으면, 침전물 없는 잘 섞인 초콜릿 물이 된다. 나트륨 이온은 칼슘 이온의 두 배가 있어야 음전하를 띤 점토의 전기 균형을 잡을 수 있다. 칼슘 이온보다 많은 개수의 나트륨 이온이 물 분자 덩어리로 둘러싸인 채 점토 사이로 비집고 들어가면서, 점토는 알갱이로 모이질 못하고 낱낱으로 떨어진다. 부유하는 점토 입자는 물과 함께 흙 속의 미세한 구멍들에 도달해 구멍을 막는다. 구멍이 막힌 흙은 빗물이나 관개수가 스며들지 못한다. 한편 점토 입자 사이의 미세 구멍은 물의 모세관 흐름을 유도하는 데 탁월한 능력을 발휘함으로써(모세관 현상으로 물이 올라갈 수 있는 높이는 구멍의 지름에 반비례한다), 염화 문제를 악화시킨다.

 고대 서아시아인들은 토양 염화를 무기화하는 데까지 나갔다. 신화와 역사 속에선 적을 섬멸한 후, 땅을 갈아엎고 흙에 소금을 뿌리는 행위가 나온다. 히브리 성서 〈판관기〉의 한 대목이다. "아비멜렉은 그날 종일 그 성읍을 공격하여 함락시켰다. 그리고 성읍 안에 있는 백성을 죽이고 나서 성읍을 헐고 소금을 뿌렸다."[13] 기원전 1000년 경, 권력욕에 눈이 뒤집힌 사악한 왕 아비멜렉은 자기 백성과 땅을 적으로 삼았다. 히브리어의 권위자인 로버트 올터는 이 부분을 "소금을 심었다"로 번역하면서, 밭에 소금을 심어 흙의 비옥도를 뺏음으로써 황무지 상태로 만들려는 것으로 보았다.[14] 아비멜렉이 심은 소금의 양은 알 길이 없다. 1제곱킬로미터의 작은 밭을 1년이라도 작물이 못 자랄 상태로 만들려면 적어도 3000톤의 소금이 필요했을 것이다.[15] 말 한 마리가 100킬로그램을 실어 나른다면, 3만 마리의 말이 필요하다. 불가능한 일이다. 소금을 정말로 심었다기보다는, 자신의 권위에 도전하는 놈들의 밭에 소금을 처넣고 싶을 만큼 증오가 불타올랐다는 말이 아니었을까? 그만큼 토양 염화는 처절한 저주와도 같았으리라.

강 그리고 관개수로

메소포타미아 남부 바그다드에서 남동쪽으로 약 200킬로미터 떨어진 니푸르 지역의 항공사진을 보면 생선 뼈 같은 가는 선이 많이 보인다. 이 선들은 관개수로를 나타내는데, 수로들은 오랫동안 물을 분배하는 역할을 주도하면서 자연 하천을 삼켜버리거나 왜소하게 만들었다. 자연 하천과 관개수로를 구분하는 것이 더 이상 의미가 없을 정도다. 지역 주민은 둘 다 '샤트'라고 부른다.

바그다드를 지난 두 강이 평평한 페르시아만 저지대에 가까워지면 흐름이 느려지고 퇴적물을 운반할 운동에너지를 잃게 된다. 물이 흐르려면 경사도가 0보다 커야 한다. 문제는 관개수로나 바닥을 침식하지도 않고 동시에 퇴적물도 떨어뜨리지 않으려면, 경사도를 아주 좁은 구간 안에 유지해야 한다는 점이다. 1000분의 1[16]보다 가파르면 물은 더 빨리 흐르고, 콘크리트로 포장되지 않은 관개수로 바닥을 깎아내린다. 관개수로는 주변보다 점차 깊어질 것이고, 관개수로는 계곡을 깎아내게 된다. 1000분의 1보다 경사가 낮아지면 새로운 문제가 생긴다. 천천히 흐르기 때문에 퇴적물을 쓸어갈 운동에너지가 충분하지 않다. 진흙탕인 티그리스와 유프라테스의 강물은 퇴적물을 수로에 떨어뜨리고, 퇴적물로 메워진 수로는 쓸모가 없어진다. 딜레마다. 1000분의 1 경사면에는 침식도 퇴적도 일어나지 않는 아주 좁은 구간이 있다. 관개가 절대적으로 필요한 곳, 즉 바그다드 아래는 경사가 낮아 관개수로 건설이 까다로웠다. 퇴적물 없이 원활한 물의 흐름을 유지하기 위해 알맞은 경사도를 확보하는 것은 복잡한 작업이었다.

니푸르에서 흔하게 보이는 샤트의 바닥에 퇴적물이 쌓이면, 관개수의 수위는 상승하고, 수로가 범람할 때마다 수로 둑 위에 굵은 퇴적물을 떨어뜨린다. 두 가지 작용이 시간을 두고 축적됨에 따라 관개수로는 상승하여, 경사라곤 없는 평원 위에 고도를 갖추게 된다. 관개수로는 어느덧 저지대의 평원인 범람원보다 1~5미터 정도 키가 자랐다. 평원을 굽이굽이 기어가는 듯한 성처럼, 제방의 능선을

그림 6-9 이라크 니푸르의 인공위성 사진. 퇴적물이 쌓이면서 관개수로의 고도는 높아진다. 사진 속의 관개수로와 배수로 사이에는 약 1~5미터 정도의 고도차가 있다. 그 고도차를 이용해 사면으로 물을 흘리고, 그 사면에 경작지들이 자리 잡았다.

따라 관개수가 흐른다. 평원에서 관개수를 길으려면, 내려가질 말고 올라가야 한다. 딛고 올라갈 경사지 또한 홍수 때 넘친 관개수가 떨군 퇴적물로 만들어졌다. 퇴적물이 관개수로 주변에 만들어낸 제방의 폭은 2~5킬로미터에 이른다. 제방은 능선을 타고 흐르는 관개수로와 저지대 사이에 1000분의 1에 가까워 관개가 가능한 측면 경사를 제공한다. 수로가 평원보다 3미터 위에 있고 제방 폭의 절반이 2킬로미터인 경우, 측면의 경사는 1000분의 1.5이다. 능선을 흐르는 주 관개수로의 옆구리를 터서 낸 새끼 수로를 따라 밭을 일군다.

단순하지만 독창적인 이 관개수로 방식은 메소포타미아 저지대의 자연 하천에 일어나는 자연 작용을 차용한 것이다. 메소포타미아 저지대의 하천은 퇴적물을 바닥에 떨구며 그 위를 올라타고 흐른다. 강이 주변보다 높게 흐르는 아슬아슬함은 오래 유지될 수 없다. 제방이 터지는 순간, 물은 낮은 곳으로 돌진한다. 하룻밤 사이 강은 버려지고 새로운 강길이 열리기도 한다. 마른하늘에 날벼락을 맞듯, 물 한 방울 없던 사막이 다음 순간 강물에 휩쓸리는 재앙의 트라우마가 반복됐다. 길가메시가 영원한 생명을 갈망해 찾아간 곳이 대홍수에서 혼자 살아남은 생존자의 도시임은 우연이 아니었다. 〈창세기〉에서 신의 은총으로 대홍수에서 살아남은 노아조차 기진맥진 벌거벗은 채 술에 취해 말년을 보냈을 정도로 홍수가 가져온 충격은 엄청났다.[17]

   위험만이 전부는 아니었다. 자연 제방에 금이 가 물이 샌 곳에서는 한두 가구가 부칠 밭이 만들어졌다. 자연의 틈에 기생할 기회가 열린 것이다. 인간의 손이건 자연의 손이건 일단 만들어진 틈새에서 시작한 관개 시스템은 세대를 거치며 진화했다. "한 세대가 한 방식으로 작업을 하면, 다음 세대는 처음부터 다시 시작하는 것이 아니라 수정과 개선을 추가하는 것 빼고는 동일한 방식으로 작업을 계속한다. 이어진 세대는 수정된 버전을 학습하고, 이는 또 다른 변경이 추가될 때까지 여러 세대를 걸쳐 지속된다."[18] 강은 자연의 시간과 사람의 시간을 함께 축적했다. 축적 속의 섞임은 완벽해서 니푸르의 사람들은 이름으로조차 강과 관개수로를 가르지 않았다.

흐르고도 지치지 않는

아버지는 기적처럼 중환자실에서 살아 돌아오셨다. 떠나기 전날, 아버지를 모시고 팔당의 물안개 공원에 갔다. 바람을 쐬고 싶다는 말씀을 물이 보고 싶으시다는 뜻으로 나는 알아들었다. 아버지는 주차장을 떠나지 못했다. 나 혼자 강가를 향했다. 강을 보고 걷다 고개를 돌려 주차장 쪽을 살폈다. 시선이 돌면서 펼쳐지는 파노라마 안에서 강은 영원히 흐르고도 지치지 않을 듯싶었다. 그보다 20일 전 중환자실의 아버지를 찾아가는 비행기 안에서 '아버지' 하면 떠오르는 단어들을 노트에 적었다. 몇 시간 안에 다섯 장이 가득 찼다. 나쁜 기억도 적잖아 훗날 내 아이들이 나를 떠올리며 쓸 리스트를 상상하니 허탈했다. 그래도 다행히 먼저 나온 단어들이 가장 밝고 즐거웠다. 인천 앞바다, 월미도, 생선, 어시장, 한강, 낚시, 메기! 아버지의 기억은 강과 물을 끼고 돌았다.

   미시시피강. 미네소타강. 미네소타 곳곳에 자리한 1만 2000개의 호수. 물가에서 자란 사람들을 아버지 어머니로 두고 자신 또한 물가에서 자란 다코타 사람들이 브도트를 성지로 여기는 것은 필연이었다. 빙하강 워런을 포함해 강과 산을 깎아낸 자연 작용을 배경으로 인간의 오랜 역사가 펼쳐졌다. 과학자들은 강의 원래 모양에 접근하기 시작했으나, 새롭게 발견한 강은 비정형일 뿐 아니라 자연의 함수인 만큼 사람과 문화의 함수라는 것에 놀랐다. 사실 그것은 놀랄 일이 아니라 일상적인 경험을 과학적으로 확인한 것일 뿐이다.

숱한 물가에서 인류라는 종은 얼마나 많은 시간을 보냈던가! 길이로 재어지는 선형의 물가에서, 인류는 물을 긷고 몸을 씻고 빨래를 하고 떠나고 돌아왔으며, 물고기를 잡고 수영을 하고 깔깔거리며 웃고 놀았고, 댐을 짓고 물의 힘을 빌려 방아를 돌렸다.

제국주의, 산업화, 녹색혁명이 휩쓸기 전에도 강과 땅은 자연 현상이자 인문 현상이었다. 농경과 산림 황폐로 침식된 흙이 강의 형태와 기능을 바꾼 것은 아메리카 대륙에서만 일어난 일이 아니었다. 15~18세기 동아프리카의 탄자니아에서는 침식된 흙을 돌로 쌓은 수천 개의 댐 후면에 모아 농업 생산력을 보완했다.[19] 메소포타미아를 만든 티그리스와 유프라테스강도 마찬가지였다. 초승달 지대와 메소포타미아의 농경이 식량의 부산물로 생산한 침식된 흙은 얕은 페르시아만에 쌓여 염습지를 만들어, 지난 4000년 동안 해안선을 300킬로미터 뒤로 밀어놓았다. 그 결과 아브라함이 떠난 고향이라 여겨지는 당시의 해안 도시 우르는 오늘날 페르시아만의 바다에서 260킬로미터나 떨어져 있다. 태평양의 화산섬에서도 같은 역사가 펼쳐졌다. 바다를 건너온 새로운 정착민이 섬 내륙 산지에서 재앙적인 토양침식을 일으키면, 한편에선 침식된 흙이 강의 계곡과 바닷가에 쌓여 비옥한 토양을 만들기도 했다.[20]

강을 둘러싼 경험의 단절이야말로 놀랍고 중대한 것이다. 어느 강에서나 시간을 통해 이어져야 할 인류의 경험은 단절되었다. 이전의 브도트와 이후의 스넬링 요새. 여러 갈래로 나뉘어 습지를 흐르는 이전의 강과 양편의 강둑을 두고 한 줄기로 흐르는 이후의 강. 사막의 계곡을 채웠던 이전의 호수와 허연 먼지바람만 날리는 이후의 메마른 바닥. 원주민의 강과 유럽 정착민의 강 사이에 놓인 선명한 단절은 아메리카 대륙만의 것이 아니었다. 동과 동 사이 한국의 샛강과 시내는 산을 치고 올라오는 아파트, 전원주택과 축사와 사방공사에 묻혀 동네 어르신의 기억과 함께 미래 세대로부터 사라질 것이다. 동과 동을 잇는 길은 더는 둘러가지 않는다. 산을 깎아 최단 거리를 내거나 터널을 뚫는다. 강원도 여행 중에 만난 민박집 할머니는 강가에서 물놀이하는 가족들을 보고 혀를 찼다. "똥물이 뭐가 좋다고. 저 물이 얼마나 깨끗하고 예뻤는데. 모르니까 저러지."

　강의 본질과 강의 현상 사이의 단절을 상징하는 것으로는 댐만 한 것이 없다. 1502개의 대형 댐[21]이 놓인 한국의 강들은 존재 목적이 마치 물과 전력의 안정적 관리 및 공급인 양 재가공되었다. 대형 댐은 기초에서 정상까지의 높이가 15미터를 넘거나 또는 높이가 5미터에서 15미터 사이이면서 300만 세제곱미터 이상의 물을 가두는 댐을 가리킨다. 티그리스와 유프라테스강 유역에 자리 잡은 이라크, 이란, 튀르키예, 시리아에는 각각 33개, 599개, 1903개, 43개의 대형 댐이 강을 막고 있다. 댐 건설은 또한 국경을 넘는 폭력의 양상을 보이기도 한다. 튀르키예와 이란은 이라크로 가는 강을 막고, 중국은 베트남으로 흘러가는 메콩강을, 에티오피아는 수단과 이집트로 흐르는 나일강을 댐으로 막았다. 내 강, 내 땅을 학대하는 것이 내 나라가 잘사는 길이라는 자학의 논리가 규모를 키우고 인간의 마음에 침투하면서, 제국주의가 원주민의 강과 땅에 가했던 폭력이 되살아나

인류의 경험을 토막 내고 있다. 전 세계 1만 개가 넘는 대형 댐이 강을 가로막은 오늘, 댐에 구속되지 않은 자유로운 강을 볼 경험은 빠르게 사라지고 있다.

이 모든 단절된 경험을 넘어서는 굳건한 사실은 강과 땅이 하나라는 것이다. 강을 만지면 땅이 변하고, 땅을 만지면 강이 변한다. 세인트앤서니 폭포 주변 제분소와 제재소는 미네소타 온 땅의 토지 사용 변화와 공진화했다. 피드몬트에서 원래의 강을 암매장한 토사는 물방아 댐과 농경 사이의 메신저나 다름없었다. 메소포타미아의 관개수로는 주기적인 맥동을 가진 홍수와 함께 미세한 지표와 지하수의 고도차를 창조함으로써 토양 염화를 일으켰다. 토양 염화는 농경지와 도시를 움직였고, 위치를 옮긴 농경지와 도시의 강 이용은 예전과 다를 수밖에 없었다. 동과 동 사이 샛강의 소멸은 동과 동 사이 토지 이용의 변화와 동의어다. 댐이 강을 막으면, 건설 주체는 비용을 보전하려고 저수지의 물과 에너지로 땅 위에서 벌일 일거리를 만들고 설득을 시작한다.[22] 수축과 범람의 맥박이 멈춘 강은 땅과의 교류를 상실한다. 단절된 경험이 무서운 것은, 굳건하지만 오랜 관찰이 필요한 평범한 사실, 강과 땅이 하나라는 사실을 목격한 눈을 앗아가기 때문이다.

폭력에 대항하는 인간의 진보는 양심이 미치는 대상을 확대함으로써 일어난다. 사람을 넘어 뭇 생명의 집인 강과 땅이 양심의 반경 안으로 들어올 때가 왔다. 눈물길을 걸어 도착한 브도트에서 바치는 다코타 사람들의 애도는 그들의 조상만이 아니라 강과 사람을 아우르는 세계를 향한다. 세상은 두물머리와 브도트로 인해 성스럽다. 강과 강이 만나는 사이에 땅이 있다. 물과 물이 만나는 사이에 흙이 있다. 그 사이에서 풍화를 거쳐 흙이 만들어지고, 흙과 땅과 물이 만나는 곳에서 자연 현상과 인문 현상으로서의 사람과 사회가 생겨났다. 인간에 강을 맞추던 낡은 시절은 이제 보내야 한다. 강에 걸맞은 사람이 사는 세상의 문턱에 우리는 왔다. 브도트야말로, 두물머리야말로 우리가 다시 태어날 곳이다.

7
지렁이

그 많던 낙엽은 누가 다 먹었을까?

젊은 학생들에게 지렁이 사냥법을 가르쳐주는 일은 즐겁다. 흥분 때문인지 징그러워서인지 비명이 터지고, 학생들은 경쟁이나 하듯 지렁이 사냥에 나선다. 사냥의 열기 그리고 새로운 지식에 뜨거워진 학생들이 질문 보따리를 쏟아낸다. 이제 지렁이에 대해 지난 20년 동안 새롭게 알게 된 사실들을 토해낼 때다. 토착종이 아닌 침입종인 지렁이가 생태계에 큰 변화를 가져오는 미국 오대호 지역에서 출발해, 우리는 두 번의 시간여행을 해야 한다. 첫 번째 시간여행은 마지막 빙하기의 끝인 1만 년 전, 두 번째는 유럽인이 전 세계에서 확장에 확장을 거듭한 지난 네 세기이다.

> 지렁이도 밟으면 꿈틀한다.
> _한국 속담

지렁이 사냥

빙 둘러선 학생들에게 지렁이를 빠르고 안전하게 잡는 데는 겨자 칵테일이 최고라고 말하자 여기저기서 웃음소리가 들렸다. "잘 보세요." 나는 능숙한 바텐더가 되어, 노란 겨잣가루 40그램을 봉지에서 덜어내 미리 준비한 1갤런(약 3.8리터)짜리 물통에 넣어 흔들어 섞었다. 기분이 동하는 날이면 어깨와 엉덩이를 흔들기도 한다. 준비된 겨자 칵테일을 일정한 면적의 땅에 뿌리고 잠시 기다리면 지렁이들이 꼼지락거리면서 기어 나온다. "와!" 하는 학생들 소리를 들으며 나는 젓가락을 꺼내어 지렁이를 하나씩 집어 약한 알코올 용액에 씻은 다음 더 높은 도수의 알코올 병으로 옮겼다. 지렁이 밀도가 높은 침침한 숲속이라면, 막 쏟아져 나오는 지렁이로 땅바닥이 움직이는

그림 7-1 지렁이 채취에 열심인 미네소타대학교의 학생들.

듯한 착시를 느낄 때도 있다. 젊은 학생들에게 지렁이 사냥법을 가르쳐주는 일은 즐겁다. 흥분 때문인지 징그러워서인지 비명이 터지고, 학생들은 경쟁이라도 하듯 지렁이 사냥에 나선다.

햇빛이 잘 드는 따뜻한 4월 말의 하루. 미네소타는 봄의 문턱에 간신히 다다랐다. 허공에 출렁거리는 설탕단풍나무의 가지들이 연두색을 입은 것만으로도 긴 겨울에 지친 학생들의 마음은 부풀어 올랐다. 눈이 녹은 땅 위엔 지난가을의 낙엽이 수북이 쌓여 있었다. "이 나무들 알아보겠어요?" 몇몇 학생이 손을 들었다. 우리는 참피나무가 우점종인 습지와 언덕의 경계에 있었다. 언덕 쪽으로 올라가면 설탕단풍, 더 올라가면 참나무들이 우거져 있었다. "이제 땅바닥에 있는 낙엽들을 나무 종류별로 세어보기로 해요." 5분, 10분, 15분이 지났다. 학생들은 자신들이 칠판에 적은 낙엽 수를 보고 알 수 없다는 표정을 지으며, 서로 "너희 그룹도 이러니?" 확인하기 시작했다. 분명 참피나무 아래인데 참피나무 낙엽은 보이질 않고, 멀리서 날아왔을 참나무와 설탕단풍 낙엽의 숫자만 높아가기 때문이었다.

"음식이라고 다 같은 음식이 아니지요? 낙엽이라고 다 같은 낙엽이 아닌 거예요." 우리는 지렁이가 되어 하늘에서 떨어지는 음식을 입맛대로 가려내는 연습을 했다. 지렁이는 참피나무 낙엽을 제일 좋아해서, 참피나무 낙엽을 다 먹고 나서야 설탕단풍을, 설탕단풍 낙엽을 끝내고 나서야 참나무 낙엽을 먹는다. 지렁이들은 까탈스럽게도 참피나무 낙엽만을 먼저 먹어치운 것이다. 지렁이가 느낄 맛을 상상하기는 불가능하더라도, 그들이 참피나무 낙엽을 선호하는 까닭은 영양분 때문일 것이라고 짐작할 수 있다. 측정해보면 질소와 칼슘의 함량이 참피나무, 설탕단풍, 그리고 참나무의 낙엽 순으로 높다.[1]

지렁이 사냥의 열기 그리고 "아하!" 하게 만드는 새로운 지식에 흥분한 학생들이 질문 보따리를 쏟아내기 시작한다. 이제 지렁이에 대해 지난 20년 동안 새롭게 알게 된 사실들을 토해낼 때다. 이 이야기를 위해 세 번의 시간여행을 해야 한다. 첫 번째 시간여행은, 내가 지렁이 연구에 빠져든 계기가 된 시기로, 신디 헤일이 미네소타대학교에서 박사학위 과정 중이던 2000년 무렵이고, 두 번째 시간여행은 마지막 빙하기의 끝인 1만 년 전, 세 번째는 유럽의 백인이 전 세계에서 확장에 확장을 거듭한 지난 400년이다.

침입 지렁이의 최전선

20~30년 전쯤, 미네소타 주민들은 늘 거닐던 숲에서 이상한 현상을 목격하기 시작했다. 단풍나무나 참피나무가 우점종인 오대호 연안의 활엽수림에서 한 뼘 가까운 두께로 땅을 덮었던 푹신한 낙엽층이 없어지고, 갑작스럽게 딱딱한 광물질의 맨 흙바닥이 나타난 것이다. 이 사실이 산림청을 통해 미네소타대학교에 전해졌고, 이것은 곧 산림생태학자인 리 프렐리히와 박사학위 과정 학생이었던 신디 헤일의 연구 주제가 되었다. 신디가 밝혀낸바, 그 많던 낙엽을 먹어버린 장본인은 지렁이였고, 이 지렁이들에게 붙은 어울리지 않는 수식어는 '침입'이었다. 침입 지렁이!

신디를 처음 만난 건 2008년 8월이었다. 2년 차 조교수였던 나는 대학원생 때 연구했던 포켓고퍼 pocket gopher[2]의 뒤를 이어, 동물이 땅과 지형을 바꾼다는 주제를 확장해보고 싶었다. 식물학자의 토양학이 아닌 동물학자의 토양학을 하고 싶었던 셈이다. 서로 인접해 있고 똑같은 두 흙에서 하나는 동물이 살고 다른 하나에는 동물이 없는 환경을 찾는 게 문제였다. 그런 단순한 자연이 내 손에 걸리기만 한다면, 얼씨구나 하며 두 흙을 단순 비교해 동물이 흙에 미친 영향을 깨끗하게 분리해낼 작정이었다. 물론 내 뜻대로 움직여주는 자연은 보이지 않았고 고민은 깊어갔다. 어느 날 점심을 먹으며 읽은 논문에는, 가본 적이 없던 미네소타 어딘가의 숲에서는 지렁이가 침입종이어서 지렁이가 있는 곳과 없는 곳으로 숲이 나뉜다는, 내가 꿈꾸던 자연에 관한 이야기가 펼쳐져 있었다.³ 곧바로 집어든 전화기 반대쪽의 신디는 흥분한 이방인을 연구지로 기꺼이 초청해주었다.

면적이 417제곱킬로미터인 리치Leech 호수(거머리호수)의 오터테일Ottertail반도(수달꼬리반도)에 위치한 신디의 연구지는 논문 속에서 읽은 대로 참피나무와 설탕단풍이 우거져 있었다. 보조석에 앉은 신디가 일러주는 대로, 나중에 혼자서 찾아올 수나 있을까 싶은 갓길에 차를 세웠다. 길에는 특징적인 것도 없고, 표시도 없었다. 우리는 만리장성 같은 숲 앞에 섰다. "잘 봐요. 여기 도롯가에서 시작해서 지렁이가 숲속으로 침입해 들어가는 거예요."

흔히 지렁이는 원래부터 어디나 있다고 생각하지만, 1만 년 전 북아메리카 대륙의 북쪽 절반을 덮은 빙하는 토종 지렁이를 절멸시켰다. 미국의 오대호 주변과 뉴잉글랜드 그리고 캐나다의 거의 전부는 지질학적으로 최근인 1만 년 전까지 두꺼운 빙하에 깔려 지렁이가 살 환경이 못 되었다. 신디가 말하는 침입 지렁이는 모두 아메리카 종이 아닌 유럽 종이었다. 이들을 외래종이 아니라 침입종이라고 과격하게 부르는 이유는 숲속에 들어가 직접 눈으로 보는 것으로 이해가 되고도 남았다.

덤불을 헤치고 들어가자 곧바로 울창한 숲이었다. 선글라스를 벗어야 했다. "땅을 잘 보세요!" 땅바닥은 딱딱했다. 작년에 떨어졌을 낙엽들이 듬성듬성 보였지만, 굳은 광물질의 땅바닥 위에는 떨어진 잔가지와 썩은 나무줄기들이 뒹굴고 있었다. 관목들보다는 웃자란 잔디 같은 풀들이 더 많았다. 도로에서 더 멀리 숲속 깊숙이 들어가

자 어느 순간 발바닥이 변화를 감지했다. 딱딱한 광물질의 땅바닥이 순간 부드럽고 푹신푹신한 낙엽층으로 바뀌었다. "여기까지 왔네요. 침입의 최전선이에요." 침입 지렁이의 최전선을 알아내는 일이란 눈조차 뜰 필요 없이 쉬운 일이었다. 발끝의 감촉만으로 충분했다. 침입의 최전방은 숲속으로 전진 중이었다. 침입 지렁이들은 두꺼운 낙엽층을 먹어 치우며 해마다 5~10미터씩 영역을 확장해가고 있었다.

그림 7-2 지렁이 침입 전(위)과 침입 후(아래)의 미네소타 활엽수림 바닥. 유럽종 지렁이의 침입과 함께 숲 바닥에 사는 작은 음지 식물의 다양성과 숫자가 급격히 줄어들고 낙엽층이 사라진다.

6년 후인 2014년, 안식년에서 돌아와 수달꼬리반도를 다시 찾았을 때, 내가 알던 최전선은 반대쪽에서 다가오던 침입의 최전선과 만나 버렸다. 숲은 침입 지렁이에게 완전히 점령되었다.

  1만 년 전 물러가는 빙하를 따라 숲이 돌아왔지만, 서식지가 남쪽으로 한정되어 있던 아메리카 토종 지렁이는 돌아오는 숲의 속도를 따라잡을 수 없었다. 수달꼬리반도에서 신디가 알아낸 연간 5~10미터의 확장 속도에 1만 년을 곱해보면, 고작 50~100킬로미터, 즉 서울에서 대전 가는 거리조차 나오지 않는다. 빙하가 물러간 땅을 차지한 광활한 숲은 지렁이 없이 지난 1만 년간 진화해왔다. 낙엽 분쇄의 독보적 일인자인 지렁이가 없던 덕에 두꺼운 낙엽층이 쌓였고, 두꺼운 낙엽층이 숲의 재생과 지속에 중요한 역할을 하는 생태계의 진화로 귀결되었다.

  세상의 흙을 둘로 나누라면, 난 먼저 지렁이가 있는 흙과 지렁이가 없는 흙으로 나누겠다. 지렁이가 있는 흙을 바탕으로 하는 온대와 열대 지중해의 숲과 초지에서는, 두루뭉술하게 말하자면 10년마다 모든 흙 알갱이가 지렁이의 내장을 통과한다. 그러니까 지렁이의 내장은 흙의 광물과 유기물질의 미생물이 가까이 섞이고 접촉하는 반응기이다. 숲속을 걷는 것은 지렁이 똥을 밟고 다니는 것이며, 나무와 작물이 자란다는 것은 지렁이 똥에 뿌리를 담근다는 것이다.

  미국 동부 델라웨어 해안 평지의 숲에서 흙구덩이를 팠을 때, 눈길을 끈 것은 주홍빛을 띤 노란 바탕의 토양 아래층을 배경으로 점점이 박힌 50원짜리 동전 크기의 검은 자국들이었다(그림 7-3). 실뿌

그림 7-3 짙은 색 지렁이 똥으로 가득 찬 지렁이 구멍.

리들은 "난 여기만 좋아!"라고 고집하듯 주변의 노란 흙은 건들지도 않은 채 오로지 좁고 검은 구멍으로만 뻗어갔다. 검은 구멍의 정체는 지렁이 굴이다. 지렁이 똥으로 찬 지렁이 굴은 유기물과 질소 영양분 함량이 눈에 띄게 높았고, 흙의 성질이 주변의 토양보다는 표면층에 가까웠다. 비옥한 구멍을 나무뿌리는 놓치지 않았다. 지렁이가 나무에게 뿌리 뻗을 곳을 안내하는 꼴이었다.

농부와 정원사의 극진한 사랑을 받는 지렁이는 쟁기의 역할 중 하나인, 유기물과 광물을 섞어 흙의 성질을 개량하는 작업을 자근자근 중단 없이 실현하는 살아 있는 쟁기다. 지렁이의 혜택을 꼽을 때 흔히 흙 속에 산소와 물이 드나들 수 있도록 해준다고 하는데, 트랙터나 사람의 발걸음이 흙을 다져놓은 농지나 정원에서 지렁이가 만드는 구멍의 역할은 정말 중요하다. 지렁이는 땅 위에 던져진 유기물의 부식을 도우면서도 트랙터나 사람처럼 땅을 짓밟아 단단하게 만들지 않는다.

지렁이가 자생하는 곳에서 지렁이는 자연 생태계와 농업 생태계에 필수 불가결한 존재다. 지렁이가 생태적 건강미의 상징인 이곳은 인류 대부분이 사는 곳이며, 인류를 먹여 살리는 농경이 시작되고 지속되는 곳이며, 99.9퍼센트의 토양 연구가 행해진 곳이다. 흙에 대한 우리의 사랑과 지식은 어쩔 수 없이 지렁이가 있는 흙으로 크게 기울어 있다. 그러나 지렁이와 흙의 떼려야 뗄 수 없는 관계가 애초부터 존재하지 않았던 곳에서, 그리고 지렁이의 부재가 예외가 아니라 생태계 발달의 필수 요소였던 과거 빙하 아래에 놓였던 북반구의 고위도 지역에서 그것은 왜곡된 사랑이자 지식이다.

최전선의 상황은 심각했다.

위스콘신주 체쿠아메곤-니콜렛 국유림 Chequamegon-Nicolet National Forest에서 연구자들은 침입 지렁이가 있는 곳에서는 낙엽층에 집을 마련하는 명금류 songbird의 둥지 수와 생존율이 눈에 띄게 적음을 발견했다.[4] 뉴욕주와 펜실베이니아주의 활엽수림대에서는 침입 지렁이가 낙엽층을 없애자 도롱뇽의 숫자가 급격하게 줄었다. 집이었던 낙엽층이 없어져서이기도 했지만, 도롱뇽의 먹잇감인 절지동물 또한 낙엽층과 함께 줄어들었기 때문이다.[5] 두둑한 낙엽층은 극한 추위와 가뭄 그리고 잎을 뜯어 먹는 사슴들로부터 활엽수림대의 주 종목인 설탕단풍의 어린 새순들을 보호할 뿐 아니라 낙엽층에 뿌리를 뻗는 수많은 관목의 밑받침 역할을 한다.[6] 침입 지렁이로 낙엽층이 사라지고 나면, 설탕단풍의 어린 새순을 포함해 작은 관목의 숫자와 다양성이 줄어든다. 수달꼬리반도에서 설탕단풍나무를 연구하던 동료들은 나이테만으로 침입 지렁이가 도착한 연도를 알아냈는데, 흙을 축축하게 감싸던 낙엽층이 사라지자 물이 부족해져 설탕단풍의 성장 속도가 느려졌기 때문이다.[7] 낙엽층 대신 광물성 흙이 자리 잡으면, 유기물질의 분해는 곰팡이보다는 박테리아에 의존하게 되고,[8] 낙엽을 잘게 부수는 지렁이의 역할 때문에 유기물이 썩는 속도가 빨라지면서 수백 년 동안 유기층에 농축되었던 영양분이 과다하게 쏟아져 나와 식물들이 흡수하기도 전에 지하수와 개천에 씻겨나갔다.[9] 침입 지렁이와 기후변화가 맞물려 급속도로 변하는 산림의 흙은 토착 생물에게는 낯선 환경이 되고, 오히려 침입 생물을 도와 생태계를 교란시키고 종 다양성이 줄어들게 만드는 원인이 된다. 리 프렐리히는, 침입 지렁이가 기후변화의 효과를 극대화할 것이라고 내다보면서 수달꼬리반도의 설탕단풍 숲을 포함해 미네소타는 앞으로 100년 안에 광대한 숲을 잃고 초지로 덮이게 될 것이라고 예측한다.

낚시와 정원

"길 건너에는 뭐가 있는 거죠?" 모기에 물린 몸을 피가 나도록 긁적이며 신디에게 물었다. 막 수달꼬리반도 숲에서 나온 참이었다. 나무들에 가려 보이지 않지만, 호숫가라고 했다. 도로와 호숫가 사이에 주택단지가 만들어진 것은 1970년대라고 덧붙였다. 지렁이 침입 속도로 계산해도, 설탕단풍나무의 나이테를 보아도, 수달꼬리반도에 지렁이가 최초로 침입한 것은 1970년대였다. 여러 상황을 종합했을 때, 침입 지렁이를 수달꼬리반도 숲에 데려온 것은 길 건너의 주택단지임이 분명했다. 잘 가꾼 정원들로 둘러싸인 집들의 뒷길에는 어김없이 보트가 서 있고, 선상에는 낚시 도구가 가지런히 꽂혀 있었다. 낚시와 정원 가꾸기로 은퇴 후 삶을 즐기는 사람들이 대부분인 듯했다.

낚시와 정원 가꾸기! 침입 지렁이를 들여오는 데 이보다 더 완벽한 조합이 있을까?

2년 후인 2010년 여름, 미네소타대학교로 직장을 옮겼다. '1만 개의 호수가 있는 땅'으로 불리고 미시시피강의 발원지인 미네소타는 낚시의 천국이었다. 부화뇌동. 나도 곧 사내아이들을 끌고 강태공

그림 7-4 미니애폴리스 해리엇 호수의 여름 저녁. 낚시는 미네소타 사람들의 큰 즐거움 중 하나다.

이 되고 싶어졌고, 낚시 허가부터 사야 했다. 미네소타주 정부가 파는 낚시 허가서에는 하루짜리, 3일짜리, 1주일짜리, 커플을 위한 14일짜리, 한 해짜리, 심지어 이듬해 재구매의 번거로움을 줄여주는 3년짜리도 있었다. 가족용도 있음은 물론이다. 2010년 그해, 미네소타주는 117만 개가 넘는 낚시 허가서를 팔았고, 코로나가 창궐하던 2020년에는 120만 개를 넘기는 기록을 세웠다. 이 숫자를 음미하기 위해선 미네소타의 인구가 500만 명에 불과하다는 사실을 생각해야 한다.

초보 낚시꾼인 우리는 플라스틱으로 만들어진 가짜 미끼를 걸었지만, 여섯 살이던 둘째 아이는 그마저도 귀찮아 미끼도 없이 물에 첨벙첨벙 낚싯대를 휘두르며 시간 가는 줄 모르고 놀았다. 물고기 한 마리 못 건졌음은 물론이다. 주위를 보니 미끼는 지렁이가 대세였다. 지렁이만큼 잡기 쉬운 동물이 없겠거니 했는데, 지렁이만큼 돈으로 사기 쉬운 동물도 없었다. 낚시 도구 가게에서도, 강가 호숫가 주유소의 편의점에서도, 심지어는 월마트 구석에 놓인 냉장고에서도 지렁이를 팔았다. 월마트의 지렁이 냉장고는, 눈·코·입·귀가 다 있는 지렁이가 환하게 웃으며 '엄지척'하고 고객을 꾀고 있었다. 쓰고 남은 지렁이에 관한 한 낚시꾼의 인심은 후했다. 남은 미끼를 떠넘기듯 주고 간 사람만도 몇이었다. 낚시꾼들은—마치 초파일에 방생하듯—남은 지렁이를 숲속에 풀어주고, 플라스틱 캔만 쓰레기통에 던져넣었다. 주 정부의 자연자원국 Department of Natural Resources에 따르면 미네소타에는 낚시가 허가된 4500개의 호수와 총연장 2만

6000킬로미터의 강이 있다. 여기에 쓰고 남은 지렁이를 자비롭게 숲에 뿌리고 가는 120만 명의 낚시꾼, 그리고 1년에 5~10미터인 침입 속도를 입력하여 얼추 셈을 하면, 미네소타 전체가 침입 지렁이의 지배 아래 놓일 날은 머지않아 보였다.

월척의 꿈을 심어줘야 하는 미끼 지렁이로는 덩치가 크고 꿈틀거리는 힘이 좋은 종들을 쓴다. 가령 미네소타에서 팔리는 이슬지렁이는 어른 손을 활짝 편 것만큼 길어서 이 지역 최대의 크기를 자랑한다. 아메리카 토종이 아닌 유럽에서 건너온 외래종이자 수달꼬리반도 숲에 엄청난 손해를 끼치는 바로 그 문제의 침입종이다. 높은 상

그림 7-5 월마트의 지렁이 항온고.

7 · 지렁이 **261**

품성에도 불구하고 이슬지렁이는 사육하기 어렵다. 이름이 말해주는 것처럼 축축한 밤이면 기어 나와 낙엽을 끌고 자기 터널 속으로 들어가는 녀석들은 수직 터널을 만들고 5년 남짓 되는 평생을 그곳에서 지낸다. 그래서 흙에 섞여 흙을 파먹으면서 사는 다른 지렁이에 비해 사육이 쉽지 않고, 야생에서 채취하는 수밖에 없다. 미끼용 지렁이 채취는 북아메리카 그리고 유럽에서 거대한 사업이 되었다. 이슬지렁이는 유럽 종이지만, 전 세계 수요량의 대부분이 이슬지렁이가 외래종이자 침입종인 캐나다의 온타리오에서 잡히는데, 그 수가 연간 5억~7억 마리나 된다. 돈으로는 1억 7000만 달러에 달한다. 온타리오의 지렁이 채취는 늘 돈 없고 영어가 자유롭지 않은 이민자들의 비즈니스였다.[10] 그리스인, 중국인, 한국인을 거쳐 지금은 베트남 이민자들이 지렁이 채취꾼의 가장 많은 수를 차지한다. 채집자는 중간 거래꾼에게 1000마리당 캐나다 달러로 20달러(미화 15달러)를 받고 넘기는데, 숙련된 채집꾼은 축축하고 선선한 가을이면 하룻밤 사이 무려 2만 마리의 이슬지렁이를 잡는다고 한다.[11]

    그렇다면 수달꼬리반도 숲을 포함해 미네소타 낚시터 주변의 숲에서 발견되는 유럽산 지렁이들은 온통 이슬지렁이뿐이어야 할 것 같지만, 그렇지 않다. 이슬지렁이가 몸집이 크고 적갈색을 띤다면, 같은 적갈색이지만 몸집이 작은 종, 적갈색이 아닌 회색빛 투명함을 지닌 지렁이 종도 함께 산다. 이슬지렁이와 달리 하나의 터널에 머물거나 지표의 낙엽을 찾지 않고 자기 가는 길을 먹으며—문자 그대로 흙을 파먹고—사는 녀석들 또한 미네소타에 발을 들여놓은 유럽 종들이다. 이들은 어디서 왔을까? 우선 낚시 미끼다. 속여 파는 것은 아니더라도, 이슬지렁이라고 내용물이 적힌 캔 안에 종종 다른 종이 섞여서 오기도 한다. 더 중요한 메커니즘은 정원 가꾸기이다. 수목원, 식물원, 화훼 재배단지 등에서 사들이는 화분 속에는 지렁이 또는 지렁이 고치가 종종 있기 마련이다. 유기농과 비옥한 땅의 상징처럼 받들어지는 지렁이들이 마당 밖으로 나가면 숲을 망가뜨리는 침입종으로 정체를 바꾸는 것이다. 신디가 미네소타의 숲을 망가뜨리는 주범으로 지렁이를 고발하면서 그들을 침입자라고 불렀을 때, 적지 않은 사람들이 충격을 받았을 뿐만 아니라 흠모하던 영웅에 침을 뱉는 모욕으로 받아들였다. 미국 공영 라디오 및 각종 미디어가 앞다투어 신디를 인터뷰했고, 신디의 메일함은 화가 치민 정원사들과 유기농 농부들이 보낸 메일로 금세 차버렸다고 한다.

미네소타에서 새롭게 발견한 침입자 지렁이를 지구적 규모 그리고 10~100년이 아닌 1000~1만 년의 시간 길이에서 보게 된 것은 스웨덴의 극지에서였다. 이제 두 번째 시간여행을 떠날 때이다.

지렁이는 사람을 타고

첫 안식년인 2013년, 11월 한 달을 스웨덴 우메오대학교의 조나탄 클라민더 교수와 함께 지냈다. 해는 10시쯤에 떴다 너댓 시간 후면 가라앉아, 길고 어두운 밤이 이어졌다. 세미나 발표 기회가 주어졌을 때, 난 미네소타 지렁이 침입을 주제로 택했다. 발표를 마치면서 빙하기의 영향을 고려할 때 스웨덴의 지렁이 또한 사람이 들여온 침입종일 것이며, 지렁이 침입은 스웨덴에서도 진행 중일 것이라고 단언했다. 당시 나는 이것을 너무나 당연하게 생각했기 때문에, 내 말에 동의하지 않고 놀라는 학자들에 당황했다. 그러나 그들에겐 이견을 가질 만한 좋은 이유가 있었다. "유럽 본토에서 지렁이가 오래전에 바다, 즉 보트니아해를 넘어왔을 거예요. 사람과 상관없이 말이죠." 보트니아해는 주변의 스웨덴과 핀란드에서 강물이 많이 들어와 대양의 바닷물처럼 짜지 않아 지렁이가 소금물에 절여지지 않고 떠다니는 나무에 실려 오고도 남았다는 주장이었다.

정말 지렁이가 지난 빙하기 이후 사람의 도움 없이 보트니아해를 통해 스웨덴에 들어왔을까? 많은 고민 끝에 조나탄이 기발한 아이디어를 내놓았다. 스웨덴 동쪽 보트니아 해안을 따라가다 보면, 바다로부터 100미터, 때로는 300~400미터 떨어진 숲에서 버려진 부두를 종종 볼 수 있다. "돌아가신 할아버지가 어렸을 적에 만들어졌다고 해요." 9000년 전, 수 킬로미터의 두께로 땅을 짓누르던 빙하가 녹자, 빙하의 무게에 눌려 맨틀에 잠겼던 지각이 떠오르는 현상이다. 지금도 지역에 따라선 해마다 크게는 1센티미터(100년이면 1미터)씩 융기가 진행되고 있다. 지표면의 경사가 심하지 않은 곳에서는 1미터의 융기로 바닷가에 수 킬로미터의 땅이 드러나고 숲이 생겨났다. 처음엔 오리나무, 다음에는 마가목, 그다음에는 향나무, 마지막으로 가문비나무의 순서로 숲의 천이가 일어난다. 시간적 순서가 곧 공간적 순서이기도 해서 육지 깊숙이 가문비나무가, 바닷가에는 오리나무가 자랐다. 만약 사람에 상관없이 지렁이가 바다를 넘어 스웨덴에 왔다면, 지난 수백 년 사이 지각의 융기로 만들어진 바닷가의 인적 없는 숲에서도 우리는 지렁이를 발견해야 하지 않겠느냐고 조나탄은 생각했다. "대박! 정말 좋은 생각이야. 그런데, 누가 보트니아의 해안가를 뒤지지?"

미네소타대학교에서 막 석사학위 과정을 시작한 에이드리언 워킷의 손에 이 일이 떨어졌다. 야생 생존 전문가로 단련된 에이드리언은 한 달 동안 인적 없는 보트니아 해안을 따라 지렁이를 찾아다녔다. 낮에는 지렁이를 찾아 카누로 이동하고, 밤에는 바닷가의 숲이나 섬에서 캠핑하길 반복하며, 그는 고독한 필드워크를 마쳤다. 힘들게 수집한 데이터는 분명했다.[12] 해안가 새롭게 생긴 인적 없는 땅에 지렁이는 없었다. 지렁이가 있다면 백이면 백 여름 별장 옆이었으며, 그마저도 별장에서 거리가 멀어지면서 자취를 감추었다. 결론은 스웨덴 지렁이의 원조는 바다를 건너온 것 같지 않다는 것이 하나요, 스웨덴의 해안가에서 지렁이와 사람은 뗄 수 없는 인연이라 사람 없는 곳에 지렁이도 없다는 것이 또 하나요, 마지막은 미네소타와 마찬가지로 지렁이가 들어오자 두꺼운 유기물층이 사라지고 광물질의 흙이 자리 잡았다는 것이었다. 이 발견은 미국의 오대호 지역에 이어 스웨덴에서도 사람이 지렁이 도입의 매개자였으며, 지렁이의 침입은 현재진행형이라는 결론으로 우리를 한 발짝 다가가게 했다.

극지로 간 지렁이

10만 개의 호수가 있다는 스웨덴에서 가장 아름다운 호수로 꼽히는 바스텐야우레(바스테냐브르)와 비리하우레(비리하브르)는 유네스코가 정한 세계자연유산인 파디엘란타 국립공원 안에 있다. 2018년 8월 새벽 1시, 해는 호수 저편 산을 막 넘어가려 하고 있었고, 나는 헬리콥터 착륙장에 납작 웅크리고 있었다. 헬기장 주변에 지렁이가 침입했을지 살피는 임무를 받고 투입되었다. 헬기로 도착하는 등산객을 통해 지렁이가 유입되는지 알아보기 위해, 웅크린 자세로 겨자 칵테일을 부어대고 있었다. 어둠과 함께 돌아온 차가운 공기에 손가락이 곱았다. 8월에 초겨울이 느껴지는 적막한 극지의 황혼. 기가 막혀 웃음이 터졌다. 혼자 이 시간 이런 곳에서 지렁이 침투를 감시하는 내 모습에 "미쳤지, 미쳤어!" 혼잣말이 나왔다.

에이드리언 그리고 조나탄과 함께 파디엘란타에 온 지 사흘째였다. 스웨덴의 보트니아 해안에서 지렁이가 자기 힘이 아니라 사람의 힘으로 들어오고 퍼진다면, 수천 년간 순록을 유목해온 사미족의 땅, 라플란드는 어떨까? 남북으로 이동하는 유목의 루트를 통해 순록의 발톱에 끼인 지렁이가 북극권까지 오지는 않았을까? 노르웨이 해안을 통해 사미족과 스코틀랜드 사이에 교역이 있었다던데, 스코틀랜드에서 지렁이가 들어오지는 않았을까? 라플란드의 한복판에 위치한 파디엘란타는 이런 질문에 답하기에 최적지인 듯했다.

사람이 지렁이를 들여온다고 해도, 지렁이가 라플란드의 가혹한 환경에서 살아남기나 할까? "거긴 지렁이가 살 수 없어!"라고 다른 연구자들이 말했다. 두 가지 이유가 있었다. 첫째, 극지 토양은 독한 산성인데 지렁이는 산성 흙을 피한다는 점. 둘째, 토양 온도가 낮아 지렁이의 생존이 가능치 않을 거라는 점. 이 질문들은 우리 일행의 마음을 복잡하게 만들었다. 지렁이 한 마리 발견하지 못한 채 돌아 간다면 "맞아요. 여러분 말씀이 다 맞았어요. 이렇게 춥고 산성인 환경에서 지렁이가 어떻게 살겠어요" 하고 말할 수밖에 없을 것이다. 만약 지렁이를 발견한다면, 우리에겐 큰 발견이지만 미네소타에서 본 것들을 생각건대 극지 생태계에 파괴적인 소식일 터였다.

파디엘란타로 향한 결정적 이유는 조나탄의 동료 교수 요한 올로프손의 추천이었다. 식물생태학자인 요한은 파디엘란타에서 극지에 선 있을 수 없는 초지 생태계가 일정한 간격으로 발견되며, 이들이 150년 전에 끝난 사미족의 유목 생활과 깊은 관계가 있음을 알아냈다. 초지들은 사미족이 순록을 정기적으로 모아 젖을 짜고 도축하며 지냈던 임시 거주지였다. 순록 떼의 똥으로 들어온 추가 영양물 때문인지 또는 순록의 발자국에 눌려 단단해진 토양의 물리적 특성 때문인지, 150년이 지난 후에도 이곳들만은 파디엘란타에서 유일무이하게 초지 식물 군락을 이루고 있었다.[13] 이 식물 군집을 생태 유산 ecological inheritance이라고 부른 요한이 말했다 "사람 덕에 스웨덴 극지에 지렁이가 산다면 여길 먼저 가봐야 하지 않겠어?"[14]

우리 셋은 허리가 부러지도록 일했다. 해 질 때까지 일하는 습관이 병이었다. 해가 떨어지질 않으니 끝을 낼 수가 없었다. 이튿날 새벽까지 지렁이를 찾아다녔다. 겨잣가루를 섞을 물을 떠 나르느라 일은 더욱 고되었다. 육체적인 피로만큼, 아무리 찾아다녀도 나타나지 않는 지렁이가—희소식이어야 할 텐데도—우리의 사기를 꺾었다. "모래밭에서 바늘 찾기지?" 그러다 결국은 바늘을 찾았다. 오로지 150년 전 사미족의 유목 때문에 생길 수 있었던 초지에서만 지렁이가 보이기 시작했다. 그나마 다행스러운 것은 초지의 지렁이들이 모두 가장 작은 지렁이로 유기층에서만 살고 흙에 가하는 충격이 미미한 덴드로바에나 옥타에드라였다는 점이다.

이 지렁이들은 어떻게 왔을까? 끝도 없는 광야 중 어쩌다 이 초지에서만 살게 되었을까? 여기서 우리는 지렁이의 성생활에 대해 알아야 한다. 우선 지렁이를 그리는 간단한 방법은 미쉐린 타이어들을 가늘게 시작해서 굵어지다 다시 가늘어지게 이어 붙인 후, 앞부분 어디쯤 타이어 하나를 유난히 두껍고 굵게 그리는 것이다. 클리텔리움 clitellium이라고 불리는 유별난 타이어가 없다면 아직 어린놈이고, 있다면 성적으로 다 큰 지렁이라고 볼 수 있다. 클리텔리움이 윗옷을 벗듯 말려 올라가면서 자기 몸으로부터 정자와 난자를 주워 담아 고치가 되고, 고치가 부화하여 다음 세대 지렁이가 나온다. 지렁이는 한 몸에 암컷과 수컷의 생식기를 다 가지고 있음에도, 교미를 하는 종도 안 하는 종도 있다. 지렁이 분류학의 최고 전문가인 새뮤얼 제임스 교수에 따르면 유성생식과 무성생식 사이를 오가는 종도 있다고 한다.

교미하는 지렁이가 파디엘란타에 떨어져 자손을 남기려면 최소

두 마리가 가까이 있어야 하지만, 교미 안 하는 지렁이라면 오직 혼자 힘으로—환경만 허락한다면—자기 복제를 통해 파디엘란타를 점령할 수 있는 것이다. 파디엘란타 초지의 덴드로바에나 옥타에드라는 교미가 필요 없는 동물이었다. 즉 어쩌다 한 놈만 우연히 넘어와도 그놈이 국면 전환 요소가 될 수 있다. 놈들에겐 파디엘란타의 추위도 염려할 바가 안 되는 것이, 파디엘란타의 겨울도 살아남는 특별한 능력이 고치에 있기 때문이다.[15] 교미도 안 하고 한해살이로 끝나는 덴드로바에나의 일생은 이렇게 다음 세대로 이어진다. 덴드로바에나가 능력자임을 알게 되자, 덴드로바에나가 들어와 살아남은 까닭 말고 오히려 지금까지도 파디엘란타 전체를 정복하지 못한 이유가 궁금해졌다. 우리는 아직 그 답을 알지 못한다.

가장 큰 발견은 여행의 마지막 날에서야 터졌다. 헬리콥터 시간을 확인하러 사미족의 마을에 갔을 때였다. 마티아스라는 이름의 사미족 사람이 우리 이야기를 듣다 말했다. "우리 집 마당에 지렁이 많은데." 이미 마티아스의 마당 한쪽에선 조나탄이 꿈틀거리는 거구의 이슬지렁이를 에이드리언의 손에 쥐여주고 있었다. 마티아스가 책을 통해서만 알았던 지렁이를 처음 본 것은 40세 때인 1982년으로, 스톡홀름에서 온 낚시꾼 덕이었다고 한다. 마티아스는 낚시와 정원 일에 쓰려고, 남은 지렁이를 두고 가라고 했고, 그렇게 남은 지렁이는 지금 마티아스의 뒷마당에서 번성하고 있었다. 지렁이가 번성하는 원인은 역시 낚시와 정원이었다. 마침 놀러 온 마티아스의 외손주들까지 가세해, 우리는 헬기 조종사가 한심한 눈으로 독촉할 때까

그림 7-6 마침 놀러 온 손주들까지 가세한 지렁이 잡기. 파디엘란타 국립공원의 사미족 마을.

지 지렁이를 잡았다. 스톡홀름의 낚시꾼들이 남겨놓은 이슬지렁이의 후손들은 이제 마티아스 집의 뒷마당을 넘어 남향의 뒷산으로 퍼져가고 있었다. 우리는 그 시작점만을 보고 아쉽게 헬기에 올랐다.

헬기의 시끄러운 프로펠러 소리에 멀어져가는 마티아스의 집과 뒷산의 자작나무 숲을 보며, 머릿속에 하나의 틀이 자리 잡기 시작했다. 스웨덴의 내륙에서는 낚시와 사미의 순록 치기가 지렁이를 들여왔고, 보트니아 해안은 주택 개발이 지렁이 침입의 주요인이었다. 그러나 그게 다가 아니었다.

첫 정착민

스웨덴 아비스코과학연구기지Abisko Scientific Research Station의 부엌과 도서관에서 보는 전망은 세상의 어떤 근심도 날려 보낼 만큼 시원하다. 10킬로미터 호수 건너편엔 버려진 농가가 있다. 육로가 없어 여름에는 보트로, 겨울에는 스노모빌로 가는 농가를 내가 아는 까닭은 역시 지렁이 때문이다. 농부는 오래전 떠나고 없지만, 파디엘란타에 온 스톡홀름 낚시꾼이 1982년에 그랬던 것처럼, 그도 지렁이를 남겨놓고 떠났다. 150년 동안 아무도 살지 않는 지에블렌에서 허물어지는 헛간과 함께 농경의 흔적으로 남은 지렁이는 농가에서 언덕 위로 800미터를 침입해 거의 수목한계선에까지 도달했다. 20~30센티미터에 이르는 관목들의 뿌리와 줄기들, 썩지 않은 죽은 식물체로 만들어진 유기물층은 지렁이 침임과 함께 싹 다 없어지고, 검은 광물층의 흙이 대신 자리 잡았다.[16] 지렁이가 가속 페달을 밟은 유기물의 부식과 더불어 유기물에 묶여 있던 질소 영양분의 대대적인 방출이 이루어지는데,[17] 이것이 질소 결핍에 시달리는 극지 생태계 재편에 끼칠 영향의 크기와 방향을 포함해 지렁이의 침입으로 인해 극지에 도래할 새로운 육지 생태계의 모습이 어떨지 우리는 아직 아는 것이 없다.

지에블렌의 첫 정착농은 어떤 사람이었을까? 먼 후대에 그들이 남기고 간 지렁이에 노심초사할 과학자들을 상상이나 했을까? 생각하면 웃음이 나왔지만, 그들에 대해 조금 알게 되자 웃을 일이 아니었다. 그들은 19세기 후반 북방 영토를 개척하고 싶었던 스웨덴 지도층의 감언이설에 넘어가 라플란드로 이주한 빈농의 하나였다. 나에겐 아름답기만 한 토르네트레스크 호수도 그들에겐 지옥의 풍경이었을 것이다. 스웨덴 남부에 최적화된 농경으로 극지의 추위와 토양을 상대할 수 없었던 이들은 새로운 터전을 다시금 버려야 했다. 어느 날 조나탄에게서 지에블렌의 정착민에 관한 책을 찾았다는 이메일이 날아왔다. "What a story! What a life!"라고 끝맺은 이야기는 이랬다. 두 가족이 소를 끌고 도착한 것은 1871년이었다. 51세의 남성과 41세의 여성, 그리고 10세에서 25세에 걸친 7명의 자식. 아이들을 화재에 잃고 자식 하나는 노르웨이에 팔았다는 다른 한 가족

그림 **7-7** 아비스코과학연구기지의 부엌에서 보는 전망. 저 호수 건너편엔 버려진 농가가 있다.

은 지에블렌 도착과 동시에 또 다른 아기를 낳았지만, 첫 겨울은 최악의 상황으로 치달았다. 호수에서 잡은 물고기는 턱없이 모자랐고, 겨울은 끝없이 이어져 소 먹일 건초가 바닥이 났다. 굶주림에 몰린 그들은 기아로 뼈만 남은 소를 도살해야 했으며, 사미족 소유의 순록까지 잡고 말았다. 하지만 이로 인해 도움을 청해야 할 사미족 사람마저 적으로 만들어 결국은 노르웨이로 도망갔다는 이야기였다.

스웨덴의 지렁이 침입을 정리한 우리의 논문[18]이 나간 후, 조나탄은 스웨덴의 거의 모든 텔레비전, 라디오, 신문과 잡지에 불려 나갔다. 긴 줄의 끝에는 스웨덴 국왕이 있었다. 조나탄은 카를 구스타프 16세 앞에서 스웨덴의 산악 및 극지 생태계가 침입 지렁이의 위협에 노출돼 있다고 보고했다. 지렁이 이야기가 스웨덴 전국에 퍼지고 나서, 조나탄은 흠모하던 작가 릴리안 리드로부터 이메일 한 통을 받았다. 라플란드의 삶과 문화를 기록해온 저널리스트 릴리안은 19세기에서 20세기로 넘어가던 시기에 라플란드에서 살았던 목사이자 농부인 요한 홀름봄의 일기를 소개했다. 일기에 따르면 1834년 이전 파디엘란타에는 북극곤들매기$_{\text{arctic char}}$[19]를 잡아 생계를 꾸리던 사람들이 들어와 산 지 이미 오래였다. 그들은 그물을 쓰지 않고 자작나무나 마가목의 긴 가지로 낚싯대를 만들어 썼는데, 미끼가 필요해도 지렁이가 없어 숲의 벌레들을 잡아 써야 했다고 적혀 있었다. 릴리안을 통해 알게 된 요한 홀름봄의 일기는 라플란드에 지렁이가 들어온 것이 비교적 최근의 일이라는 우리의 주장을 뒷받침했다.

아비스코를 지나는 철도가 개통된 것은 1902년이었다. 철도는 동

남쪽으로 90킬로미터 떨어진 키루나의 철광산을 노르웨이의 부동항인 나르비크와 연결, 세계 최대의 지하 철광산을 세계 경제권 안으로 편입시켰다. '얼어 죽는 헛간'이라고 불렸다던 철도 인부들의 숙소에 이어 역무원들의 관사가 마련되었고, 광부들의 숫자도 늘어났다. 첫 정착민이 폐허가 된 집과 지렁이만 남기고 떠났다면, 20세기에 철도와 함께 들어온 새로운 이주민들은 키루나와 아비스코에 영구 정착했다. 아비스코 주변의 숲에서 지렁이를 발견하기란 아직 쉬운 일은 아니다. 그러나 시간문제다. 텃밭을 가꾸다 나오는 지렁이를 한곳에 모았다가 주말이면 북극곤들매기 낚시를 떠나는 키루나와 아비스코의 주민이 낯설지 않게 되는 날이 머지않았다.

팬데믹과 알래스카의 지렁이

2018년 초여름, 미국 국립과학재단이 알래스카의 침입 지렁이 현황을 조사할 연구비를 제공하겠다는 기쁜 소식을 알려왔다. 부랴부랴 팀과 여행 일정을 꾸렸고, 에이드리언과 타일러 바우만은 두 달 동안 지렁이를 찾아 알래스카를 헤집고 다녔다. 알래스카 연구의 첫 테이프만을 끊고 가을 학기 수업을 가르치러 미네소타로 돌아와야 했던 나는 신경이 온통 에이드리언과 타일러로부터 오는 일일 보고에 가 있었다. 둘이 수어드반도의 놈Nome에 위치한 필그림 온천으로 들어갈 즈음엔 수업도 제치고 날아가고 싶은 충동에 시달렸다.

육로로도 닿지 않는 놈을 목적지로 잡은 까닭은 알래스카 페어뱅크스대학교의 박물관장이자 곤충학자인 데릭 사이크스가 놈 캠퍼스의 생물학자인 클라우디아 이힐이 지렁이 표본을 보낸 적이 있다며 다리를 놓아주었기 때문이었다. 이누피아트Iñupiat 원주민의 땅이었던 베링해협 동쪽 해안가에 위치한 놈은 1898년 여름 금광을 발견하면서 1900년 무렵엔 인구 1만을 넘는 알래스카 최대 도시가 되기도 했다. 연구 활동 허가를 받으러 시트나수악Sitnasuak 원주민 지자체에 전화를 걸었을 때, 전화기 건너편의 목소리들은 모두 의아해했다. "정말요? 지렁이 여기 안 살아요. 한 번도 본 적이 없어요." 클라우디아에 따르면 엄청나게 눈이 많이 내리고 예년보다 따뜻했던 2017년 겨울이 지난 후 유럽 지렁이가 갑자기 나타났다고 한다. 우리 팀이 놈에 도착한 후 보낸 첫 소식은 공항 활주로에 선 사향소 때문에 숙소 도착이 지연되었다는 것이었고, 다음 소식은 좁은 에어비앤비를 같이 쓰게 된 금 채굴업자들이 밤새 술 마시고 떠들며 거실을 독차지해 작업하기도 쉬기도 어렵다는 걱정스러운 내용이었다.

클라우디아, 에이드리언, 그리고 타일러는 놈에서 작업을 마치고 필그림 온천으로 떠났다. 비포장 길은 얼고 녹고 하면서 무너지고 파이고 부풀어올라, 70킬로미터 길을 가는 데 세 시간이나 걸렸다고 했다. 고립무원의 툰드라 복판에 놓인 온천에는 목적지인 버려진 고아원이 있었고, 고아원은 우리의 작업을 20세기 초반의 팬데믹과 이어주었다.

1918년 10월 20일 시애틀에서 출발해 놈에 도착한 빅토리아호는

베링해가 얼어붙기 전 도착한 그해의 마지막 배였다. 증기선에는 전 세계를 죽음으로 몰고 가던 스페인 독감 바이러스가 함께 타고 있었다. 배는 5일 동안 놈 앞바다에서 격리를 시행했지만, 얼어붙는 바다, 절실하게 급한 수송 물자, 고갈되는 선상의 식량으로 적절한 선에서 타협이 이루어졌고, 결국 바이러스는 상륙하고 말았다. 바이러스는 오랜 세월 고립되어온 원주민에게 특히 가혹했다. 놈에서만 300명의 원주민 중 176명이 목숨을 잃었으며, 수어드반도에 흩어진 마을에서는 사망률이 60퍼센트에 이르기도 했다.

팬데믹이 지나자 고아가 넘쳐났다. 고아 중 일부는 필그림 온천에서 예수회가 운영하던 고아원으로 옮겨졌다. 20세기 초 금광 냄새에 취해 들어온 백인들이 온천을 차지해 집을 짓기 전, 필그림 온천은 원주민에게 목욕탕이기도 했고, 지열로 녹은 땅은 장작으로 쓸 자작나무와 미루나무를 키워냈다. 1917년 한 사업가가 온천 주위 땅을 사들여 기부함으로써 가톨릭교회의 재산이 되었다. 온타리오의 농장에서 자란 예수회의 벨라민 라포천 신부는 고립된 툰드라의 복판에서ㅡ황금이라면 못 할 것이 없는 백인들한테서 멀리 떨어져ㅡ농사와 목축으로 식량을 자급하는 원주민 학교와 고아원의 설립을 꿈꾸었다. 텃밭은 고아원의 부록이 아닌 최우선 과제였다. 1918년 입주 첫해 봄부터 콜리플라워, 순무, 사탕무, 케일, 양배추, 감자와 같은 냉지 채소를 재배하는 것 외에도 건초를 만들어 소와 염소를 키웠다고 한다. 같은 해 초겨울 팬데믹이 들이닥쳤고, 시설이 턱없이 부족했음에도 밀려 들어오는 고아를 받았다. 고된 일에도 불구하고 그들

그림 7-8 필그림 온천에서 지렁이 채취 중인 타일러. 버려진 성당과 고아원 건물이 보인다.

은 이듬해 5월 14일 때를 어기지 않고 밭을 갈고 보리, 콩, 감자를 심었으며, 밭일은 고아원이 문을 닫은 1941년까지 계속되었다.

지열로 따뜻해진 흙과 외지인이 들어와 갈고 가꾼 밭. 필그림 온천의 역사를 들었을 때 떠오른 조합이었다. 만약 툰드라 한복판 고립무원의 땅에서 유럽산 지렁이가 산다면 바로 거기일 수밖에 없었다. 에이드리언과 타일러는 텃밭이었던 고아원 주변의 흙에서 생태계에 파괴적인 유럽 지렁이 종의 하나인 아포렉토데아*Aporrectodea spp.* 지렁이가 밀집해 있음을 발견함으로써 우리의 가설을 증명했다. 아포렉토데아는 버려진 밭에서 우글거렸지만, 밭이 끝나고 숲이나 툰드라가 시작하는 곳에서는 자취를 감추었다. 에이드리언과 타일러는 놈으로 돌아오는 길에 사냥한 무스 두 마리를 싣고 이동하는 그린 씨 가족을 만났다고 전했다. 그린 가족은 고아원이 이미 수십 년간 버려져 있던 1965년부터 10년 동안 필그림 온천에 살면서 채소 농사를 지었다고 한다. "우리가 처음 농사지을 때도 지렁이가 있었어요." 그린 가족의 증언은 지렁이가 예수회 고아원 시절로 거슬러 올라간다는 우리의 임시 결론에 힘을 더했다.

2010년 성 추문에 휘말린 페어뱅크스의 가톨릭교회는 재개편의 목적으로 필그림 온천을 원주민의 협력회사인 우나투크Unaatuq에 팔았다. 회사는 극지의 관광지로 온천을 다시 태어나게 하겠다는 계획을 추진 중이다. 소유지가 바뀐 것도 관광지가 된다는 것도 안중에 없을 아포렉토데아 지렁이의 앞날에는 어떤 운명이 놓여 있을까? 에이드리언과 타일러가 그린 가족을 만났을 때, 그들은 화가 나 "망할 놈의 비버 놈들! 덫을 놓아 없애버려야지!" 벼르고 있었다고 했다. 기후가 따뜻해지면서 툰드라까지 진출한 비버들이 댐을 쌓아 강이 넘치면서 오랫동안 가꾼 밭이 물에 잠겼기 때문이다. 클라우디아가 지렁이가 갑작스럽게 출현한 이유로 지목한 따뜻하고 눈이 많은 겨울 또한 앞으로 더 빈번해질 것이라고 한다. 기후변화와 함께 북으로 북으로 영토를 확장하는 비버처럼, 먼 유럽에서 온 아포렉토데아 지렁이도 버려진 고아원의 버려진 밭을 넘어 툰드라로 진격하는 날이 곧 오지 않을까?

아시아에서 온 침입자

미네소타 수달꼬리반도의 숲은 아메리카 원주민인 오지브웨Ojibwe 부족의 땅이었다. 지역을 관리하는 부족에게 연구 허가를 받는 과정에서 한 오지브웨 사람이 신디에게 이렇게 말했다고 한다. "그렇죠? 우리는 알고 있었어요. 할아버지께서 지렁이가 백인과 함께 들어왔다고 하셨거든요." 낚시질과 정원 가꾸기를 징검다리 삼아 지렁이가 구석구석을 파고들기 전의 일이다. 백인이 유럽에서 아메리카 대륙으로 대규모 침략과 이민을 병행할 때, 유럽인들과 함께 들어온 것 중에는 유럽산 지렁이도 있었다. 돼지와 타로, 빵나무를 배에 싣고 새로운 섬을 향해 노를 저어 떠나는 폴리네시아 사람들처럼, 유럽의 농부 또한 기름진 땅을 꿈꾸며 아메리카 대륙에 고향의 가축, 작물, 모종을 싣고 왔다. 가축의 발톱 사이에 끼인 흙, 작물의 뿌리에 붙은 흙, 모종을 심은 화분 속의 흙. 이민자와 함께 유럽에서 건너온 흙은 유럽산 지렁이를 품고 있었을 것이다.

  지렁이가 백인과 함께 들어왔다면, 오지브웨 사람들은 지렁이를 뭐라고 부를까? 빙하를 겪은 오대호를 중심으로 살던 오지브웨어 사용자들은 지렁이를 본 적도 없었을 테니 이들에게는 '지렁이'라는 말 또한 없지 않았을까? 오지브웨 언어 또한 지렁이가 백인을 따라왔음을 반영할까? 미네소타대학교 아메리칸 인디언학과의 오지브웨 언어 연구자인 존 니콜스 교수를 찾아갔다. "아! 그랬군요. 지렁이가 외래종이었군요. 이제 모든 게 이해가 돼요. 오지브웨 말에 지렁이를 칭하는 단어가 없는 것이 늘 의아했어요." 가령 캐나다 국경에서 인터뷰한 오지브웨어 사용자가 "길게 꼬인 애벌레"(오지브웨 말을 영어로 음차하면 moose gaa-ginwaabiigizid)라는 긴 구절로 지렁이를 가리키더라고 했다. 존에 따르면 핵심 명사에 형용사들을 붙여 외래종을 가리키는 경우가 흔하다고 했다. 그런데도 존 또한 지렁이가 침입종이라고는 생각도 안 해봤다고 했다.

2020년, 동료 연구자인 리 프렐리히가 보여줄 게 있다며 나를 학생회관 앞 은행나무로 끌고 갔다. 멀치[20]를 걷자, 가운뎃손가락만 한 살찐 지렁이들이 바글바글했다. 익숙한 유럽 지렁이들보다 유선형이고 우윳빛 선명한 클리텔리움이 몸의 앞쪽으로 더 당겨져 있는 이들은 손에 올려놓으면 몸부림을 치면서 점프를 했다. 한국, 일본, 중국이 원산지로 '점핑웜'이라고 불리는 아민사스 지렁이 *Amynthas spp.*가 미네소타에 도착한 것이다. 이후 아민사스 지렁이는 미네소타 곳곳에서 발견되었고, 우리는 미네소타 식물원을 중심으로 점핑웜을 연구하기 시작했다. 아민사스 지렁이를 볼 때면 가끔 10여 년 전의 일이 떠올라 웃게 되곤 한다.

미네소타의 지렁이 침입 및 생태적 충격을 최초로 연구한 신디 헤일을 처음 만났을 때의 일이다. 신디는 사려 깊게도 나를 지역의 공원 관리자와 산림 관리인들에게 소개해주었다. 20여 명이 한 방에 모인 것으로 기억한다. 유럽산 침입 지렁이 이야기가 한풀 꺾이면서 대화의 주제가 아시아산 침입 지렁이(점핑웜)로 옮겨갔다. 미네소타보다 더 따뜻한 미국 동부의 워싱턴 DC 주변에는 토착 지렁이와 유럽산 지렁이에 이어 아시아산 침입 지렁이가 들어왔고, 초기 관찰자들의 입에서 입으로 이야기가 전해지고 있었다. "이제 더 파괴적인 지렁이가 오고 있어요. 이건 아시아에서 왔다고 하네요." "유럽산 지렁이도 아시아 지렁이 앞에선 맥을 못 춘대요." "아시아 종들이 독해서 유럽 종을 다 갈아치울 수도 있다고 해요." 방 안의 20명 중, 나 혼자만 아시아인이고 나머지는 모두 백인이라는 사실이 갑자기 신경이 쓰였다. 내가 불편할 수 있겠다고 걱정이 되었는지, 신디가 내 어깨에 손을 걸치면서 대화에 끼어들었다. "여기 경수처럼 좋은 아시아인도 있어요." 신디의 착한 마음은 고마웠으나, 뭔 말을 해야 할지 눈앞은 더 깜깜해졌다.

밟으면 꿈틀한다

알래스카 내륙 델타정션에서 만난 아마추어 정원사들은 우리의 작업에 지극한 관심을 두고 도와주었다. 지렁이가 있을지 모른다며 우리를 친히 데리고 다니기도 하고 자기네 집 뜰로 초대하기도 했다. "왜 여기 지렁이가 있을 거라고 생각하세요?" "작년에 친구가 가져온 지렁이를 제가 직접 넣었거든요!" 예쁜 정원을 유지하는 생태적인 방법으로 지렁이를 떠올리고 실천에 옮긴 사람은 한둘이 아니었다. 지렁이를 도입하려는 지속적인 노력에도 불구하고, 델타정션에서 우리의 지렁이 찾기는 퇴비 더미 밑에서 영향력이 미미한 덴드로

바에나를 발견하는 것으로 끝났다.

　페어뱅크스에서 북극해에 이르는 돌턴 고속도로 변에 위치한 인구 14명의 와이즈먼에서는 광산이 흥하던 시절 주민들이 가꾸던, 이제는 버려진 감자밭이 숲으로 덮여 있었다. 남은 주민들은 그 숲에서 지렁이를 본 사람이 있다고 알려주었다. 네 살 때부터 와이즈먼에서 자란 리코프 씨는 페어뱅크스에서 방문한 동생이 지렁이를 가져와 텃밭에 넣었다고 했다. 숲이 된 감자밭에서도 리코프 씨의 텃밭에서도 지렁이는 보이지 않았다. 알래스카 놈에 사는 생물학자 클라우디아는 하늘을 뚫고 올라가는 식료품 비용 때문에 알래스카의 외진 산간벽지에서도 텃밭에 관한 관심이 높아지고 있으며, 두엄을 만들려는 사람들은 이미 온라인으로 지렁이를 주문해왔다고 했다. 모든 증언에서 지렁이의 부재는 극지살이가 감당해야 할 아픔처럼 들렸다.

　극지에서 정원과 텃밭을 일구고 싶은 사람들의 수는 더욱 늘어날 전망이다. 2017년 액화천연가스를 취급하는 러시아의 화물선, 크리스토프 데 마제리호가 최초로 쇄빙선의 도움 없이 북극항로를 통과했다. 노르웨이에서 출발해 19일째에 대한민국에 도착함으로써 수에즈 운하를 통하는 것보다 운송 시간을 30퍼센트나 줄였다. 블라디미르 푸틴 러시아 대통령은 "북극을 여는 큰 이벤트"라며 이 사건을 홍보했다. 기후 온난화로 2050년이면 보통의 화물선도 북극해를 지날 수 있을 거라고 한다. 태평양과 대서양이 북극해로 연결되면, 수에즈 운하나 파나마 운하를 지나야 할 필요의 많은 부분이 없어질 것이다. 북극해를 둘러싼 알래스카, 캐나다, 그린란드, 스칸디나비아, 그리고 러시아의 해안에 항구도시가 건설되고, 지난 세기 초 아비스코의 철도가 열렸을 때처럼 사람들이 들어올 것이다. 이들은 따뜻한 고향이 그리워서 아니면 비싼 채소 값을 견디지 못해 정원과 텃밭을 가꾸다가 자기도 모르는 사이에, 때로는 각고의 노력 끝에 지렁이를 모셔올 것이다. 새로운 도시들의 스포츠 상점과 여행사들은 레크리에이션을 찾는 주민과 방문객에게 극지 낚시의 맛을 알리려 최선을 다할 것이다. 극지에 첫 문을 연 월마트의 한쪽 구석에 가면 윙크를 보내는 지렁이 포스터가 붙은 냉장고에서 한 캔에 4달러짜리 지렁이를 살 수 있을 것이다.

지렁이 찬가를 부르는 사람들의 반대편에서 나는 지렁이 공부를 해왔다. 지렁이가 밭에서 구멍을 내 흙을 느슨하게 만들고 물과 공기가 흐르도록 한다고 할 때, 난 반대의 현상을 목격했다. 지렁이의 침입과 함께 미네소타, 알래스카, 스웨덴 숲의 흙은 솜처럼 푹신하고 물과 공기가 잘 빠지는 구조에서 광물질의 단단하고 압축된 구조로 변모했다. 지렁이가 유기물과 영양분의 순환을 도와 작물의 성장을 돕는다고 할 때, 나는 옛 빙하지대의 숲에서 지렁이의 침입으로 수백 년 쌓여온 영양분이 몇 해 만에 손실되는 것을 눈으로 보고 기록했다. 지렁이가 비옥한 흙을 가꾸어낸다고 할 때, 나는 침입 지렁이로 삶의 터전을 잃는 토종 식물과 동물을 보았다. 지렁이를 적극적으로 활용해 흙을 살리고 쓰레기를 줄이자는 주장을 들을 때, 나는 지렁이들이 지금 있는 곳에서 지금 하는 일만을 잘하기를 바랐다.

지렁이가 스스로 확장하는 속도가 한 해에 단지 5~10미터라는 점, 극지의 지렁이들은 사람을 타고 장거리를 이동해왔다는 점. 이 두 가지를 생각하면, 사람이 생각과 행동을 바꿀 수 있다는 것은 희망의 이유가 된다. 델타정션에서 만난 아마추어 정원사들은 우리의 작업을 귀 기울여 듣고 이해한 후 지렁이가 침입종임을 동료들에게 알리려고 나섰다. 페어뱅크스, 앵커리지, 주노 등 각지에 있는 알래스카대학교에서 환경 또는 농업 교육을 지원하는 교수와 과학자들은 수업이나 지역 단체를 통해 지렁이 문제의 본질을 알리고 대책을 토의하기 시작했다. 유럽산 지렁이에 이어 아시아산 지렁이(점핑웜)의 두 번째 파고를 넘고 있는 미네소타 및 여러 주의 연구자와 공무원 그리고 시민은, 유럽산 지렁이를 막지 못한 경험을 토대로 점핑웜의 이동 경로를 파악해 그에 맞는 관리와 규제 방법을 찾아내려고 노력 중이다.

지렁이가 사람들이 찬가를 부르게 할 만큼 흥미롭고 매력적인 존재라는 사실은, 나도 놀랐지만 지렁이 침입의 심각성을 알리는 데

그림 7-9 한국, 중국, 일본 등 동아시아가 원산지로 미국에서는 침입종인 점핑 지렁이와 점핑 지렁이가 만들어내는 흙 알갱이들.

도 큰 도움이 되었다. 대학 강의실에서도, 대학원생들과의 야외 조사 때도, 초등학교에 방문했을 때도, 희끗희끗한 머리의 학부모들이든 미네소타주 박람회에서 만난 가족들이든, 침입 지렁이 이야기만 나오면 집중력이 올라갔다. 내가 지렁이 연구를 계속하는 가장 큰 이유도 사람들이 지렁이 이야기를 좋아한다는 데 있다. 다른 연구로 30분을 떠들고 마지막 5분에 지렁이 이야기를 잠깐 선보이기만 해도, 사람들은 지렁이에 대해 질문도, 나누고 싶은 경험도 많았다. 지렁이가 가진 스타성이 부디 우리의 생각과 행동을 바꿀 계기가 되기를 바란다.

겨자 칵테일로 지렁이 잡는 법, 지렁이의 식성, 간단한 지렁이 종 식별법을 배운 학생들은 세상을 점령할 듯한 침입 지렁이와 그런 침입 지렁이를 따라 세상을 돌아다닌 교수의 이야기를 최고의 집중력을 보이며 들었다. 학생들을 돌려보내며 지렁이를 얕잡아 보면 안 된다고 말했다. 물론 내 고향의 속담을 덧붙였다. "지렁이도 밟으면 꿈틀한다."

8

흙의 몸

벗겨지고 갈리고 부서지는

손은 마주 잡을 수 있지만, 몸은 손에 쥘 수 없다. 대신 마주 대할 수 있다. 한 줌의 흙을 손에 쥘 수 있지만, 흙의 몸을 마주 대하려면 삽질이라는 고단한 노동을 끝내고 흙구덩이에 들어가야 한다. 단단한 지각 위에 있는 듯 없는 듯 얇게 얹혀 있는 예민한 흙의 몸을 볼 때, 지구란 바람 잘 날 없이 불안정한 곳임을 묵상하게 된다. 흙의 몸은 태어나기도 하고 죽기도 한다. 흙이 죽고 새 흙이 태어나는 전환은 화산 폭발 같은 격변에 동반되기도 하고, 강이 조각하는 땅의 모양에 따라 흙이 만들어지고 침식당하듯이 소리 없이 이루어지기도 한다.

> 맨 처음, 너무나 어려 나 자신에게마저도 철저한 이방인이었던 나는 간신히 존재할 뿐이었다.
>
> _메리 올리버, 〈상류 Upstream〉

흙의 몸

'흙'이라는 한 글자의 매력적인 단어 대신 굳이 '흙의 몸'이라고 쓰는 까닭은 흙이 우리 몸과 같다는 점을 강조하고 싶어서다. 우리는 태어날 때 몸을 가짐으로써 물리적 공간을 차지한다. 몸이 밀어내는 공간의 모양과 크기는 몸의 성장과 노화에 따라 변하다가 끝내는 몸의 죽음과 부패로 사라진다. 흙의 몸도 그렇다. 흙의 몸은 우리가 늘 밟고 다니는 거기를 차지하고 있다. 그 몸은 겉으론 견고해 보이나, 실은 절반이 텅 비어 있다. 비어 있지 않다면 흙의 숨이 들고 날 수도 없겠거니와, 빗물이 들어 젖을 일도 없고, 그러니 햇볕에 마를 일도 없는 몸이었을 것이다. 기체 분자와 물이 비율을 바꾸며 들락거리는 구멍들을 뺀 나머지 흙의 몸은 광물과 유기물질 그리고 살아 있는 것들로 차 있다.

사람의 손은 마주 잡을 수 있지만, 사람의 몸은 손에 쥘 수 없다. 대신 마주 대할 수 있다. 한 줌 흙을 손에 쥘 수 있지만, 흙의 몸을 마주 대하려면 삽질이라는 특별한 노동을 해야 한다. 삽질이 처음으로 부딪히는 땅거죽과 대기의 경계에서 흙의 몸은 시작한다. 삽으로 흙의 피부를 찢고, 팔과 허리와 상체를 받친 두 다리의 힘으로 삽을 흙바닥에 꽂고, 비틀고, 들춰내 구덩이 밖으로 던지길 반복하자. 한 시간, 두 시간, 세 시간. 큰 키를 가진 당신의 몸이 아픈 허리를 펴고 일어서고도 구덩이 속에 여전히 잠겨 있을 때, 한 바퀴 돌아보자. 당신의 몸을 마주 대하고 있는 것이 바로 흙의 몸이다.

태어나 처음으로 아무런 사전 교육 없이 흙구덩이에서 30분을 보

그림 8-1 흙구덩이에 들어가 토양층을 조사하는 지은이. 흙의 몸을 마주하고 있다.

낸다면 가장 먼저 눈치챌 '흙의 몸'의 특징은 층위다.[1] 사랑하는 사람과 맨몸으로 마주할 때를 떠올려보자. 눈과 감촉으로 느껴지는 그 사람의 몸은 머리카락에서 눈·귀·코·입술·목·어깨로 흐르고, 발가락 끝에서 시작하는 그 사람의 몸은 발가락·발·발목·종아리·무릎으로 오른다. 흙의 몸도 대기와 접촉하는 표면에서부터의 거리에 따라, 밑을 깔고 있는 암석으로부터의 거리에 따라 눈으로 볼 수 있는 색깔과 손으로 느낄 수 있는 입자의 크기가 변한다. 층위 사이의 다름은 발견하기 어려울 정도로 점진적일 때도 있고, 그 경계가 자로 그은 듯 급작스럽고 분명할 때도 있다. 토양학자는 층위를 표면에서부터 아래로 깊어지는 순서에 따라 A, B, C 등으로 나눈다. 가령 A층은 유기물질과 무기 광물이 섞인 층으로, 유기물 함량이 높을수록 검은색을 띤다. 내가 본 B층의 색깔만 말하자면, 갈색·노란색·빨간색·주홍색·보라색·회색, 심지어 환원된 망간이 햇빛을 반사하며 내는 금속성 청색까지 있었다.

  층위가 또렷이 나뉜 흙의 몸에서 시루떡 같은 퇴적층을 떠올린다면 그것은 잘못 연상한 것이다. 퇴적층은 깊어질수록 더욱 오래된 것이지만, 사람의 머리가 신체의 모든 부위 중 가장 나중에 생겼다거나 따로 독립된 것이라고 할 수 없는 것처럼 흙의 층위는 서로 동시대적이고 유기적으로 연결되어 있다. 층위는 한 줌의 흙이 결코 보여줄 수 없는 '흙의 몸'이 가진 고유의 특성이다. 흙을 '흙'이라 하지 않고 굳이 '흙의 몸'이라고 표현할 때는, 우리 몸과 같이 위아래로 변하면서 연결된 수많은 성질을 지닌 물질과 공간의 집합체로서의

그림 8-2 흙의 몸. 한 줌의 흙으로는 상상할 수 없는 흙의 몸.

흙을 떠올리자.

   흙의 몸은 어디나 있지만, 태평양의 화산섬 하와이와 사모아를 시작점으로 삼고자 한다. 화산섬의 단순성을 이용한 멋진 연구들 덕분이다. 흙 공부를 시작할 무렵 상상력을 자극했던 이 연구들 덕분에 나 또한 하와이에서 연구할 기회를 꿈꾸었다. 그러나 정작 하와이에 첫발을 디딘 것은 한참 후의 일이었다. 2012년 물을 연구하는 미국과 일본의 학자들이 10년을 주기로 여는 학술 교류에 토양학자로 참석했고, 마침 장소가 호놀룰루였다. 대학원 기초토양학 수업을 하고 있을 때여서 학생들에게 두 번의 수업을 거른다고 양해를 구했다. 하와이 여행이 처음이라는 내 말에 한 학생이 손을 들었다. "하와이에 대해 가르쳐주신 것들이 너무 생생해서 하와이에 100번도 넘게 다녀오신 줄 알았어요." 그로부터 8년 후, 고고학 팀의 일원으로 하와이와 여러모로 비슷한 사모아에서 흙을 파게 되었다. 사모아에서의 삽질을 통해 흙의 몸은 내게 더욱 생생하게 다가왔다.

움직이는 하와이

태평양 바닷물을 빼내고 하와이 열도를 살핀다면 하와이의 빅아일랜드에서 시작하여 북서쪽 러시아의 캄차카반도까지 6000킬로미터를 가지런히 줄지어 선 거대한 산들을 보게 될 것이다. 다시 바닷물을 채우면 대부분은 물속으로 잠기고 남동쪽 끝의 산들만이 바닷물 밖으로 목을 내밀 텐데, 이들이 우리가 아는 하와이다. 남동쪽 끝

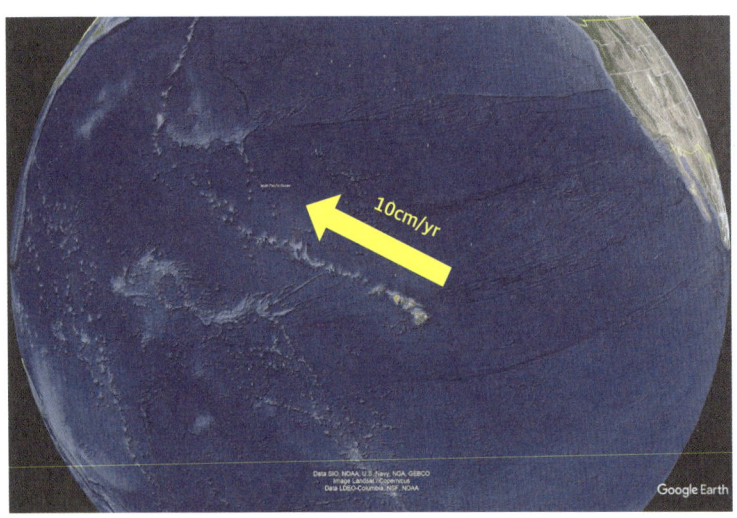

그림 8-3 하와이 열도와 태평양판의 움직임.

에 달린 섬이 빅아일랜드이고, 거기서부터 북서쪽으로 마우이, 몰로카이, 오아후, 카우아이섬이 순서대로 늘어서 있다. 지도를 보면 가장 큰 빅아일랜드부터 북서쪽으로 가면서 섬들은 작아지다가 결국은 바닷속에 잠겨버린다. 니호아, 네커, 가드너, 마로, 미드웨이 등등을 하와이 열도의 지명으로 들어본 사람은 몇 없을 것이다. 둥그런 산호초로 물 위에 간신히 턱걸이하거나 해저의 산으로 가라앉은 섬들은 한결같이 우리가 아는 하와이 열도의 북서쪽에 자리 잡고 있다. 반대로 화산이 살아 활동하는 빅아일랜드와 마우이는 남동쪽 끝에 자리 잡았다.

하와이 열도의 이러한 배치는 우연이 아니다. 첫째, 하와이의 섬들은 모두 대륙에 비해 얇은 해양지각을 뚫고 맨틀로부터 마그마가 분출하는 지점인 열점hot spot에서 태어났으며, 이 열점에 위치한 빅아일랜드는 열점을 통해 뿜어 나오는 용암으로 몸덩이를 불려가는 중이다. 둘째, 하와이 열도가 올라탄 해양지각인 태평양판은 마그마의 대류를 타고 북서쪽으로 이동 중이다. 속도는 연간 10센티미터! 태평양판이 고정되어 있다면, 하와이는 열도가 아니라 단 하나의 거대한 섬으로 끝났을 것이다. 용암이 여러 섬으로 분산되지 않고 집중되어 마우나로아산은 대기권을 뚫고 성층권에 도달해 에베레스트산을 가볍게 제치고 태양계 행성의 가장 높은 산인 화성의 올림푸스산(높이 2만 1287.4미터)과 경쟁하고 있을 것이다. 섬을 창조하는 고정된 열점 그리고 화산 활동이 주춤할 때마저도 멈추지 않고 북서쪽으로 이동하는 태평양판이 만들어낸 결과물이 하와이 열도다.

연 10센티미터의 속도를 기준으로 북서쪽으로 늘어선 하와이 열도를 보면, 350킬로미터 북서쪽에 있는 오아후(호놀룰루가 있는 섬)가 열점을 떠난 지 300~400만 년이라는 계산이 나온다. 우리는 이렇게 이미 나이순으로 줄 서 있는 하와이의 섬들에 정량적인 나이를 대충 매길 수 있다.

흙의 나이

식은 용암이 굳어서 만들어지는 현무암은 하와이에서 크게 두 가지로 나뉜다. 하나는 거친 돌덩이들이 이어지다 말다 한 것 같은 '아아$_{aa}$'이고, 다른 하나는 엿가락같이 매끄럽게 흐른 '파호이호이$_{Pahoehoe}$'이다. 용암이 꾸역꾸역 흐르다 액체에서 고체로 굳어버려 무엇 하나 살아 숨 쉬는 구석이라고는 보이지 않는, 삭막하다 못해 검고 흡사 장애물을 놓은 듯한 것이 아아 용암이고, 햇빛이 비치면 방금 뽑은 테슬라의 범퍼처럼 반질반질한 것이 파호이호이 용암이다. 이들 현무암의 표면이 '타임 제로$_{time\ zero}$'의 흙, 즉 지금 막 탄생하는 흙이다. 흔히 새로운 용암이 땅거죽을 덮었다고 하지만, 흙의 탄생을 음미하기 위해서는 이 표현을 다음처럼 가다듬을 필요가 있다. 용암이 기존의 땅거죽을 덮어버렸고, 용암이 굳으면서 생긴 현무암 자신이 새로운 땅거죽이라고.

용암이 굳은 현무암의 표면은 새로운 땅거죽 자체이지만 물질로서는 마그마에서 생성되었다. 마그마와 땅거죽 사이에는 두 가지 큰 반전이 있다. 130억 파스칼의 압력에서 만들어진 물질이 순식간에 대기압(10만 1325파스칼)에 놓이는 반전, 그리고 섭씨 1500도에서 만들어진 물질이 갑자기 대기 온도에 놓이는 반전이다.[2] 이것도 모자라 더욱 심각한 반전 몇 개를 추가해야만 한다. 용암은 대기의 20퍼센트를 이루는 강력한 산화제인 산소를 처음으로 맞대야 한다. 산소는 현무암 광물에서 산소, 규소, 알루미늄에 이어 네 번째로 많은 철과 결합해서 그들의 전자를 빼앗는데, 전자를 도둑맞고 부피가 작아진 철은 탄탄했던 결정 구조가 헐거워져 튀어나오게 된다. 산소와 만난 광물이 찢어지는 과정이다. 대기의 이산화탄소가 녹아들어 약산성을 띤 빗물 또한 처음 만나게 되는 만만찮은 상대이다. 광물 표면에 드러나 있던 칼슘, 마그네슘, 칼륨 등의 양이온 또한 작고 좀 더 밀집된 양이온을 가진 수소 이온에 채여나가 현무암 속 광물들의 붕괴를 재촉한다.

현무암은 또한 끊임없이 찾아드는—역시 마그마에서는 없었던—박테리아, 곰팡이, 식물의 씨앗, 그리고 동물의 습격에 무차별 노출되어야 한다. 살아 있는 것들은 현무암을 후벼파고 헝클며 생화학 공격을 가함으로써 광물의 결정구조 안에 있던 원소와 이온을 영양물질이라는 이름으로 약탈한다. 급격한 물리적·화학적 변화 그리고 생물계라는 새로운 차원으로의 진입이 땅거죽에 놓인 현무암이 맞닥뜨린 현실이다. 붉게 끓는 용암으로 가득한 마그마가 인간이 상상할 수 있는 지옥이라면, 용암의 입장에서 볼 때 땅거죽은 열역학

그림 8-4 이전의 흙을 덮어버린 용암은 흙의 타임 제로다(위). 50년만 지나면 용암 위에 식생이 자리 잡기 시작한다(아래). 하와이 빅아일랜드.

적 예언이 현실화한 지옥 자체라고 할 수 있다. 열역학적 지옥인 땅 거죽에서 현무암은 다른 무엇으로 변하지 않을 수 없다. 그 다른 무엇을 우리는 흙이라고 부른다. 땅거죽이 새로 형성된 때가 곧 흙의 생일이며, 땅거죽의 나이가 곧 흙의 나이인 셈이다.

흙이 태어나는 것이라면 죽기도 하는가? 죽는다면, 흙을 죽이는 것은 누구인가? 흙이 죽느냐 아니면 죽지 않고 지구와 더불어 끝까지 가느냐에 따라 흙의 나이를 대하는 우리의 태도는 달라질 수밖에 없다. 역설적이게도 흙을 죽이는 것은 흙을 태어나게 한 바로 그것이다. 빅아일랜드에서는 용암이 길을 바꾸거나 화산재가 덮쳐, 하룻밤 사이에 동네 슈퍼마켓 뒤의 초지나 숲이 생명 신호가 깔끔히 거세된 현무암 거죽으로 대체되기도 한다. 용암은 흙의 학살자이자 흙의 타임 제로가 된다.

빅아일랜드의 북서쪽 바다로 삐쭉 튀어나온 사화산 코할라의 한쪽에서는 용암의 흐름이 멈춘 지 60만 년이 지났다. 거기에 가면 딱 그만큼 나이를 먹은 흙을 만날 수 있다. 새롭게 땅거죽이 생성되는 마우나로아산과 60만 살을 먹은 땅거죽인 코할라 사이에는 다양한 연령대의 흙이 있다. 지금까지 과학자들이 찾아낸 흙의 나이, 즉 가장 최근에 용암이나 화산재에 덮인 시간은 마후코나의 60만 년, 후아랄라이[3]의 40만 년, 마우나케아의 20만 년 등이다.

빅아일랜드를 벗어나 북서쪽의 섬들로 시야를 넓혀보자. 이웃한 마우이의 흙은 남동쪽에서는 120만 살, 북서쪽에서는 150만 살에 이른다. 몰로카이에서는 180만~200만 살까지의 흙을 볼 수 있다.

오하우에서는 260만~300만 살, 마지막 카우아이섬과 니하우섬에 이르면, 흙의 나이는 400만~500만 살에 달한다.[4]

500만 살! 하와이에서 이보다 더 나이 먹은 흙을 찾을 수는 없다. 노력하면 찾을 수 있을지도 모른다? 그런 뜻이 아니다. 카우아이 너머의 섬들은 500만 년 이상 지속된 침하와 침식에 몸을 내주고 이내 물속으로 가라앉았기 때문에 지상에 존재할 수가 없다. 흙을 삶과 죽음의 역동성을 보여주는 배우라고 상상한다면, 섬은 곧 무대다. 배우도 등장하고 사라질 때가 있듯, 무대 또한 그러할 뿐이다.

개울이 없는 섬

배우로서의 흙과 무대로서의 섬을 이으려면 개울, 시내 또는 강이 필요하다. 이들은 모두 이름에 상관없이 흐르는 물줄기를 뜻하지만, 산이 많은 작은 섬의 능선에서 계곡을 바라보는 시점에서 이야기를 진행할 것이므로 개울에서 이야기를 시작하자. 《연세현대한국어사전》에 따르면, 강은 넓은 땅을 건너질러 바다, 호수 또는 다른 강으로 흘러 들어가는 자연 상태의 넓고 긴 물줄기이며, 개울은 골짜기나 들에 흐르는, 시내보다 크고 강보다 작은 물줄기이다. 마지막으로 시내는 크지 않은 개울을 뜻한다. 사모아와 하와이의 섬들에서 볼 수 있는 물줄기에는 '개울'이 가장 적절한 표현이다. 하려던 이야기, 즉 배우와 무대를 이어주는 에이전트로서 개울로 돌아가기 위해

그림 8-5 타우섬의 남쪽 수직에 가까운 절벽은 화산 분화구가 붕괴하면서 만들어졌다. 노란 점선은 루아텔레 분화구에서 흘러내린 부채꼴 모양의 용암지대로 우리 팀의 연구지였다.

잠시 사모아에 들르자.

남태평양 사모아 제도의 타우섬 또한 열점에서 화산 활동으로 만들어진 섬으로, 빅아일랜드처럼 젊다. 젊은 타우의 몸은 단순하고 매끈하다. 2019년 7월에 하와이대학교의 고고학자인 세스 퀸터스가 이끄는 우리 하와이-미네소타대학교 연구팀이 도착했을 때, 사모아는 건조기의 한복판에 있었지만, 섬의 가장 높은 지점인 해발 951미터의 라타산은 늘 먹구름에 가려 있었다. 1미터도 안 되는 단위로 고도를 표시하는 정교한 수치지도에도 라타산은 공백으로 남아 있었다. 항공 측량을 한다고 하와이에서 비행기가 날아온 날, 라타산을 둘러싼 먹구름의 물방울이 비행기가 쏜 레이저를 다 튕겨냈기 때문이라고 했다. 타우는 해안가의 마을만 벗어나면 열대우림이었고, 숲은 빈틈없이 초록으로 가득 차 일단 들어가면 도대체 원근감을 느낄 수 없었다. 마체테 칼을 갈지자로 휘두르며 앞서가는 동네 청년의 뒤를, 칼 맞을까 무서워 저만큼 떨어져 졸졸 따라다녀야 했다. 습하고 더운 밀림은 밀집된 식생 탓에 공기의 흐름마저 정체된 숨 막히는 곳이었다. 첫 주가 지나고 나서야 정체를 알 수 없는 이상한 느낌이 들기 시작했다. 한참을 생각해보고서야 알았다. 하루에 두 번씩 소낙비가 내리붓는데도 이상하게도 개울이 없었다.

조사지는 해발 400미터에 위치한 루아텔레 분화구로부터 부채꼴 형태로 흐른 용암지대였다. 루아텔레 용암은 그보다 먼저 섬 전체를 도배한 라타 용암 위를 흘렀는데, 루아텔레 용암의 양쪽 경계선을 따라 말라붙은 개울 바닥이 있었다. 나를 안내하던 열한 살짜리 동네 아이 프린스는 개울이 사이클론이 올 때만 흐른다고 했다. 흙 한 줌 없이 매끈한 개울 바닥은 파호이호이 현무암이었다. 프린스 말대로, 나무들을 두 동강 내놓는 사이클론이 지나갈 때마저도 개울물은 심하게 불어나지 않아서, 개울 바닥 위에 쌓이는 흙을 씻어내릴 뿐 개울 너머로 넘치지 않는 것 같았다. 개울 바닥에 앉아 옆을 보면 루아텔레 용암과 그 위로 가지런히 놓인 흙을 볼 수 있었다.

나는 의아했다. 개울에서조차 안 보이는 이 많은 빗물은 도대체 어디로 간 것일까? 내가 일했던 곳들은 모두 타우보다 훨씬 비가 적은 지역이었지만, 어김없이 개울물이 흘렀다. 타우는 세상에서 가장 습한 곳 중 하나였고 하루에도 몇 번씩 비를 맞아 옷이 마를 틈이 없는데, 개울 바닥은 말라붙어 있으니 의아해지지 않을 수 없었다. 그러나 고고학자들과의 공동 연구가 우선이었다. 한증막 같은 밀림에서 모기와 싸우며 하루 10시간 이상 일하느라 이 문제를 깊이 생각할 겨를도 없었다. 미네소타로 돌아와서야 여러 자료를 읽고 어느 정도 궁금증을 풀 수 있었다.

사모아와 하와이를 포함한 태평양과 대서양에 널려 있는 순상화산 섬에서('순상화산'의 영어명인 'shield volcano'는 완만한 경사로 넓게 퍼진 화산의 형태를 땅에 방패를 누인 모양으로 묘사한다), 개울과 강의 망이 만들어지고 계곡과 능선이 드러나는 데는 50만~200만 년의 긴 시간이 걸린다. 물길이 뚫리는 데 왜 그렇게 긴 시간이 걸리는 것일까? 그동안 섬에서는 무슨 일이 일어나는 것일까?[5]

바위보다는 흙에서 물이 더 잘 통할 것 같지만, 이것은 익숙한 짐작일 뿐이라 늘 맞는 것이 아니다. 제주도의 흔한 돌하르방, 구멍 숭숭 뚫린 현무암 돌덩이를 떠올려보라. 하와이와 사모아 열도의 현무암도 마찬가지로 엄청난 투수율을 자랑한다. 용암이 식기 전 가스와 수증기가 분출하면서 만들어진 구멍들, 빨리 식어 굳어지는 거죽과 뜨거운 내부 용암의 흐름이 분리되면서 생기는 터널, 보통 1~6미터 두께로 흐르는 용암이 겹치고 꼬이면서 사이에 생기는 공간, 용암이 가래떡 덩어리처럼 끊어질 때 생기는 틈은 모두 물이 빠져나갈 통로들이다. 빗물은 곧바로 현무암을 뚫고 지하수를 통해 바다로 새어버릴 수밖에 없다. 개울길이 열리려면 땅거죽의 낮은 곳으로 일단 물이 모여야 하건만, 물이란 물이 모조리 현무암 틈으로 새버리니, 개울물 소리가 모깃소리보다 작을 수밖에 없다.

이게 흙과 무슨 상관일까? 현무암 속의 광물은 물과 산소와 결합하고 다양한 생명체의 영향을 받으면서 크기가 2마이크로미터도 안 되는 점토 입자나 나노 단위의 산화철 같은 광물로 거듭나게 된다. 단단했던 현무암은 물러지고, 조각난 현무암 부스러기·모래·미사와 점토 및 산화철로 이루어진 흙이 현무암을 대체하고 덮어 싼다. 물 샐 틈투성이이던 현무암의 틈새가 흙으로 메꾸어지는 과정이자 땅거죽이었던 현무암 자체가 흙으로 변모하는 과정이기도 하다. 그 결과 50만~200만 년이란 세월 동안 섬 전체에 걸쳐 물의 투과율이 큰 폭으로 줄어든다. 현무암이 아닌 흙이 땅거죽의 대세가 되고 나서야, 수직으로 빠져나갈 길이 막힌 빗물들이 측면으로 비스듬히 움직여 모이고 개울물이 흐르기 시작한다.

 타우에서 루아텔레 용암이 분출한 것은 고작 2만 년 전이었다. 루아텔레 용암 위 평평한 지점에서는 두 뼘 정도만 흙을 파면 파호이호이 또는 아아 현무암이 보였고, 흙 또한 끈적끈적한 점토나 붉은 산화철이 아닌 보드라운 미사와 까칠한 모래 성분이 많았다. 급한 비탈에서는 발목 부러뜨리기 십상인 거친 아아 현무암이 흙보다 더 많은 땅거죽을 차지하고 있었다. 이 젊고 어린 흙은 물의 입장에서 보면 아직 있거나 말거나 한 것이어서, 빗물은 흙과 구멍투성이 현무암을 곧바로 통과해 지하수 단계를 거쳐 바다로 들어가고 있을 터였다. 이는 하와이의 빅아일랜드에서도 마찬가지다. 빅아일랜드의 마우나로아는 타우와 마찬가지로 순상화산이다. 점도가 낮은 용암이 천천히 흘렀기 때문에, 마우나로아의 경사도는 좀처럼 12도를 넘지 않는다. 높이로는 태산이지만, 어느 지점에서건 낮은 언덕을 오르는 이상을 느낄 수 없는 산으로, '긴 산'을 의미하는 지루한 이름에 걸맞다. 낮은 경사면을 꾸준히 끊임없이 올라야 하는 마우나로아 또한 루아텔레와 마찬가지로 가파른 상승과 하강을 반복하는 계곡과 능선이 없다.

앞으로 100만 년이 지나면 타우와 빅아일랜드는 깊은 흙이 땅거죽을 덮을 것이다. 흙의 몸은 늘어난 점토와 산화철의 함량 때문에 노랗고 붉은색을 보이고, 루아텔레와 마우나로아는 계곡들로 갈라져 개울물이 쉬지 않고 흐를 것이다. 하와이와 사모아의 화산섬에서 흙의 몸이 자라는 것은 개울과 강이 흘러 계곡과 능선을 만들어내기 위한 필요조건이다.

강의 고삐

카우아이는 타우와 빅아일랜드의 미래다. 400만 년 전 열점에 있었을 때 지금의 빅아일랜드와 크게 다르지 않았을 카우아이의 현재 모습을 대표하는 것은 반복되는 깊은 계곡과 날 선 능선이다. 사람의 주름에 1만 가지 이유가 있다면, 카우아이 계곡은 단 하나의 이유로 깊어졌다. 돌을 깎는 강물의 힘이 바로 그것이다. 빗물이 모여 경사면을 빠른 속도로 흐르면, 물과 함께 움직이는 흙과 돌이 흉기가 되어 암석을 갈고 깎는다. 카우아이의 계곡은 결국 현무암이 입은 상처의 합, 즉 침식의 누적이다. 계곡이 깊어질수록 물은 쉽게 모이고,

그림 8-6 흐르는 물이 깎은 하와이 카우아이의 깊은 계곡.

늘어난 수량만큼 거칠게 움직이는 흙과 돌은 더욱 무자비한 흉기가 된다. 계곡은 더 깊어지고, 강에서 본 산은 더욱 높아지고, 강과 능선 사이의 비탈은 더 가팔라진다. 강의 침식률은 유량과 유속에 비례하는데, 100만 년이면 작게는 5미터 크게는 250미터의 깊이를 깎아 들어간다. 400만 년이면 깊이 1000미터까지의 계곡을 파낼 수 있다.

강이 계곡을 깎는 조각가라면, 강에는 흙이 꼭 필요하다. 물만으로 현무암을 깎을 수 없기 때문이다. 강은 강물의 운동에너지를 공유하는 토사를 연장으로 쓴다. 토사는 비탈에서 침식된 흙이며, 흙은 곧 강이 부리는 연장의 원천이다.

여기서 잠깐 숨을 고르고 2개의 시나리오를 가진 사고실험 하나를 해보자.[7] 실험의 목적은 흙이 없는 조각가 강이란 상상할 수 없음을 보이는 것이다. 먼저 이런 상상을 해보자. 돌투성이 비탈에 자라던 나무가 바람에 뽑히면서 굴러 내린 돌이 강에 처박혔다. 이 돌을 맷돌처럼 굴릴 수 없는 물살이라면, 강이 계곡을 깎아 들어가는 데 돌덩이는 아무런 도움이 되지 못할 것이다. 첫 번째 시나리오의 대척점에서 비탈의 흙이 오로지 점토만으로 만들어졌다고 해보자. 강물이 아무리 세찬 운동에너지를 점토에 부여하더라도, 2마이크로미터보다 작은 가벼운 입자가 바윗덩어리에 부딪쳐 치명적 상처를 입히길 기대할 수는 없다. 이것은 달걀로 바위를 치는 것만큼이나 가망 없는 일이다. 강이 수월하게 현무암을 갈아내고 깎아내는 조각가의 능력을 갖추려면, 너무 크지도 너무 작지도 않은 적절한 크기의 입자를 가진 흙의 몸이 강 주위에 있어야만 한다.

까다로운 조건들은 흙이 강의 고삐를 쥐고 있음을 보여준다. 강의 시작도, 강이 조각가로서 지녀야 할 능력도 흙의 몸을 이루는 입자에 달렸다는 사실은 흙을 공부하는 나까지 어깨를 으쓱거리게 만든다. 그러나 자랑은 여기까지. 강에 고삐를 잡힌 흙이 바로 다음 이야기다.

창조적 파괴

하와이의 섬들이 모두 바다 위로 솟아 있어서 카우아이 북서쪽 너머에도 섬들이 있다면, 거기선 1000만 살 먹은 흙을 볼 수 있지 않았을까?

 1000만 살 먹은 흙에 관한 연구 사례를 찾으려 적잖은 시간을 쓰고 나서야 배운 것은 흙의 400만 살은 인간으로 치자면 110세 그리고 견공들의 20세라는 것이다. 110세를 넘긴 사람도 스물을 넘긴 견공도 없는 것은 아니지만, 극히 드물다. 특이한 것은 흙의 연령 분포이다. 발달한 산업국에서 인간의 평균 수명이 0세와 110세 사이의 중간보다 오른쪽으로 치우친 80세쯤이라면, 흙의 수명은 0세와 500만 세 사이에서 왼쪽의 극단으로 쏠린 1만 년 미만에서 최대 빈도를 이룬다. 1만 살보다 나이를 더 먹은 흙은 훈련된 눈으로 빌품을 팔아야만 발견된다. 사람의 연령 분포가 흙과 같다면, 인구 대부분이 생후 채 2개월이 되지 않은 아기들이고, 태어날 때 예상 수명이 두 달이 안 된다.

 오래된 카우아이가 젊은 흙으로 덮여 있다는 사실을 어떻게 이해해야 할까? 역설적으로 우리는 카우아이의 연배를 상징하는 주름진 땅—날선 능선과 깊은 계곡—에서 답을 찾아야 한다. 깊은 계곡으로 도배된 카우아이를 겨냥한 망원렌즈의 배율을 높여보자. 강에서 능선까지의 비탈 하나를 끌어당겨 잠깐 본 다음, 다시 한번 줌을 당겨 흙 알갱이들을 보자. 비탈에 놓인 이들은 작은 동요에도 중력을 자기편으로 삼아 아래로 내려갈 준비가 되어 있다. 빗방울이 튕겨도, 빗물이 땅거죽 위를 흘러도, 나무 한 그루 풀 한 포기가 바람에 흔들리거나 쓰러져도, 일단 움직임을 받고 나면 비탈의 흙은 쉽게 중력에 몸을 내주고 쓸려간다. 한 뼘 한 뼘 침식으로 제거되는 흙만큼, 보호막인 흙에 가려져 있던 현무암이 지상의 변화무쌍한 날씨와 생물에 노출되어 흙이 된다.

카우아이의 급한 비탈에서, 있던 흙이 침식으로 유실되고 현무암에서 새롭게 만들어진 흙으로 교체되는 시간은 1만 년이 채 안 된다. 이것은 점진적인 과정이어서, 정확히 어느 시점에서 흙의 헌 몸이 새 몸으로 바뀌는지를 정할 수가 없다. 흙의 죽음과 탄생이 교대하는 데 1만 년이 걸리지 않는다고 해야 할지, 아니면 끊임없이 회춘하는 흙은 1만 살보다 더 늙을 수가 없다고 해야 할지 나로서는 결정할 수가 없다.[8] 대신 '창조적 파괴'라는 표현으로 딜레마를 피해 가려고 한다. 한 가지 분명한 것은 카우아이가 열점에서 만들어질 때 처음 탄생한 500만 살 먹은 흙들은 침식의 마수가 닿지 않은 능선의 좁은 평지에만 간신히 남아 있을 뿐이라는 사실이다. 무대는 오래되었어도, 배우들은 젊다.

카우아이에서 흙의 몸을 조용히 파괴하고 조용히 창조하는 일련의 작용—침식과 토양 생성—은 궁극적으로 강이 현무암을 깎아 들어가면서 시작된 일이다. 그런데 우리는 앞에서 하와이에서 강이 시작되려면 흙이 만들어져야 하고, 현무암을 깎는 일은 아무 흙 입자나 할 수 있는 것이 아니라고 배웠다. 흙, 강 그리고 땅의 모습은 이렇게 꼬리에 꼬리를 무는 관계로 이어져 있고, 이 관계의 본질은 창조적 파괴를 통한 공진화이다.

풍상과 나이

"하와이 날씨는 이상해. 호텔에서 퍼져 쉴 때는 쨍쨍하다가 나가서 놀려고 하면 비가 오거든." 하와이를 다녀온 한 친구가 불평했다. 나는 속으로 웃었다. '호텔이 섬의 서쪽이나 남서쪽에 있었나 보군. 놀러 갈 때는 동쪽이나 북쪽으로 갔을 테고.' 점쟁이는 아니지만 내가 맞힐 수 있는 이유는 하와이의 강수량 분포가 그렇기 때문이다. 하와이의 섬에서 대규모 리조트가 섬의 서쪽이나 남서쪽에 많은 것도 다른 이유 때문이 아니다.

빅아일랜드는 북위 19도 34초, 카우아이는 북위 22도 5초로, 모두 해들리 순환이라고 불리는 공기 흐름의 영향권 안에 있다. 적도에서 뜨거운 햇볕에 가열된 공기가 상승한 후 북쪽으로 가다가 다시 하강하는 곳이 북위 30도다. 여기서부터 공기는 바다 위를 스쳐 남쪽으로 가는 바람이 되는데, 지구 자전으로 인한 코리올리 효과로 방향이 휘어져 북동풍이 된다. 이것이 잘 알려진 무역풍이다. 바닷물에서 습기를 빨아들이며 달리던 북동풍은 하와이의 산들을 기어오르면서 비를 토해내고, 산 반대편에 도달할 땐 건조한 바람이 된다. 덕분에 산을 중심으로 2개의 다른 기후대가 펼쳐진다. 카우아이의 최고봉인 높이 1598미터의 카와이키니산에서 연강수량은 자그마치 연 9500밀리미터를 찍고, 20킬로미터 남짓 떨어진 남서쪽 해안에서는 고작 500밀리미터로 추락한다. 빅아일랜드 마우나케아의 비 그림자[9]에서는 강수량이 200밀리미터에 못 미치기도 한다. 아마존 열대우림의 연강수량 평균치가 3000밀리미터 정도라는 것과 연강수량 500밀리미터는 나무가 자라지 못하는 초지나 사바나라는 점을 상기하면, 이 숫자들의 의미가 분명해진다. 전 지구 강수량 폭의 70퍼센트를 카우아이의 20킬로미터 거리 안에서 체험할 수 있다. 온도는 또 어떠한가? 바닷가에서 섭씨 20도이던 연평균 온도가 4207미터 고도의 마우나케아산 정상에서는 4도까지 곤두박질을 친다. 1년 내내 온난한 캘리포니아 샌디에이고의 연평균 기온이 20도가 못 되고, 추운 곳으로 유명한 미네소타의 주도 세인트폴의 연평균 온도도 4도보다 높다.

하와이에서 무슨 섬이건 하나를 골라 한 바퀴 돈다면, 섬의 북동쪽과 남서쪽의 경관이 극적으로 달라서 놀랄 것이다. 북동쪽의 산과 들이 짙은 초록의 열대림이라면, 섬의 반대편에서는 누렇게 메마른 초지가 기본이다. 하와이의 기후 분포는 흙을 연구하는 사람들에게 치명적인 매력을 지니고 있다. 택시를 타고 다니면서도 갖가지 풍상을 겪은 흙을 비교할 수 있기 때문이다. 똑같은 현무암 태생에 똑같은 나이이지만 겪은 풍상의 크기가 서로 다른 흙의 몸을 비교할 기회가 무궁무진 널린 것이다. 빅아일랜드의 가장 오래된 부분이면서 북서쪽의 바다로 툭 튀어나온, 고도 1600미터에 이르는 코할라산은 앞서 설명했듯이 북동쪽과 남서쪽의 기후대가 극명히 다르다. 여러 기후대를 관통하며, 산에서 바닷가까지 15만 살 먹은 후아이 용암지대가 펼쳐지는데, 흙으로 잘 포장되어 있다. 고만고만한 나이에 11킬로미터 거리 안에 놓였지만, 연강수량이 260에서 3540밀리미터까지 변하는 다양한 강도의 풍상을 겪은 흙의 몸들은 무엇이 다를까?[10]

우선 같은 나이이지만 키가 다르다. 1미터만 삽질하면 흙의 전신을 마주 보고 바닥에서 단단한 현무암을 긁게 되는 곳이 건조 지역이라면, 비가 많이 오는 쪽에서는 5미터를 파고도 현무암이 나타나지 않아 머리를 긁적거리게 될 것이다. 똑같이 현무암으로 시작했지만, 흙의 몸을 이룬 광물질 또한 다르다. 똑같은 나이, 똑같은 시작임에도 흙의 몸이 세상과 상호 작용하는 방식 또한 다르다. 아마 이 세 가지를 깊이 있게 풀어내자고 들면 책의 남은 지면을 다 써야 할 테고, 책 제목도 '풍상'으로 바꿔야 할 것이나.

걸음마다 앞으로 나아가는 거리는 얼추 비슷하지만, 모든 걸음이 같은 결과를 낳지는 않는다. 문지방을 넘는 결정적인 한 걸음도 있는 것이다. 흙의 몸이 겪는 풍상—여기서 연강수량으로 측정하는—에도 문지방이 있다. 강수량의 문지방을 넘는 순간, 흙의 몸에는 급작스럽다거나 비선형적이라고 할 수 있는 중요한 변화가 일어난다.

코할라의 11킬로미터 거리 안에는 여러 개의 문지방이 있는데, 그중 2개를 살펴보려고 한다. 비 그림자 속 해안가 어디서 흙구덩이를 파보자. 무릎 깊이까지 파 내려가면 광물 입자들 사이에 낀 하얀 탄산칼슘이나 탄산마그네슘을 볼 수 있을 것이다. 탄산칼슘은 물에 녹은 이산화탄소와 칼슘이 결합한 꼴이다. 여기서 이산화탄소는 식물의 뿌리나 미생물이 내쉰 숨에서 오고, 칼슘은 현무암에 있던 광물에서 녹아 나온 것이다. 약한 염산 한 방울을 떨어뜨리면 격렬하게 거품을 무는 흙을 볼 수 있다. 거품은 이산화탄소다. 탄산칼슘은 워낙 물에 잘 녹는 물질이라 강수량이 700밀리미터를 넘어서면 곧바로 흙의 몸에서 자취를 감춘다. 강수량 1700밀리미터에 위치한 다음번 문지방에서는 흙이 급격히 산성이 된다.[11] 영양 이온이자 빗물의 산성도를 중화할 수 있는 칼슘, 마그네슘, 칼륨 같은 양이온을 공급하는 대부분의 광물이 빗물에 녹아 바닥이 났기 때문이다. 흙의 pH가 5를 찍고 내려가기 시작하면 많은 식물에 치명적인 알루미늄이 활성화되기 시작한다.

유럽인들이 오기 전, 이 2개의 문지방은 하와이의 원주민에게 특별한 의미를 가졌다. 700밀리미터 미만에서는 물 부족으로, 1700밀리미터 이상에서는 흙의 비옥도가 떨어지고 알루미늄이 작물에 끼치는 피해로 타로 농사가 어려웠다. 대를 걸쳐 축적된 농업 지식을 바탕으로 하와이의 원주민은 연강수량 700밀리미터와 1700밀리미터 사이의 좁은 띠 안에서 빗물에 의존한 집약적 타로 농업을 발전시켜왔다. 생산이 집중된 좁은 강수량 띠 지역에는 고도가 더 높은 곳과 낮은 곳에 비해 월등하게 좋은 점이 있었다. 물도 모자라지 않았으며, 광물의 풍화 정도가 심하지 않아 무기물 영양 이온이 충분했고, 광물이 공급하는 양이온이 빗물과 유기물질에서 나오는 수소 이온을 중화시켜 흙의 산성화를 막았으며, 식물 생산량과 유기물의 분해가 적정 수준에서 균형을 이루어 흙의 유기물 함량도 높았다. 초지가 숲으로 바뀌는 강수량 700밀리미터 언저리 지역에서는, 나무의 뿌리가 깊숙한 흙에서 인이나 칼슘 같은 광물질 양분을 빨아들이고, 그 양분들이 낙엽이나 죽은 나무를 통해 흙의 표면으로 돌아간다. 그럼으로써, 그렇지 않았으면 모자랐을 흙의 비옥도를 유지한 것 또한 연강수량 700밀리미터와 1700밀리미터 사이의 좁은 띠가 농업 생산의 중심지가 된 중요한 요인이었다.

　우리말의 '풍상'은 세상의 어려움과 고생의 은유로 쓰인다. 얼굴의 주름이 나이와 함께 그 사람이 겪은 풍상을 보여준다는 말처럼, 똑같은 조건에서 시작한 동갑내기 흙도 풍상의 세기와 크기에 따라 다른 몸을 보인다. 풍상에 따라 신체 나이가 다르다는 점에는 사람도 흙도 다름이 없다.

간신히 존재할 뿐

타우섬의 남쪽 해안으로 가던 날은 비가 그치지 않았다. 오른쪽으로는 절벽, 왼쪽으로는 사납게 몰아치는 남태평양의 파도 사이로, 자동차만 한 둥근 현무암 덩어리 위를 아슬아슬하게 뛰어넘으며 가야 했다. 젊고 강건한 대학원생들이 바위를 폴짝폴짝 뛰어넘을 때, 난 미끄러워 균형을 잡을 수 없었다. 이 바위에서 다음 바위로 망둑어처럼 기어 넘기를 반복하느라, 반나절의 하이킹이 끝났을 때는 몰골이 말이 아니었다. 빗물에 부르튼 발과 손은 허물이 벗겨져 피가 났고, 몸은 탈진했으며, 쏟아지는 비로 아무것도 보이지 않았다. 그래도 기억하고 싶은 것은, 그 경황에도 폭포에서 수영을 했고, 구름 밖으로 잠깐 자태를 드러낸—폭포수가 떨어지는—라타산의 남쪽 절벽을 보았다는 것이다. 해발 951미터의 라타산은 정상이 남태평양을 바라보는 수직 절벽이다. 섬 남쪽이 분화구의 붕괴로 절벽만 남았기 때문이다.

욱신거리는 몸을 물에 담근 채 난폭한 남태평양을 등 뒤로 두고 목과 허리를 꺾어 검은색 현무암의 수직 절벽을 보았다. 하늘까지 가려버린 절벽 위에 고작 1미터도 안 될 두께로 현무암을 덮고 있을 흙의 몸은 당연히 보이지도 않았다. 찾아보겠다고 하는 내가 우스웠다.

빅아일랜드에서 보는 새 흙, 새 땅거죽의 탄생 모습은 극적이다. 지각에 구멍이 뚫리고, 붉은 용암이 흐르고, 불붙은 화산재가 날고, 숲에 불이 붙고, 동물과 사람이 도망치고, 하늘도 잿빛으로 변해야 새 땅거죽이 만들어진다. 격렬한 탄생의 과정을 견뎌낸 흙은 약한 몸을 가지려야 가질 수가 없을 것 같다. 그러나 흙의 몸은, 불변하고 안정적일 것이라는 우리의 기대와는 다르게, 간신히 존재할 뿐이다. 화산섬에서 흙이란 마그마에서 만들어진 용암이 땅거죽이라는 열역학 지옥에 떨어진 결과의 산물이다. 흙의 유기물 또한 대기의 이산화탄소와 땅속의 물이 태양에너지로 잠시 묶여 있는 불안정한 상태다. 갖가지 풍상에 흙의 몸은 지금도 열역학적 평형 상태를 향해 부단히 분해되는 중이다.

단단한 몸의 지각 위에 있는 듯 없는 듯 얇게 얹혀 있는 예민한 흙의 몸을 볼 때, 지구란 바람 잘 날 없이 불안정한 곳임을 묵상하게 된다. 기존의 흙이 죽고 새 흙이 태어나는 전환은 화산 폭발 같은 격변만으로 될 수 있는 일이 아니다. 강이 조각하는 땅의 모양에 따라 조용히 침식당하고 만들어지면서, 흙의 몸은 소리 없이 가고 소리 없이 오기도 하는 것이다. 흙의 몸은 모든 풍상을 겪으면서 겨우 존재하기에, 500만 년을 버티는 섬 위에 놓였으면서도 고작 1만 년을 제대로 넘기지 못한다. 맨 처음 용암이 굳어 땅거죽이 되었을 때처럼, 너무나 어리고 지상에도 철저한 이방인이었던 흙의 몸은 지금도 간신히 존재할 뿐이다.

9

흙의 숨

인간의 숨, 흙의 숨, 그리고 기후변화

흙은 숨을 쉰다. 몸을 가진 나는 오늘 하루도 숨을 쉬면서 700그램 정도의 이산화탄소를 대기 중으로 뱉어냈다. 가까운 숲에 들어가 나를 중심으로 반지름 6미터의 원을 그려 그 안에 누워보자. 꼭 그만큼의 흙이 나만큼 숨을 쉬고 있다. 토양 호흡은 커다란 숨이다. 기후변화의 주범인 화석연료를 태워 나오는 이산화탄소의 양이 370억 톤이다. 흙이 해마다 뱉어내는 이산화탄소는 그것의 대충 열 배다. 흙의 호흡이 기후변화에 중요한 이유다.

> 당신이 숨 쉬는 한,
> 잘못된 것보다는 제대로 된 게 많은 거예요.
> 무엇이 잘못되었든 간에요.
>
> _존 카밧진, 《완전히 무너진 삶 Full Catastrophe Living》[1]

숨을 쉰다는 것

몸을 가진 것은 숨을 쉰다. 흙의 몸이 숨을 쉰다는 것, 혹은 흙의 몸을 못살게 굴면 흙이 제대로 숨을 쉬지 못한다는 자명한 사실을 강조하는 것이 사람을 위한 것만큼이나 흙을 위해서도 중요해졌다.

2020년 5월 25일, 내가 사는 미네소타주 미니애폴리스에서 백인 경찰의 몸에 깔린 조지 플로이드가 9분 동안 스무 번 넘게 "숨을 쉴 수 없다"고 하소연했으나, 목을 짓누른 경찰의 무릎은 비켜줄 줄을 몰랐다. 그는 결국 숨을 거두고 말았다. 경찰의 폭행이 직접적 사인이었음을 밝히는 긴 공판의 핵심 요소 중 하나는 몸과 호흡 사이의 생리적 관계에 대한 전문가의 의견이었다. 폭력적인 정권의 압제 아래서 또는 끊임없이 이어지는 전쟁 속에 억눌린 사람들은 그 고통을

"숨을 쉴 수 없다"고 표현한다. 이 모든 사건들에 자극받아 몸과 숨 사이의 관계, 좀 더 특별하게는 흙의 몸과 흙의 숨 그리고 그 관계에 개입하는 인간에 관해 생각하게 되었다.

  몸과 숨의 관계에 대해 생각하게 된 또 하나의 이유는 한국에 다녀올 때면 영락없이 빠져버리는 우울한 향수병이었다. 고향을 떠나 사는 이민자라면 공감하겠지만, 1년 또는 몇 년 간격을 두고 만나는 부모님, 일가친척, 친구의 모습은 그동안 무심했던 시간의 무게를 곱절로 느끼게 한다. 그럴 때마다 우울함에 말려들지 않기란 어려웠다. 적극적 방어책으로 '숨을 깊이 들이마시고 시원하게 내쉬자'라고 스스로 말을 걸곤 했다. 숨을 들이마시고 내쉬는 운동에 온전히 마음을 두면 비로소 의식이 깨어나 내가 위치한 자리와 시간을 포착할 수 있다는 명상가들의 가르침 덕분이었다. 빈번히 방황하는 마음을 호흡으로 붙잡아와야 했지만, 호흡에 기대어 있는 동안만큼은 현재라는 시공간의 한 지점에 머물 수 있었다. 나를 괴롭히는 미련들에 이름을 지어줄 수 있었고, 사람이 혼자라는 것이 당연하게 받아들여져서 덜 외로웠다. 신비한 경험이었다. 숨쉬기는 그렇게 짧은 시간 안에 내 삶의 특별한 자리를 차지했다.

  숨을 들이쉴 때 허파는 부풀어 오르고 숨을 내쉴 때 허파는 쪼그라든다. 이는 뒤집어 말해야 정확해진다. 우리는 허파를 부풀려 허파 속 공기압을 낮춤으로써 압력의 차이를 따라 주변의 공기가 흘러들어오도록 만들고, 허파를 움츠려 허파 속 공기압을 대기압보다 높임으로써 공기가 밖으로 빠져나가도록 한다. 허파 풍선의 부피를 늘리고 줄이는 방법은 사람에 따라 크게 두 가지가 있다고 한다. 어떤 사람은 가슴을 오르락내리락하여 허파 부피를 조절하고, 나 같은 사람은 횡격막의 상하 운동을 이용한다. 횡격막을 쓸 경우, 배가 오르면서 숨이 들어오고 배가 내려가면서 숨이 나간다. 숨을 들이쉬어 허파의 팽창감을 느끼고 나면, 그다음 숨이 이르는 곳은 아무리 느껴보려 해도 닿을 수가 없었다. 허파꽈리 안에서 일어나는 기체의 교환 작용, 이산화탄소를 내려놓고 산소를 태우는 피의 움직임, 심장의 펌프질, 산소가 실핏줄로 흩어져 낱낱의 세포 안에서 연소를 돕는 과정, 연소의 산물로서 생기는 이산화탄소, 이산화탄소를 실은 피가 다시 허파로 돌아가는 순환, 이들은 모두 내 신경과 의식의 영역 밖에 있다.

한 번의 호흡으로 허파로 들어오고 나가는 공기는 바로 25,000,000,000,000,000,000,000개의 기체 분자들이다.[2] 이들의 신원을 검사한다면, 들숨과 날숨 사이에 미묘하지만 중요한 차이가 있음을 알게 될 것이다. 들숨이 대기 중의 공기와 같아 질소 80퍼센트, 산소 20퍼센트, 그리고 이산화탄소 0.04퍼센트로 구성된다면, 날숨의 산소 농도는 16퍼센트로 떨어지고 이산화탄소는 100배 증가해 4퍼센트가 된다. 허파꽈리에서 공기와 피 사이에 접촉이 일어나면서 산소와 이산화탄소가 갈아타기 때문이다. 세포에서 정맥을 타고 돌아온 피에서 이산화탄소가 대기로 빠져나가고, 세포로 향할 피에 산소가 녹아 들어간다. 대기, 들숨, 허파꽈리, 동맥의 순서를 거쳐 세포에 도달한 산소는 유기물과 결합해 열을 내어 세포를 가동하고, 연소의 부산물로 생겨난 이산화탄소는 피에 실려 허파꽈리로 보내질 것이며, 날숨 다음 순간 대기 중 어딘가를 떠돌 것이다.

흙이 쉬는 숨

숨쉬기를 내 삶의 중심으로 새롭게 발견한 것은 오래전에 예견된 일인지도 모른다. 20여 년 전 흙 공부를 시작할 무렵, 내 마음을 사로잡은 주제가 토양 호흡이었다. 물리학도로 과학에 입문한 나는 생물학이 곤혹스러웠다. 중고등학교 때 생물학 시간이면 외워야 할 것이 너무 많아 잠들어버리기 일쑤였고, 대학에서는 물리학이 아닌 과학은 덜떨어진 학문처럼 여기는 미련함에 전염돼 나의 무지를 정당하다 여겼다. 유학 나온 첫 가을 토양생물학 수업에 들어갔을 때, 미천한 생물학 지식에도 불구하고 내 자세는 오만하고 뻐딱했다. 교재를 사서 읽었으나 첫 장부터 모르는 용어가 반이었다. 생물학 사전을 뒤지면 정의 속에 모르는 단어가 또 몇 개씩 나와 하이퍼텍스트의 수렁으로 빠져버리곤 했다. 밤새우는 게 일상이던 유학 초기 시절의 어느 날, '토양 호흡 soil respiration'이라는 단어가 튀어나왔다. 잠시 나는 숨이 막혔다. 그 말이 가리키는 어떤 광대함과 아름다움에 홀려 잠시나마 피로를 잊고 행복을 느꼈다.

토양 호흡 측정은 토양학, 생태학, 지구과학에서는 흔한 작업이다. 돈이 안 드는 방법은 역시 수작업이다. 직경 50센티미터 정도 되는 체임버chamber의 한쪽에 구멍을 뚫어 주사기로 안의 공기를 채취할 수 있도록 만든다. 조사지에 도착하면, 공기가 새지 않도록 체임버를 엎어 땅속으로 조금 들어가게 눌러놓는다. 5분 간격으로 체임버 안의 공기를 주사기로 30분 정도 반복 채취한다. 실험실에 돌아와 공기 시료의 이산화탄소 농도 측정을 마친 후, 이산화탄소 농도와 시간을 비교하면 체임버 안의 이산화탄소 농도가 점차 증가하는 것을 볼 수 있다. 이것이 바로 토양의 날숨이다.

그림 9-1 토양 호흡 측정. 미네소타의 활엽수림에서 주삿바늘로 체임버 안의 기체를 채취하고 있다. 흙에서 나오는 이산화탄소가 체임버 안에 차오르면서, 이산화탄소의 농도가 오른다. 모기를 막기 위해 온몸을 옷으로 둘러싼 모습이다.

'토양 호흡'이라는 말을 처음 글자로 접했을 때 생물학 교과서가 아닌 시집에서 나온 단어인 줄 알았다. 나는 토양 호흡을 대지의 숨결로 이해했다. 땅에 귀를 바짝 대어 들으면, 들숨과 날숨의 리듬이 귓속 솜털과 고막에 섬세한 파장을 일으킬 것 같았다. 사람은 호흡할 때 허파를 팽창하고 수축함으로써 공기의 흐름을 만들어낸다. 압력의 차이에 따라 코앞 공기 분자들이 빨려 들어가기도 하고, 허파 속의 공기 분자들이 밀려나기도 한다. 당연한 얘기지만, 땅속에는 공기를 빨아주고 밀어주는 근력 운동이 없다. 그렇다면 아까 말한 체임버 속의 이산화탄소는 땅속에서 어떻게 나온 것일까? 또한 이산화탄소가 나오기 위해 산소가 필요하다면, 산소는 땅속으로 어떻게 들어갈까?

온대의 숲에서 물이 잘 빠지는 땅속 1미터 깊이에 주사기를 꽂고 공기를 채취해 기체 농도를 재면, 이산화탄소는 대기 농도 426.88피피엠(2025년 2월 26일 기준)보다 100배쯤 되는 3~5퍼센트 정도에 이르고, 산소는 대기 중 농도 20.9퍼센트보다 낮은 15퍼센트 정도가 나온다.[3] 물이 찬 땅이라면 이산화탄소가 10퍼센트에 육박하고 산소는 바닥이 나기도 한다. 흙 속 깊이 들어갈수록 이산화탄소 농도는 높아지고 산소 농도는 떨어진다. 사람을 기준으로 하자면 이산화탄소 농도가 1000~2000피피엠이면 졸리고 공기가 탁하다고 느끼며, 2000~5000피피엠에 이르면 두통, 수면장애, 집중력 저하, 심장박동 증가, 또는 가벼운 현기증을 느낀다.[4] 산소의 경우, 작업장 산소 농도가 19.5퍼센트 아래로 내려가면 '위험'으로 간주한다.[5] 즉 흙 속으로

10센티미터만 들어가도 사람이 숨 쉴 곳이 못 된다.

바람이 불지 않는 땅속에서 기체 분자들은 당구공처럼 서로 부딪히면서 움직이는데, 각각의 움직임에는 어떤 방향성도 없다. 부딪히는 순간의 물리적 조건에 맞게 튕길 뿐이다. 무질서해 보이는 운동도 경향을 가질 때가 있다. 한쪽으로 특정 기체 분자들이 쏠려 있을 때다. 가령 파란 당구공이 오른쪽에, 하얀 당구공은 왼쪽에 완전히 쏠렸다고 하자. 당구공들이 규칙 없이 움직이면서 부딪힌다면, 시간이 지날수록 파란 당구공이 왼편에 나타나기 시작할 것이고, 하얀 당구공 또한 오른편에 나타나기 시작할 것이다. 이산화탄소는 다른 기체 분자들과의 수많은 부딪힘 끝에, 농도가 높은(쏠려 있는) 깊은 토양에서 농도가 낮은 대기로 움직인다. 이런 과정을 확산이라고 한다. 산소는 반대로 대기에서 토양 속으로 확산한다.

다시 당구대로 돌아가 더 오랜 시간을 지켜보자. 결국 파란 공과 하얀 공이 고루 섞인 상태에 다다르고, 이후엔 계속된 충돌에도 아랑곳없이 그 상태가 유지될 것이다. 왼쪽으로 튕기는 파란 공과 오른쪽으로 튕기는 파란 공의 개수가 같기 때문이다. 만약 여기서 왼쪽으로 움직이는 파란 공이 더 많게 만들려면, 오른쪽에 파란 공을 더 넣어주면 된다. 같은 원리다. 토양에서 이산화탄소가 대기로 배출되는 까닭은 이산화탄소가 흙 속에서 만들어지기 때문이고, 산소가 토양 속으로 확산하는 까닭은 산소가 흙 속에서 소비되기 때문이다.

여기서 두 가지 중요한 문제가 나온다. 첫째는 흙 속에서 산소를 소비하고 이산화탄소를 생산하는—즉 우리처럼 호흡하는—주체가 무엇인가 하는 문제이다. 둘째는 이산화탄소의 방출량이다.

숨의 주체

한국인으로 세계를 대상으로 활동했던 숭산 스님은 생각에서 해방된 자유인이 되라고 역설했다. 호흡에 마음을 모아보려고 하면서 '내 의지와 상관없이 끊임없이 피어올랐다 사라지는 생각들을 과연 내 것이라 부를 수 있을까?' 하는 숭산 스님의 질문에 공감하게 되었다. 생각의 주체라고 할 나는 없었고, 돌이켜보면 그런 내가 한 번이라도 있었는지조차 자신할 수 없었다. 생각의 자리라고 여겼던 그곳에 대신 호흡이 있었다. 호흡에는 기댈 만한 일관성뿐만 아니라 나를 온 우주와 이어주는 따뜻함이 있었다. 나를 통해 온 우주가 숨을 쉬고 있었다.

'흙, 숨 쉬는 그대는 무엇인가?' 이 질문에 대한 답을 뿌리에서부터 찾아보자. 식물은 태양광 에너지를 투입하여 이산화탄소와 물을 산소와 탄수화물로 만드는 광합성을 하는 한편, 만들어진 탄수화물을 산소로 태우는 호흡을 통해 신진대사를 할 에너지를 얻는다. 빛이 있는 낮 동안은 광합성이 호흡을 압도한다. 광합성에 의한 산소 생산량이 호흡에 의한 산소 소비량보다 많고, 광합성으로 인한 이산화탄소 소비량이 호흡에 의한 이산화탄소 생산량보다 많다. 더하고 빼고 나면 낮 동안 식물은 산소를 생산하고 이산화탄소를 소비한다.

밤이 되어 광합성이 멈추면, 식물도 우리처럼 이산화탄소를 방출한다. 다만 하루 전체를 보았을 때, 식물의 몸이 자라는 만큼 산소 생산량이 이산화탄소 배출량보다 많을 뿐이다. 빛이 없는 땅속 뿌리는 상황이 다르다. 온종일 호흡을 통해 이산화탄소를 생산한다. 토양 호흡으로 방출되는 이산화탄소 중 일부는 뿌리가 내쉰 숨이다.

뿌리를 처음으로 자세히 본 2000년 대학원생 시절의 노트를 보았다. "토양 유기물 양을 측정할 준비로 뿌리를 흙에서 떼어내는 작업을 했다. 한 움큼의 흙을 비커에 쏟아붓고 조명을 비췄다. 핀셋으로 뿌리를 솎아낸 지 10분, 30분, 한 시간이 지났지만 캘리포니아 해안가 여러해살이 초지에서 온 흙은 여전히 실뿌리들과 빼곡히 엉켜 있었다. 핀셋으로 집어내다 보면 목과 어깨가 결렸다. 우습게 보았던 실뿌리는 흙 속에서 거대한 망을 이루고 있었다. 눈 대신 돋보기를, 다음에는 현미경을 대보았다. 배율을 높이면 없었던 실뿌리들이 새롭게 나타났다. 앞날이 걱정된다."

광학현미경 다음 전자현미경까지 썼다면, 균근mycorrhizae이라고 부르는 1~2마이크로미터 굵기의 균사체가 실타래처럼 얽혀 풀뿌리의 안과 밖을 이은 모습도 볼 수 있었을 것이다. 균근의 실체는 곰팡이다. 균근은 가늘고 길게 높은 밀도로 뻗은 균사체를 뿌리의 연장으로 식물에 제공하고, 대신 식물에서 탄수화물을 받는다. 우리가 아는 많은 식물이 곰팡이와 공생관계에 있다. 척박한 흙에서일수록 뿌리는 균근에 의존한다. 뿌리에서 균근의 미세한 균사로 넘어가는 길목에서는 몸과 호흡의 정체성에 깊은 변화가 일어난다. 식물의 잎과

줄기, 뿌리를 이루는 탄소가 대기에서 왔다면, 균근의 몸을 이루는 탄소는 식물의 뿌리에서 흡수한 것이다. 마찬가지로 식물이 태우는 유기물 속 탄소가 대기에서 왔다면, 균근이 호흡으로 태우는 유기물 속 탄소는 식물에게서 받은 것이다. 식물이 무생물로부터 자기 몸을 만들었다면, 곰팡이는 다른 생명체인 식물에 의존해 자기 몸을 만든 것이다. 호흡도 마찬가지다. 몸과 호흡의 기초적 원소인 탄소의 원천을 타 생명체에 의존한다는 점에서, 균근은 나무보다 우리 인간을 닮았다.

뿌리에서 균근으로 가면서 우리는 생물학의 큰 분수령을 만난다. 곰팡이를 식물의 실뿌리에 비교하는 깃은—우리 눈이 그 둘을 분별하지 못하더라도—생물분류체계의 위계로 보자면 인간을 콜레라균에 비교하는 것과 동급이다. 곰팡이와 식물은 몸을 얻는 방식도, 숨 쉬는 방식도 다르니 놀랄 일이 아니다. 식물의 경우 전 세계에 40만 종이 기록되어 있지만, 지금까지 보고된 곰팡이는 그 반도 안 되는 14만 8000종이다. 이렇게 차이가 나는 이유는 간단하다. 곰팡이를 제대로 들여다보지 못했기 때문이다. 아직 발견되기를 기다리는 종을 추정할 때, 식물의 경우 10만 종, 곰팡이는 200만~400만 종을 꼽는다.[6] 식물이 곰팡이보다 더 잘 보인다는 명확한 사실 외에도, 곰팡이 종을 형태만으로 식별하기 어렵기도 하고, 곰팡이학자보다는 식물학자가 훨씬 많은 것 또한 곰팡이 종의 발견이 상대적으로 느린 이유다.

곰팡이는 하는 일과 형태에서도 식물보다 다양하다. 균뿌리처럼 식물과 공생관계를 이루는 곰팡이 외에 오로지 죽은 식물체와 동물체를 소비하는 곰팡이도 있고, 심지어 동물을 사냥하는 곰팡이도 있다. 식물은 무슨 씨앗인지 알면 다 자란 모습을 상상할 수 있지만, 곰팡이의 형태를 예측하기란 불가능에 가깝다. 흙 알갱이의 굵기와 뭉침에 따라, 살았거나 죽어 있는 유기물의 종류와 분포에 따라, 토양 속 빈 구멍에 물이 채워지고 비워지는 정도에 따라, 비정형으로 형태를 바꾸어 뻗고 분기하기 때문이다. 곰팡이의 모양은 종의 고유 특성이면서 동시에 모든 시간 및 공간 규모에서 변화무쌍하고 다차원적인 흙의 거울이다.

뿌리를 솎아내며 이러다가 학위를 마칠 날이 오기는 올 것인가 걱정되기 시작할 때, 굴러내리는 바위를 산꼭대기에 도로 올려놓기를 무한 반복해야 했던 시시포스가 떠올랐다. 만약 시시포스에게 인생을 탕진할 아무짝에도 쓸모없는 일을 주는 악역을 맡는다면, 나는 흙 한 움큼을 주고 곰팡이를 골라내라고 하겠다. 1헥타르(100미터×100미터)의 땅속에는 2~45톤의 곰팡이가 있다. 균사 1그램은 워낙 가늘어서 길이가 10킬로미터에 이르기도 한다. 즉 1헥타르의 흙에는 2000만~4억 5000만 킬로미터 길이의 균사가 있다.[7] 굳이 비교하자면 지구 적도 둘레는 4만 킬로미터를 간신히 넘고, 달은 38만 4000킬로미터 밖에 있다.

식물 뿌리와의 공생을 통해 몸과 에너지를 얻는 것은 균근만이 아니다. 콩과작물이나 오리나무 등은 뿌리 속에 질소고정 박테리아를 데리고 산다. 콩 뿌리에 방울처럼 달린 혹들이 질소고정 박테리아의 집이다. 질소는 가장 대표적이고 필수적인 식물 영양소이다. 대기의 80퍼센트를 차지하는 질소 기체(N_2)는 2개의 질소 원자가 단단하게 붙어 있어서, 식물이 취할 수 있는 암모니아(NH_4^+) 또는 질산(NO_3^-)의 형태가 되려면 먼저 이 둘을 떼어놓아야 한다. 이 분리 작업에는 막대한 양의 에너지가 필요하다.[8] 콩과작물은 뿌리혹박테리아에 탄수화물의 형태로 에너지를 공급하고, 박테리아는 받은 탄수화물로 몸을 만들고 대사를 하면서 한편으론 질소 기체를 암모니아로 변환 공급한다. 대표적인 경작 시스템인 콩과 옥수수의 돌려짓기가 이래서 시작되었다. 뿌리혹박테리아 또한 몸과 호흡의 핵심 원소인 탄소의 출처를 보았을 때, 콩보다 우리와 더 비슷한 생명체이다.

　박테리아의 다양성에 대해 무슨 말이든 해야 할 때면, 나는 빅뱅, 블랙홀, 우주의 크기를 그려보려 할 때와 같은 느낌을 받는다. 사고의 지평 너머에 있는 무엇을 이미지화해보려는 억지스러움 말이다. 미네소타대학교의 동료 교수이자 토양미생물학자인 사토시 이시와의 공동 연구를 통해, 나는 박테리아와 곰팡이의 다양성을 배울 기회를 얻었다. 2017년 더운 여름날, 우린 미네소타의 중북부에 있는 리치 호수의 활엽수림에서 함께 야외 작업을 했다. 흙 속의 유기물질과 지구화학적 특성이 일차적 관심사인 나는 시료를 채취하면서 오염을 걱정할 이유가 크게 없지만, 미생물이 관심사인 사토시는 생물 오염을 막기 위해 시료를 채취할 때마다 모든 도구를 에탄올로 되풀이해서 씻었다. 웬만한 사람을 공황 상태에 몰아넣었을 구름 떼 같은 모기에 둘러싸여, 아무 말 없이 정확하게 일하던 사토시의 모습이 눈에 선하다.

나를 놀라게 했던 것은, 사토시가 1그램도 아닌 고작 0.25그램의 흙으로 DNA를 추출한다는 것이었다. 1년 후 그의 박사후연구원이었던 장정환이 데이터를 보여주며 OTU(운영분류단위 Operational Taxonomic Unit)라는 낯선 단위를 가르쳐주었다. OTU는 미생물학자들이 종의 가짓수처럼 쓰는 숫자이다. 흙에서 추출한 DNA는 무수한 박테리아와 곰팡이에서 떨어져 나온 DNA 부속품들이다. 일정 부속품을 가장 비슷한 것끼리 짝지어 이것들이 같은 종에서 왔을 거라고 모아놓는 단위가 OTU였다. 흙에서 분리해낼 수 없고 아직 이름조차 붙일 수 없는 수많은 미생물의 다양성을 추정하기 위한 분자 수준의 접근이었다. 결과는 놀라웠다. 참피나무와 설탕단풍나무가 우점종인 미네소타 숲 토양 0.25그램에는 3500OTU종의 박테리아와 80OTU종의 곰팡이가 있었다. 미네소타 숲에 92종의 토종 교목과 131종의 토종 관목이 있다는 것과 비교하면, 0.25그램의 흙이 가진 생물종 다양성은 놀라운 것이었다. 비옥한 토양 1그램은 100만 종까지의 미생물을 포함하기도 하며, 박테리아의 다양성이 조 단위에 이를 것이라고 주장하는 연구자도 있다.[9] 엄지와 검지 사이에 집은 흙에 우리가 지금까지 아는 모든 생명체의 종 다양성이 들어 있다는 것을 도대체 어떻게 받아들여야 할까?

뿌리는, 상수리나무의 것이든 보리의 것이든, 햇빛 에너지를 탄수화물의 형태로 땅속에 전달하는 지상과 지하의 접점이다. 광합성으로 만들어진 탄수화물의 30~65퍼센트는 뿌리로 가고, 뿌리로 간 탄수화물 중 20퍼센트 정도는 균근으로 간다. 뿌리는 태양에너지를 실어 나른다는 점에서 깜깜한 지하 세계로 뚫린 빛 구멍이라고 할 수 있다. 균근이나 뿌리혹박테리아처럼 뿌리에 세금을 내고 숟가락을 얹은 생명체도 있지만, 이들은 토양 미생물이 가진 어마어마한 다양성의 아주 작은 부분일 뿐이다.

균근과 뿌리혹박테리아가 식물과 몸을 섞는 극한의 공생관계를 이룬다면, 근권根圈이라고 부르는 뿌리 주변에서는 좀 더 느슨한 형태의 공생관계가 나타난다. 많은 곰팡이와 박테리아가 죽은 뿌리 또는 뿌리가 분비하는 유기산 및 아미노산 주스를 먹으면서 주변 유기물질의 분해와 광물의 용해를 도와 무기 양분의 유효성을 높이는 역할을 한다. 뿌리 주변을 떠나는 것은 빛 구멍에서 멀어지는 것이다. 바다에 비교하자면, 먹을 것이 풍부한 연안을 떠나 깊고 먼 대양으로 나가는 것과 같다. 비처럼 내리는 죽은 플랑크톤과 동물의 형태로, 햇빛의 에너지와 대기의 탄소가 수심 수천 미터가 넘는 심해에 도달하는 바다의 서사는 깊이가 1미터도 안 되는 토양에서도 유효하다. 뿌리에서 멀리(몇 센티미터 이상) 떨어진 흙 속에서는 곰팡이와 박테리아가 떨어진 나뭇잎, 풀, 먼저 살았던 곰팡이, 박테리아 그리고 동물의 잔해 속에 남아 있는 태양에너지와 탄소를 끊임없이 재활용한다.

토양 호흡의 주체로서 뿌리, 곰팡이, 박테리아 다음 순서는 동물이지만, 동물을 빼놓고 마무리지을까 잠깐 생각했다. 토양 호흡만 보자면 동물을 제쳐두어도 크게 문제 될 것은 없다. 토양 호흡은 뿌리, 곰팡이, 박테리아의 호흡이 거의 전부이기 때문이다. 그랬다가 마음을 고쳐 잡았다. 일단 눈에 보이는 게 그들이니 짚고 넘어가야 할 것 같아서이다.

또한 땅속 동물은 호흡량은 미약할지언정 일대일로 비교하자면 미생물보다 엄청나게 큰 덩치 때문에 그리고 식물의 뿌리에 비하면 빨리 움직인다는 운동성 때문에 토양 호흡에 큰 영향을 미친다. 이상하게 들릴지 모르지만, 내가 제1 저자로 쓴 첫 논문은 흙이 아니라 포켓고퍼라는 설치류에 관한 것이었다.[10] 고퍼가 마스코트인 미네소타대학교에 정착하게 된 것은 그래서 운명인지도 모른다! 땅속에 굴을 파고 다니며 텃세가 심한 이 동물은 잡식성에 눈이 퇴화한 두더지와는 달리 초식동물이고, 동그란 두 눈이 얼핏 보면 다람쥐와 닮았다. 미국 중남서부의 초지에 사는 이들은 깊이 5~10센티미터의 땅속에 소시지처럼 생긴 몸뚱어리에 딱 맞는 지름 5센티미터의 통로를 내면서 풀뿌리를 먹으러 다닌다. 뱀이 침입하면 몸도 돌리지 않고 전진할 때와 똑같은 속도로 후진을 하는 특별한 능력의 소유자다. 미생물에 비하면 고퍼는 토양 호흡에 아주 작은 역할을 할 뿐이지만, 굴을 만들어 흙 속 공기 순환을 돕고, 파낸 흙을 땅표면에 올려놓아 새로운 씨앗이 싹 틀 틈을 주는 등 식물과 곰팡이, 박테리아의 생장과 호흡에 커다란 영향을 미친다. 주변 환경의 구조를 조정함으로써 에너지와 물질 순환 경로를 바꾸어놓는 고퍼와 같은 종을 생태계 엔지니어라고 부른다. 미국의 대평원 초지에서 딱 한 종만 없애 생태계를 확 바꿀 수 있다면 고퍼가 바로 그 종일 것이다.

동물을 빼놓으면 안 되는 세 번째 이유는, 동물이 없다면 사람은 미생물을 상상할 힘을 잃을 것이라고 나는 믿기 때문이다. 화성에 매료되어 그 먼 곳을 탐사해보겠다고 꿈꿀 수 있는 것은, 먼저 지구를 알기 때문에 가능한 것이다. 흙 1그램이 수백만의 생물종을 담았다 한들, 동물이 움직이지 않는 흙은 우리 눈에 잠자는 흙일 뿐이다.

　토양 호흡의 주체를 나열하면서 생명체만을 고려하는 것이 합리적일까? 목과 허리가 뻐근해지도록 분리해도 흙 알갱이에 여전히 얽혀 있던 실뿌리를 떠올리면서, 실뿌리는 호흡의 주체로, 흙 알갱이는 실뿌리의 물리화학적 환경으로 나누는 이분법이 나는 불편해졌다. 불편함은 실뿌리에서 더 가늘고 길게 퍼진 곰팡이의 네트워크로 넘어가면서 더욱 견디기 어려운 것이 된다. 시시포스의 형벌로 적격일, 끝이 없으면서도 무의미한 작업—흙에서 실뿌리나 균사를 골라내는 작업—의 '끝'에 둘로 분리되어 있을 생물체와 흙 알갱이를 우리는 과연 호흡의 주체와 집으로 나누어 볼 수 있을까? 흙 10그램을 나트륨 폴리텅스테이트$_{\text{polytungstate}}$ 용액(액체이면서 동시에 비중이 물의 1.85배)에 섞어 중력가속도의 2500배의 힘을 받도록 원심분리기를 돌리고 나서, 떠 있는 유기물을 건진 뒤 가라앉은 무거운 광물질만 추려 봐도 광물질에는 유기물이 끄떡없이 붙어 있다. 게다가 이렇게 추려진 유기물이 여전히 미생물을 매개로 한 흙 속의 물질순환에 참여하는 것을 보면서, 우리는 흙 속의 광물을 살아 있지 않은 그저 집 같은 것이라고 할 수 있을까?

　적어도 언어가 실용적 분석과 부합하려면, 호흡의 주체와 환경으로 미생물과 흙 알갱이를 나누는 작업은 큰 의미가 없다. 이 글에서 나는 '흙'이라는 한 음절 단어로 광물과 유기물질과 그 사이의 공간 그리고 미생물까지를 모두 포함한 서로 분리될 수 없는 유기체적 실체를 가리키고자 한다. 마치 한 인간의 숨이 그 안의 모든 세포와 미생물의 숨을 총괄한 것이듯, 흙의 숨 또한 그렇다는 관점을 갖고자 한다. 당신 코에서 나오는 숨의 주체를 당신을 이루는 세포와 미생물로 환원하지 않고 당신이라고 한마디로 끝내듯이, 흙 숨의 주체도 결국은 흙이라고 말이다.

반지름 6미터의 숲

몸을 가진 인간도, 흙도 그렇게 숨을 쉰다. 몸을 가진 나는 오늘 하루도 숨을 쉬면서 700그램 정도의 이산화탄소를 대기 중으로 뱉어냈다.[11] 이는 휘발유 0.3리터를 태웠을 때 나오는 이산화탄소의 양과 같다.[12] 자동차 배기가스를 기준으로 하면, 신형 소나타가 4킬로미터 주행하는 동안 배출하는 이산화탄소의 양이다. 먹고 숨 쉬는 것만으로, 그저 살아 있는 것만으로도, 한 사람은 해마다 꼬박꼬박 250킬로그램의 이산화탄소를 배출한다. 딱 그만큼의 이산화탄소를 배출하는 땅은 얼마나 클까? 열대우림의 경우 약 70제곱미터, 온대의 초지는 110제곱미터, 활엽수림은 130제곱미터, 툰드라는 330제곱미터 정도다. 가까운 숲에 들어가 나를 중심으로 반지름 6미터의 원을 그려 그 안에 누워보자. 꼭 그만큼의 흙이 나만큼 숨을 쉰다. 숨을 기준으로, 꼭 그만큼의 흙이 내 존재의 크기와 닮은 것이다.

탄소중립, 생명의 본질

1인당 이산화탄소 배출량에 대한민국 인구를 곱하면 1300만 톤이 나온다. 2025년 전 세계의 인구인 82억도 곱해보자.[13] 결과는 20억 톤의 이산화탄소다. 현대의 인류가 뱉어내는 이산화탄소의 양은 흙의 숨에 비하면 얼마나 클까? 지구 전체 땅의 토양 호흡을 측정하겠다고 체임버 하나로 다 덮을 수는 없지만, 세계 곳곳에서 산발적으로 측정된 토양 호흡량을 기본으로 장님 코끼리 더듬듯 지구 규모의 토양 호흡을 추정하려는 시도는 여럿 있었다. 방법상 무리인데도 연구 결과들은 대충 들어맞는다. 행성 지구의 이산화탄소 토양 호흡량은 연간 3400억 톤 정도다. 인간으로 환산하면 1조 3500억 명의 인간이 내쉬는 숨과 같다. 현존 인구의 무려 170여 배다.

토양 호흡은 커다란 숨이다. 기후변화의 주범인 화석연료를 태워 나오는 이산화탄소의 양이 2023년을 기준으로 368억 톤이다. 흙이 해마다 뱉어내는 이산화탄소는 그것의 대충 열 배에 달한다. 그럼에도 인류가 화석연료를 태우기 시작할 때까지 대기 중 이산화탄소 농도는 지난 80만 년 동안 300피피엠을 넘지 않았다. 지구 규모에서 흙이 탄소중립의 언저리를 벗어나지 않았기 때문이다. 흙이 탄소중

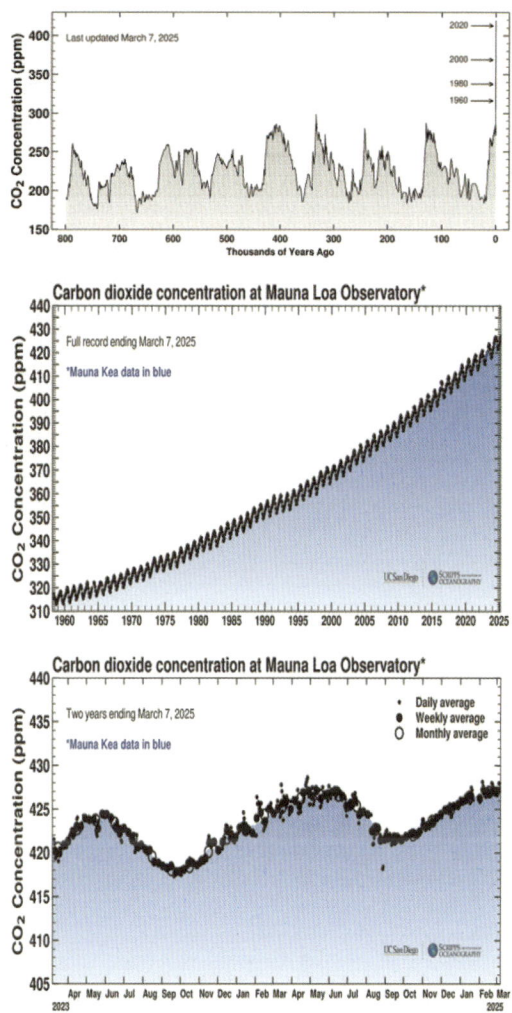

그림 9-2 하와이 마우나로아 천문대에서 측정한 대기 중 이산화탄소 농도. 지난 80만 년 사이(위), 1957년에서 현재까지(중간), 2025년 3월 7일까지 지난 2년 동안의 이산화탄소 농도(아래). 1957년 이전의 이산화탄소 농도는 빙정의 공기 방울을 분석해 얻었다.

립에 있다는 말은 흙의 숨이 뱉어내는 이산화탄소의 양만큼 광합성으로 생산된 유기물의 탄소가 식물과 동물의 죽은 몸을 통해 흙으로 들어갔다는 뜻이다. 지구의 긴 역사 동안 대기의 이산화탄소 농도가 안정되었던 이유는 흙과 식물을 포함한 육지 생태계가 탄소중립의 언저리를 벗어나지 않았기 때문이고, 지구의 70퍼센트를 둘러싼 바다 또한 탄소중립의 언저리를 벗어나지 않았기 때문이다. 기적 같은 균형은 거대한 숨의 한 부분인 인간의 숨에서도 유효하다. 당신이 해마다 꼬박꼬박 배출하는 250킬로그램의 이산화탄소 또한 광합성을 통해 당신의 식량이 된 250킬로그램의 이산화탄소와 해마다 '퉁을 치고' 있는 것이다.

지구의 긴 역사를 통해 꾸준히 반복된 이 균형은 알면 알수록 위태롭다. 해마다 3400억 톤의 이산화탄소를 배출하는 토양 호흡이 대기 이산화탄소 농도를 올리는 요인이 되지 않으려면 토양 호흡의 양이 식물 총생산량[14]과 같거나 적어야 한다. 토양 호흡과 식물 총생산량 사이에 자칫 10퍼센트만이라도 오차가 생겨 균형이 깨진다면, 바로 거기서 해마다 340억 톤의 이산화탄소, 즉 전 세계 화석연료 이산화탄소 배출량만큼이 추가로 대기에 더해지는 것이다. 실로 아슬아슬한 균형이다.

위태로운 탄소 균형은 흙과 대기 사이에서 이미 깨졌다. 농경을 포함한 인간의 활동이 거듭 확장한 지난 1만 2000년 동안 토양은 모두 누적해서 1330억 톤의 탄소를 잃었다.[15] 즉 탄소중립에서 벗어나 1만 2000년 동안 4370억 톤의 이산화탄소를 추가로 방출했다.[16]

연간 이산화탄소 배출량으로 보면, 산업혁명 이전엔 1억 8000만 톤, 산업혁명 이후론 매년 11억 톤이다. 흙이 탄소중립에서 이탈해 이산화탄소를 방출하게 된 요인은 다양하다. 경작지 확보와 방목을 위해 숲과 초지가 벌채되거나 태워졌고, 그럴 때마다 흙 속에 오랜 세월 쌓여온 유기물질이 빠른 속도로 이산화탄소로 분해되어 대기로 돌아간 것이다.

흙 알갱이 속에 백년 천년 잘 숨어 있던 유기물은 쟁기질에 부서지는 흙과 함께 곰팡이와 박테리아에 노출되었고, 쟁기질과 제초제로 드러난 맨땅은 흙의 온도를 높여 유기물의 분해를 촉진했다.[17] 화학비료의 등장과 함께, 흙 속 유기물을 흙의 비옥도와 동일시하던 농업의 핵심 원칙은 폐기되었다.[18] 질소비료의 과잉 살포에서 강력한 기후변화 기체인 아산화질소 기체가 만들어졌으며, 흙 속의 유기물은 이산화탄소가 되어 대기로 돌아갔다. 따뜻해지는 기후와 함께 유기물은 더 빨리 썩고, 그만큼 지구 어디서나 흙 속의 탄소는 위기에 봉착했다. 산업농은 흙의 탄소량을 줄이는 역할을 맡았을 뿐 아니라 기후 온난화 기체의 유력한 생산자로 등극했다.

인간이 대기에 추가로 집어넣은 기후 온난화 기체의 26~34퍼센트는 식량 생산 과정에서 나온다.[19] 식량 생산의 전 과정이 온난화 기체 배출과 관련되어 있다. 숲을 작물 생산용으로 바꾸는 토지 사용의 변화와 이로 인한 토양 호흡의 증가에서 시작하여, 작물 생산, 목축, 낙농업, 양식업, 어로 작업, 식가공, 농수산물의 포장 및 운반과 저장 및 판매, 요리에서 버려지는 음식물까지를 포함한 식량 생산과 처리 과정을 이산화탄소로 환원하면, 인간은 매해 140억~180억 톤에 달하는 온난화 기체를 배출하는 셈이다.[20]

 탄소 균형이 깨진 흙과 기후 온난화 기체 배출 농업은 먹고살기 위해 어쩔 수 없는 종류의 것이 아니다. 초식동물에서 육식동물까지, 흙 속의 박테리아와 곰팡이까지, 모든 생명체가 먹고사는 과정에서 이미 이루고 있는 것이 탄소중립이다. 내 몸이 해마다 꼬박꼬박 배출하는 250킬로그램의 이산화탄소 또한 광합성을 통해 식량이 된 250킬로그램의 이산화탄소와 해마다 '통을 치고' 있다. 탄소중립이란 점에서 인간의 몸은 동물의 몸과 차이가 없다. 생태계에 살아 참여하는 과정에서 이루어지는 탄소중립은 인간을 포함한 모든 생명체의 본질이다. 생명체와 지구 생태계 사이 공진화의 결론이다.

 탄소중립을 깬 것은 인간의 몸이 아니라 인간의 활동이다. 흙의 탄소중립을 깬 화학비료의 생산과 살포, 농약의 생산과 살포, 쟁기질, 육식을 위해 더 넓은 숲과 초지를 밭으로 바꾸는 것, 화석연료를 투입한 비료와 농약 생산, 화석연료로 운행하는 기계, 화석연료를 태워 유지하는 식량의 유지·운송·판매 체계 등은 최근에야 등장한 인간 활동이지, 생명체로서 인간의 몸이 지닌 본질의 문제가 아니다. 생명체로서의 인간 존재가 아니라 인간의 행동이 탄소중립을 깼다는 말은 인간을 미워하지 말고 죄를 미워하라는 말과 통한다. 인간의 존재와 활동 사이에는 커져만 가는 간극이 있다. 이 간극은 결과를 묻지 않는 인간의 활동과 함께 더욱 커지기만 해왔다.

 인간 존재와 활동 사이에 지난 100년간 급격히 커진 간극을 좁히는 것이 바로 탄소중립을 향한 진전이다.²¹ 그것은 인간의 존재를 회의하는 것이 아니라, 인간의 활동에 새로운 숨을 불어넣는 진전이어야 한다.

흙의 숨, 지구의 숨

캘리포니아 샌디에이고에 있는 스크립스해양학연구소Scripps Institution of Oceanography는 세계 각지에서 측정하는 이산화탄소 농도를 취합하여 보여준다.²² 측정 지점은 가장 북쪽으로는 알래스카 포인트배로에서, 캘리포니아 라홀라, 하와이 마우나로아, 적도 근처 남태평양의 크리스마스섬과 사모아, 그리고 남극까지 여러 위도에 걸쳐 있다. 화석연료발 이산화탄소 대부분이 북반구에서 배출되는데도 남극까지 포함한 모든 위도에서 이산화탄소 농도 측정을 시작한 것이다. 측정값은 1957년의 315피피엠에서 2025년 2월의 426.88피피엠까지 줄기차게 올라갔다. 놀라운 것은, 이산화탄소 농도가 100피피엠이나 증가한 60년 동안, 알래스카 포인트배로와 남극의 이산화탄소 농도 차이는 4피피엠을 넘지 않았다는 것이다. 그만큼 지구의 대기는 고르게 잘 섞여 있다.

대기는 공간적으로 이렇게 잘 섞여 있지만, 이산화탄소 농도는 계절에 따라 변한다. 연평균 대신 한 해 동안의 농도 추이를 보면, 이산화탄소 농도는 사인함수 곡선 또는 잔잔한 물결처럼 올라가고 내려갔다 다시 올라가기를 반복한다. 1년 중 언제 이산화탄소 농도가 가장 낮을까? 북반구의 늦여름 초가을이다. 1년 중 언제 이산화탄소 농도가 가장 높을까? 북반구의 늦봄 초여름이다.

대기 이산화탄소 농도는 계절을 탄다. 그 이유가 되는 셋은 북반구에 쏠려 있는 육지, 식물 광합성, 그리고 토양 호흡이다. 북반구에 봄이 절정에 올라 초여름으로 넘어가면서 식물의 광합성은 치열해진다. 그만큼 대기의 이산화탄소 농도도 급하게 내려간다. 높아지는 온도만큼 흙 속의 뿌리와 미생물도 이산화탄소를 더 배출하지만, 식물이 한여름에 자라는 속도를 따라잡기에는 역부족이다. 들이마신 이산화탄소와 내쉰 이산화탄소의 차이만큼 북반구에 사는 식물의 몸이 자란 것이다. 북반구 상황이 이럴 때 남반구는 겨울이다. 그래도 땅은 남반구보다 북반구에 많으므로, 북반구의 여름 효과가 남반구의 겨울 효과를 압도한다. 따라서 대기 중의 이산화탄소 농도는 북반구의 여름을 지나면서 급격히 감소해 9월과 10월에 최저점을 찍는다. 겨울이 오면 식물의 성장도, 토양 호흡도 같이 줄어들지만, 식물 성장이 더 큰 낙차를 겪는다. 역시 북반구의 계절이 끼치는 영향이 커서, 줄어든 광합성과 상대적으로 꾸준한 호흡 사이에서 대기의 이산화탄소 농도가 다시 올라가 여름의 열정적인 광합성이 시작하기 전에 정점에 이른다. 여름과 겨울의 이산화탄소 농도 차이는 하와이의 마우나로아 관측소에서 5~7피피엠이다. 이 아름답고 멋진 지구의 숨이 연평균 이산화탄소 농도가 해마다 증가한다는 재난 뉴스에 가려 빛을 못 본다는 것은 참으로 안타깝다.

다 알고 있듯이 지속적인 이산화탄소 농도 상승은 대부분 화석연료 때문이다. 해가 갈수록 올라가는 이산화탄소 농도. 이 위험한 경사 위에 올라탄 이산화탄소의 계절적 리듬을 보자. 편히 긴 숨을 쉴 때 복부가 반복해 오르락내리락하듯이, 대기의 이산화탄소 농도도 사계절을 따라 오르내리길 반복한다. 숲, 초지, 습지와 그 하부 구조인 흙이 이루는 육지 생태계가 대기의 공기를 들이마시고 내뱉길 반복하는 거대한 태고의 숨이 여기서 보인다.

이제는 커버린 아이들이 아기였을 때, 곤히 자는 모습을 보노라면 그 고요함이 무서워질 때가 있었다. 아기의 코와 입에 귀를 대고 숨소리를 확인해야 했다. 쌔근쌔근 숨소리를 느끼고 나면 불안은 날아가고 또다시 아기의 평온함에 행복했다. 죽어가는 인간 앞에서 우리는 먼저 숨이 붙어 있는지 확인한다. 우리는 모두 같은 생각이다. "당신이 숨 쉬는 한 잘못된 것보다는 제대로 된 게 많은 거예요. 무엇이 잘못되었든 간에요." 지친 마음으로 숨에 집중할 때 큰 위로를 주던 이 말을 지구에 건네고 싶다. 21세기 행성 지구의 진정한 시민이 되는 길은 이미 본질적으로 탄소중립을 이루고 있는 생명체로서의 인간을 회복하는 데 있다. 그것은 우리의 몸을 긍정하면서 우리의 활동을 겸허히 들여다보는 것에서 시작할 수밖에 없다. 우리의 숨을 믿어보자. 들숨과 날숨 사이에 유기물에 잠시 갇혔던 햇살의 에너지가 이산화탄소와 함께 나온다. 그 이산화탄소가 다시금 푸르름의 원천이 되듯이, 우리 숨에서 나오는 따뜻하고 밝은 햇살의 에너지로 지구 또한 제대로 숨 쉬도록 보살피는 그런 세상을 꿈꾼다.

10
땅

미래는 흙에서 과거와 닿는다

누구나 흙을 다음 집으로 삼을 운명이지만, 그 때문에 흙 속 투어를 조직한다거나 흙에 대한 관심이 높아졌다는 얘기는 들어보지 못했다. 죽은 사람도 산 사람만큼이나 땅과 흙이 필요하다고 눈치챈 것은 진도에서였다. 진도 사람들은 귀한 땅 조각에 연고도 없는 시신을 예를 다해 묻어주었다. 흙의 순환으로 죽은 이를 돌려보내는 것을 인간의 도리로 여겼다. 진도에서 본, 땅을 둘러싼 산 사람과 죽은 사람의 관계는 지구를 고리로 한 현재의 우리와 미래 세대 사이의 관계에 비치는 따뜻한 빛이다.

> "떠날 수 없어." 그녀가 말했다.
> "여기 머물러야 해. 우리 아들을 낳은 곳이야."
> "아직 아무도 여기서 죽지 않았어." 그가 말했다.
> "누군가 이 땅에 죽어 묻힐 때까진 우린 여기 속한 것이 아니야."
> _가브리엘 마르케스, 《백 년 동안의 고독》

흙구덩이 안에서

20여 년 전에서 이야기를 시작하자면, 물리학도에서 토양학도로 변모한 대학원 생활은 하루하루가 알찼다. 땅속에서 일어나는 자연 현상을 배우고 알아가는 일은 즐거웠다. 거기에는 모든 물리적·화학적 생명 현상이 있었고, 내 발바닥 밑의 자그마한 땅이 지구 전체의 한 부분으로 작동하는 장대한 메커니즘을 생각할 여지가 있었다. 즐거움과 흥분 속에는, 죽어 땅속에 묻힌 내 몸이 흙이 되고 대기와 물로 스며들어 세상천지를 누비는 과정을, 보고 듣고 경험한 지식을 근거로 상상하는 재미도 한몫했다. 죽은 후 집이 될 흙을 나만큼 알고 죽을 사람이 몇이나 되겠는가?

물리학자 리처드 파인먼에 따르면, 그의 친구 아서 에딩턴은 별을

빛나게 하는 핵융합의 원리를 최초로 규명한 날 밤, 별의 아름다움에 감탄하는 여자친구에게, "왜 저 별이 빛을 내는지 아는 유일한 사람이 바로 나야!" 하며 발견자의 우쭐한 소회를 내보였다고 한다. 나도 아내에게 이렇게 말했다. "나중에 같이 묻히면 땅속 세계를 탐험할 안내자가 되어줄게."

공상의 세계를 헤집고 다니다 마침내 누구도 건들지 않을 나만의 흙구덩이를 파기 시작했을 때가 1999년의 겨울이었다. 장소는 샌프란시스코 금문교 너머의 마린카운티에서 태평양 쪽으로 위치한 테네시밸리로, 학위 논문의 기초가 될 결과가 이곳 흙구덩이에서 나오게 될 것이었다. 겨울이 우기인 지중해성 기후 탓에, 바쁜 마음에도 불구하고 야외 조사는 애가 탈 정도로 더디게 진전됐다. 연구실 친구들이 교대로 와서 삽질을 도와주었고, 덕분에 커다란 흙구덩이 몇 개가 만들어졌다. 어느 맑은 날, 작정하고 집을 나섰다. 흙구덩이 속에 누워 나의 오래된 공상을 밀어붙일 계획이었다. 그날 초지로 덮인 캘리포니아 해안의 구릉은 겨울비로 푸르렀고, 멀리서 보면 넘실거리는 초록의 물결 위에 나의 갈색 흙구덩이들이 부표처럼 떠 있었다. 긴 호흡을 마치고 구덩이 속으로 들어가 눈을 감고 누웠다.

평온함을 느끼려던 의도와는 달리 곧바로 문제가 생겼다. 1분이나 되었을까? 몸을 편히 뻗고 싶었지만, 다리를 접어야 했다. 실험실에서 굴착기라는 별명까지 얻은 애런과 함께 판 구덩이는 위에서 볼 때 작지 않았지만, 막상 누워보니 애벌레처럼 몸을 구겨 넣어야만 했다. 흙 파는 일은 허리가 휘는 일이다. 가로세로 1미터에 깊이 1미터의 흙구덩이를 파려면 메우는 작업까지 합해 3톤의 흙을 파고 날라야 한다. 그래서 흙 시료를 채취하고 관찰할 때 구덩이를 굳이 크게 만들지 않는다. 이건 논문 막바지까지 70여 개의 구덩이를 파야 했다는 점을 고려하면 실무적인 선택이기도 했다.

아무튼 새내기 토양학자의 무덤 체험은 시작부터 몸의 불편함으로 방해를 받았다. 기왕 누웠으니, 엉거주춤한 자세로라도 있어보려 했지만, 이번에는 땅에서 올라오는 차가운 기운이 거슬렸다. 호기롭던 생각은 비좁고 냉하고 습한 공간에 금세 움츠러들었다. 죽은 내 몸이 흙 속으로 스며들어 가는 상상은 멀찍이 뒤로 물러나고, 움직일 때마다 삽질로 끊어놓은 관목의 돌출된 뿌리가 등을 아프게 찔러댔다. 아름다운 나무의 거름이 되는 내 몸의 이미지는 달아나고, 내 몸을 불쾌하게 더듬고 후벼 파는 거친 뿌리의 움직임밖에는 떠올릴 수가 없었다.

그날 밤부터 겨울비가 며칠을 두고 내렸다. 다시 찾았을 때 흙구덩이에는 반쯤 물이 차 있었다. 바람이 부는데도 메탄과 이산화황 냄새가 역력했다. 구덩이 벽에서는 지렁이들이 쏟아져 나오고 있었다. 순간 흙구덩이 물속에 잠긴 내 시신의 이미지가 겹쳤고, 더는 보고 있을 수가 없었다.

이후 오랫동안 의기소침해졌다. 사랑까지는 못하더라도, 연구 대상을 무서워하는 과학자라는 것이 부끄러웠다. 창피해서 차마 아내와도 그 고민을 나눌 수 없었다. 흙의 아름다움과 중요함을 찬미하고 다녀야 할 목소리가 떳떳하게 나올 수 있을까 걱정되었다.

열등감과 회의로 요약될 수 있을 내 감정은 사실 버클리에 도착한 이후로 쭉 느끼고 있던 것이었다. 나는 서울의 변두리에서 자랐다. 골목길은 좁았다. 친구들과 공을 차다가도 엿장수 손수레가 지나가면 길을 내주어야 했다. 마을 사이에는 공터가 있었다. 공터는 흔히 생각하는 자연의 아름다움과는 동떨어진 모습이었다. 다른 가치를 위해 남겨졌다기보다는 사람도 자연도 쓸모를 못 찾아 버려진 것 같았다. 초등학교 3학년, 서울을 휩쓰는 아파트 붐에 우리 가족도 동참했고, 이사를 했다. 그 이후 인구 1000만 명의 서울을 가능케 했던 아파트가 내 고향이고 거처였다.

나의 삶과 일상 어디에도 토양학, 생태학, 지구과학 쪽으로 날 밀어줄 구석은 없었다. 유학 온 버클리의 환경과학·정책·관리학과 대학원에서 만난 학생들이 대자연에서 보낸 어린 시절, 아마존의 열대우림에서 목격한 생물종의 다양성, 남태평양 스쿠버다이빙의 환상적인 체험을 회상하며 생태학으로, 환경과학으로 전공을 선택했다고 말할 때, 변두리의 주택촌과 공사 중인 아파트 단지를 쏘다녔던 내 유년 시절이 몹시 초라하게 떠오르곤 했다.

연세대학교 물리학과에 입학한 것은 1987년 한국의 민주화운동이 가장 치열했을 때였고, 연세대학교는 학생운동의 중심에 있었다. 나는 겁이 많아서 학생운동의 주변에 얼쩡거렸다. 만약 내게 남은 민주화 세대의 유산이 있다면 과학자도 시민의 한 사람이며 과학과 사회의 접점이 중요하다는 어렴풋한 인식이었다. 그마저도 분명한 자각이라기보다는 분위기에 대한 느낌이었고, 그런 분위기를 타고 한국의 민간 환경단체인 환경운동연합에서 자원봉사 활동을 했다. 그 경험이 결국은 유학과 토양학으로 이어졌다. 그럴듯한 이 흐름은 그러나, 대학원 동료들의 구체적인 경험에 바탕을 둔 선택에 비교하면 실체가 없었다. 내 기억이 맞다면, 토양학 연구실에 둥지를 틀던 날까지 나는 한 번도 흙구덩이에 들어가 흙의 단면을 본 적이 없었다. 나의 경력이라는 것이 내가 지어낸 소설 같다는 느낌은 테네시밸리에서 내 무덤으로 상상하고 들어간 흙구덩이에서 느낀 두려움과 맞물려 더욱 애처로운 것이 되었다.

할아버지의 무덤

10년 후 델라웨어대학교에서 첫 교편을 잡았을 때, 다시 한번 이 문제를 떠올리다 선명한 기억 하나가 불쑥 떠올랐다. 이 영상은 내게 위안이 되었다. 일곱 살 때 돌아가신 할아버지의 관이 묻힌 붉기도 하고 노랗기도 했던 오렌지색 흙구덩이였다. 목소리나 얼굴 대신 남은 유일한 할아버지 기억은 늘 사오시던 양파깡이다. 할아버지는 서울 북한산 너머 장흥의 공동묘지에 묻히셨다. 인구는 많지만 땅덩어리는 작고 산악지대가 대부분인 한국에서, 죽은 자는 평지 밖으로 밀려나 산에 묻혔다. 조상님께 인사드리러 묘소를 찾을 때, 한국 사람들은 '산에 간다'고 말한다. 할아버지의 묘소도 경사 급한 산비탈을 깎아 만든 공동묘지 안에 자리 잡았다. 해마다 장맛비가 쏟아붓고 초가을 태풍이 몰아칠 때면, 아버지는 할아버지 묘를 걱정하시다 장사를 접고 다녀오시곤 했다. 무덤 흙이 도랑으로 쓸려갔고, 산사태가 난 곳에서는 어느 무덤에서 쏟아졌는지 알 길 없는 관들이 내팽개쳐져 있었다고 하시며, 할아버지 묫자리는 끄떡없다고 안도하곤 하셨다.

할아버지가 땅속으로 들어가시던 날, 식구들이 둘러싼 흙구덩이는 선명한 오렌지색이었다. 끝없는 질문으로 아빠 엄마를 귀찮게 굴던 어린 나도 흙은 이런 것이 당연하다고 여겼는지, 그 색깔에 대해 질문한 기억이 없다. 다만 할아버지의 관이 내려가던 흙구덩이의 오렌지색이 수십 년을 지나 뜬금없이 내 기억 속에 되살아난 것이다.

할아버지가 누우신 흙구덩이의 오렌지색은 침철석이나 적철석 같은 점토가 가진 색상이다. 장흥 부근의 기반암인 화강암에 들어 있는 흔한 광물 중 하나가 흑운모인데, 흑운모에는 철이 2개의 양전하를 가진 이온 상태로 들어 있다. 흙 속으로 스며든 산소가 기반암에 닿아 흑운모의 표면에 놓인 철과 접촉해 철이 가진 전자 하나를 빼앗으면서 결합하면, 철은 이제 3개의 양전하를 가진 이온 상태가 된다. 이를 산화 과정이라고 부른다. 3개의 양전하를 가진 철 이온은 2개의 전하를 가진 철 이온보다 크기가 작아서, 흑운모의 결정구조가 헐거워 빠져나오게 된다. 이렇게 흑운모 밖으로 나온 철 이온이 물 그리고 산소와 결합해 만들어진 광물이 바로 침철석이나 적철석이다. 침철석과 적철석은 작은 나노 크기의 광물이라, 질량에 비해 표면적이 아주 크다. 가령 침철석 100그램은 축구장보다도 표면적이 크다.

마치 더운 날 차가운 물을 마시고 싶어 얼음을 넣을 때, 얼음을 잘게 쪼개면 물이 더 빨리 차가워지는 것과 같은 이치다. 똑같은 양의 얼음이어도 잘게 쪼갤수록 물과 접촉하는 얼음의 표면적이 늘어나기 때문이다. 침철석과 적철석이 가진 노랗고 붉은 색은, 그래서 적은 양에도 불구하고 흙 속의 다른 모든 광물을 페인트칠해 어린 나에게 경이로운 오렌지색을 보여주었다. 그러고 보니 할아버지의 묘소는 좋은 곳에 자리 잡았구나 하는 생각이 들었다. 아버지의 걱정처럼 장마 때마다 한동안 물에 잠겼다면, 그럴 때마다 산소가 모자라 침철석 속의 철 이온은 다시 2개의 전하를 가진 상태로 환원되었을 것이다. 환원 상태의 철 이온은 흑운모 등의 광물 안에 끼어 있지 않은 이상 쉽게 물에 녹아 물의 움직임과 함께 흙에서 빠져나가고, 결국 흙은 오렌지색 페인트를 잃고 멍한 회색빛을 띠었을 것이다. '아버지의 걱정과는 달리 돌아가신 할아버지 집은 물이 차지 않았던 거야', 내 생각은 치달렸다.

백 년 동안의 고독

겉으로 보기에 나는 호기로운 토양학자이자 신임 교수였지만, 무덤 체험의 기억은 사라지질 않았다. 흙에 대해 열정적으로 이야기를 하다 갑자기 그 기억이 떠오르면, 사기꾼으로 몰릴까 불안해지곤 했다. 조교수 생활은 바빴다. 학교와 학계에서 살아남는 것, 내가 자라

본 적 없는 곳에서 가족을 부양하는 것 등은 행복했지만 때로는 나를 지치고 우울하게 만들었다. 그러던 어느 날 마르케스의《백 년 동안의 고독》을 읽기 시작했다. 몇 페이지 지나지 않아 나온 다음 대목에서 눈을 뗄 수가 없었다.

"떠날 수 없어." 그녀(우르술라)가 말했다.
"여기 머물러야 해. 우리 아들을 낳은 곳이야."
"아직 아무도 여기서 죽지 않았어." 그(호세)가 말했다.
"누군가 이 땅에 죽어 묻힐 때까진 우린 여기 속한 것이 아니야."

사람이 한 장소에 속하게 되는 것은 출생을 통해서일까 아니면 사랑하는 누군가를 땅에 묻어서일까? 우르술라와 호세 사이의 논쟁 때문에, 캘리포니아 해안가의 흙구덩이에 실험 삼아 묻혔던 내 기억은 더 넓은 질문으로 발전했다.

시계는 쉬지 않고 똑딱거렸다. 공부를 마친 후 돌아오겠다고 부모님께 드린 약속을 나는 지키지 않았다. 그사이 아이들은 미국에서 태어나고 자랐다. 캘리포니아에서 첫 직장이 있는 동부를 향해 건너가기 하루 전에는 토양 시료와 삽, 토양 색상표 등을 가지고 첫째 아이 유치원에서 일일 교사를 했다. 1년 후에는 델라웨어의 한 어머니 모임에서도 똑같은 일을 했다. 커가는 아이들을 따라 나의 토양학 과학 봉사는 유치원, 초등학교, 중학교로 무대를 옮겼다. 여전히 여러 면에서 낯설기만 한 나라의 일부가 되는 것에 대한 어정쩡한 기분이 무덤 체험의 두려움에 덧붙여졌다. 마치 흙 알레르기가 있는 나무가 뿌리를 내리는 것처럼, 나는 매사에 움찔거렸다. 그러나 한편에서는 우리 가족은 아이들이 자라는 만큼 미국 땅에 뿌리를 내리고 있었다. 나는 전환기를 통과하고 있었지만, 마음속에서는 고집스럽게 호세 아르카디오 부엔디아의 말이 메아리쳤다. "누군가 이 땅에 죽어 묻힐 때까진 우린 여기 속한 것이 아니야."

2013년 종신교수 심사가 끝나는 동시에 첫 안식년이 왔고, 나는 가족과 함께 1년간 한국에 머물렀다. 많이 늙으신 부모님은 오랜만에 함께하는 아들과 삶의 여러 면을 나누고 싶어 하셨고, 그중에는 당신의 묫자리에 관한 생각도 들어 있었다. 할아버지 혼자였던 묘에는 할머니도 나란히 계셨고, 부모님도 옆자리에 가실 계획이라 하셨다. 덧붙이시길, 우리가 미국에 살고 아이들도 어디서 살게 될지 모르니, 적당한 때에 파내어 화장하라고 하셨다.

아버지와 어머니는 땅속에 들어간다는 것이 어떤 것인지를 알고 계실까? 예행연습 같은 것이라도 해봐야겠다는 맘을 한 번이라도 가져보았을까? 지하 단칸방으로 이사할 때도 낙관적인 모습으로 새로 이사할 곳의 면모와 장단점을 보여주시던 부모님은 정작 가장 오랜 기간을 머무실 다음 집에 대해선 그 이상 아무 말씀도 하지 않았다. 우리 부모님만 그런 게 아니었다. 누구나 흙을 다음 집으로 삼을 운명이지만, 그 때문에 흙 속 투어를 조직한다거나 사람들에게 흙에 관한 관심이 높아졌다는 얘기는 들어본 적이 없다.

죽은 자의 땅

차분하게 다시 둘러본 할아버지의 공동묘지는, 오랜 시간 후 불쑥 떠올랐던 이미지와 여러모로 달랐다. 오랜 기억이 그렇듯 과장이 끼어 있었다. 도랑과 축대에서 드러난 흙은 선명한 오렌지색이 아니라 한결 덜 노랗고 덜 붉었다. 산비탈을 깎아 만든 공동묘지는 어린 시절 내 기억과는 비교할 수 없이 컸는데, 이는 특이한 경험이었다. 어른이 되어 들렀던 어린 시절의 공간들은 십중팔구 기억보다 형편없이 작아서 나를 놀라게 했지만, 할아버지가 계신 공동묘지만은 예외였다. 그사이 더 많은 사람이 묻힌 모양이었다.

유학길에 오르기 전에 본 뉴스에서, 헬리콥터에서 묘지로 뒤덮인 산들을 보여주며 기자는 말했다.[1] "도심을 조금만 벗어나도 양지바른 곳이면 어김없이 묘지가 들어서 있습니다. 현재 묘지 면적은 우리 국토의 1퍼센트이지만 공장 면적의 세 배나 된다는 사실에 놀라지 않을 수 없습니다. 묘지 가운데 40퍼센트는 연고도 없이 방치된 묘지이고 70퍼센트는 여기저기 흩어져 있는 개인 묘지들입니다." 이어 나온 국토개발연구원의 연구자는 "현재의 추세가 이대로 계속된다면 2050년경에는 현재 우리가 살고 있는 주거 면적의 약 66퍼센트 정도까지 묘지 면적이 확대될 것으로 예상되고 있습니다"라고 말했다. 평균적인 한국의 묘지 1기 크기는 미국 묘지의 10~27배로, 집단 묘지의 경우 30제곱미터, 개인 묘지의 경우는 80제곱미터에 이른다는 지적도 나왔다.[2] 이런 예측과 통계는 조상에 대한 예절이 각

그림 10-1 할아버지가 계신 경기도 장흥의 공원묘지.

별한 유교 문화권의 한국에서도 커다란 반향을 불러일으켜, 2000년 이후 장묘에 관한 다양한 법 개정이 이루어졌다. 묘지의 크기와 존속 기간에도 제한이 붙었고, 가장 보편적이었던 묘지에 매장하는 방법은 화장 후 유골이나 뼛가루를 봉안묘, 봉안당, 봉안탑에 안치하는 것에서 수목, 화초, 잔디 밑에 묻는 자연장까지 다양화되었다. 할아버지가 계신 공동묘지도 팽창은 멈추었지만 곳곳에서 오래된 무덤이 사라지고 새로운 봉안묘와 수목장들이 만들어지고 있었다.

언젠가 유럽을 다녀온 한국의 한 가톨릭 사제가 강론 중에 우스갯소리로 한국인은 서구인에 비해 죽음을 멀리한다고 한 적이 있다. 서구의 공동묘지는 동네 안에 있지만 한국에서는 무덤이 먼 산에 있다는 것을 예로 들었다. 지리적 사실을 가르치려고 한 이야기가 아니어서 따질 의도는 전혀 아니지만, 방문한 나라가 한국처럼 산이 많고 인구밀도도 높았다면 별반 다르지 않았을 것이라는 생각이 먼저 들었다. 그러나 이 강론을 기억하는 이유는 죽은 사람도 산 사람만큼이나 땅이 필요하다는 말, 그리고 죽은 사람의 땅과 산 사람의 땅을 갈라서 본 사제의 관찰에 자극을 받았기 때문이었다.

진도에서 만난 이야기꾼

죽은 사람과 산 사람 사이의 땅 문제를 가까이서 보게 된 것은 진도에서였다. 2014년 4월 안식년 때 서울대학교의 인류학자 전경수 교수가 이끄는 답사에 끼어 처음 들렀다. 그때는 몰랐다. 이 짧은 방문을 계기로 그 뒤로 10년간 진도에 계속 드나들게 되리라는 것도 몰랐고, 진도에서 생긴 인연과 진도에서 들은 이야기들이 내 오랜 두려움과 망설임에 탈출구를 주리라는 것 또한 몰랐다.

   답사는 소포리를 중심으로 돌았다. 이때 만들어진 마을 주민들과의 인연으로, 소포리는 이후 진도에 갈 때마다 내 작업의 베이스캠프가 되었다. 거듭된 방문의 동력은 마을 주민들을 완전히 새롭게 발견한 데에 있었다. 제도화된 대학, 대학원, 책, 실험실, 답사지를 뱅뱅 돌며 학위를 받고 가르치고 연구할 자격을 얻은 나는 비슷한 훈련을 받은 다른 전문가들과 협력 연구를 하면서 잠시 소포리 주민에게 신세를 진다고 생각했다. 그러나 그 생각은 며칠이 못 가서 파탄이 났다.

　파탄의 시작점은 나도 뭔가 해야겠다는 생각에 토양 정보를 찾기 시작했을 때였다. 농업 과학 기관과 군청에 들렀지만, 무익한 노력이었다. 실무자들은 토양학 교과서 내용을 내게 가르치려 할 뿐, 내가 알고자 하는 것에는 관심이 없어 보였다. 전문가를 찾아나선 나와 달리, 역사인류학자인 안승택은 소포리 주민 김춘식 씨를 만났다. 1972년 대흥포 완공 당시 34세였던 그는 600미터 길이 방조제의 공사를 세밀하게 기억했다. 대흥포는 100헥타르에 달하는 갯벌을 조수로부터 막았고, 갯벌은 논이 되었다. 굶주림에서 벗어나고 싶었던 그리고 쌀을 원한 소포리 주민의 눈물겨운 노동의 결과였다. 갯골로 모여 흐르는 밀물과 썰물의 힘에 방조제는 쌓는 대로 다시 무너졌다. 아이, 노인 가리지 않고 식구 수대로 나가 대흥포 공사에 손을 보태면, 노동의 증거로 영수증이 쥐어졌다. 훗날 대흥포 뒤에 조성된 간척 논은 영수증 수에 비례하여 가족별로 나누어졌다. 예외도 있었다. 바닷물이 들고 나기를 멈추자 염전은 생산 기반을 잃었다. 추가적인 토지가 그들의 손실을 보상했다. 대흥포를 만든 건 주민들의 절박함이었다. 공사 직전인 1960년에서 1970년 사이에 마을 인구는 정점에 달했다. 바닷물을 염전에서 농축한 후 가마에 끓여 얻는 소금인 화염火鹽 생산을 위해 나무를 베었고, 언덕은 늘어나는 입을 먹이기 위해 온통 보리밭과 채소밭으로 전환되었다. 1972년 항공 사진은 민둥산 언덕과 갯벌로 둘러싸인 소포리를 보여준다. 대흥포는 마을 주민의 일자리를 하룻밤 사이에 바꿔놓았다. 대흥포 간척 이전까지 어업과 소금 생산이 주력 업종이고 밭농사가 부록이었다면, 간척 이후에는 논과 산지에 흩어진 밭이 경제를 주도했다. 바닷사람은 하루아침에 농부가 되었다.

옆에서 엿듣는 김춘식 씨의 이야기에는 농사와 토양에 대한 통찰력 있는 관찰과 가설적 설명을 넘어 진도 사람의 삶, 신화, 진도와 한

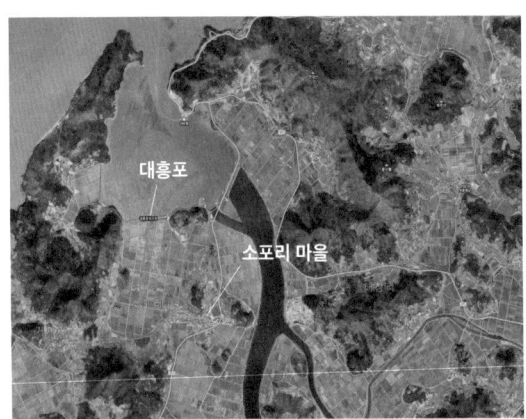

그림 10-2 소포리 마을과 대흥포. 1972년(위)과 현재(아래).

국의 역동적인 역사가 듬뿍 버무려져 있었다. 이야기의 깊이와 장대함에 나는 푹 빠져버렸다. 진도는 달리 보배 섬이 아니었다. 나는 진도 사람들의 이야기를 들으러 진도를 드나들기 시작했다.

 소포리 이야기꾼 중 아주 빼어난 인물로 김병철 이장이 있었다. 나에게 수수께끼 같은, 혹은 인류학적 존재였던 김병철 이장은, 지금 세상이 어떤 세상인데, 마을 일이라면 목숨을 걸다시피 하는 사람이었다. 소포리 땅 구석구석의 역사와 자연, 사람들의 부엌살림에서 상장문화와 말까지 꿰뚫고 있던 김병철 이장의 이야기를 들으면서 학문보다 크고 깊은 것이 이야기라고 믿게 되었다. 진도에 가면 나는 어려움 없이 진심으로 겸손해질 수 있었다. 그것은 '유레카'의 순간만큼이나 달콤한 경험이었다. 죽은 사람과 산 사람 사이의 땅 문제 또한 이야기를 통해서 드러났다.

땅을 나눈다는 것

진도에서 가장 인상적인 곳 중 하나였던 왜덕산은 버려진 밭과 초지와 관목으로 뒤덮인 데다가 길가 표지판조차 없어 누군가 알려주지 않으면 알아보지도 못할 낮은 야산이다. 심하게 침식되고 웃자란 풀로 뒤덮여 봉분의 형태마저 희미한 무덤이 여기저기 흩어져 있었다. 특별한 점은 이들 무덤 속에 진도 사람이 아닌 500여 년 전 조선을 침략한 일본군들이 묻혀 있다는 동네 사람들의 이야기였다. 1597년 조선은 다시 침략(정유재란)한 일본에 넘어가기 직전이었다. 하지만 이순신이 이끄는 13척의 함선이 300여 척으로 이루어진 일본 함대를 진도와 조선 본토 사이 폭이 1킬로미터도 채 안 되는 울돌목으로 유인, 거친 조류를 이용해 격파해 꺼져가는 조선의 목숨을 살려놓았다. 오늘날 한국의 남해를 여행하는 사람은 산재한 이순신 사당, 기념물, 동상을 통해 그 전투의 중요성을 간접적으로나마 체험할 수 있다. 바로 그 울돌목 해전에서 죽은 일본 수군의 시신이 물살에 떠밀려 도착한 곳이 진도 벽파진이고, 진도 사람들은 적군임에도 불구하고 시신을 거두어 예를 갖추고 왜덕산에 묻어주었다는 것이다.

그 후 진도를 찾을 때마다 안내를 맡아준 향토사학자 박주언의 도움으로 진도의 마을 주민들을 만나고, 2018년 진도문화원이 발행한 《보배섬 진도설화》를 얻었다. 진도 노인들의 기억과 인터뷰가 총 1710쪽에 걸쳐 소개된 이 책을 통해서, 신원을 알 수 없는 시신들이 왜덕산뿐만 아니라 그 주변 바닷가에까지 광범위하게 묻혔음을 알았다. 다만 지금까지 남아 있는 곳이 왜덕산일 뿐이었다. 연고 없는 무덤의 주인 중에는 일본 수군 전사자뿐만이 아니라 1950~1970년대에도 종종 떠내려오던 의문의 사체도 있었다. 간척 전 현재의 고군면 사무소 앞까지 바닷물이 들었을 땐 시신들이 내동의 갯벌로 들어왔다고 증언하는 1951년생의 진도 노인은 총 네 구의 시신을 기억했다. 첫 번째 시신은 둑방에 걸쳐 있었고, 마을 주민 일곱이 나가 마을 공동묘지에 매장했다. 두 번째 시신은 다른 때와는 달리 밀물에 발견해 물이 빠진 뒤 논두렁 위에 올려놓았지만 해경이 가져가

그림 10-3 왜덕산 전경(위). 드론 촬영을 한 날, 진도문화원과 일본 교토평화회가 함께 연 위령제가 열렸다. 하토야마 전 일본 총리는 추모사를 통해 "고통받은 사람들이 더는 사죄하지 않아도 된다고 할 때까지 계속 사죄해야 한다"고 믿는다며 일본 수군을 예를 다해 묻어준 진도민에게 감사를 표했다. 지금은 수풀과 숲으로 덮인 왜덕산 앞의 논은 마산방조제가 완공될 때까지 바닷물이 올라왔던 곳이다. 왜덕산 숲 가장 자리엔 버려진 밭, 초지, 이제는 형태를 가늠할 수 없는 무덤들이 있다(아래).

자초지종을 모른다고 했다. 세 번째 시신은 논 앞에 묻었으며, 네 번째 떠내려온 시신은 군유지인 산에 묻었다고 했다. 넷 모두 객지 사람이었다. 한번은 더 남쪽의 마을인 마산까지 시신이 떠왔는데, 부패 상태가 심해 올가미로 옮겨 매실리 자갈밭 옆의 밭에 묻었다고 했다.

500년이 지난 2006년, 왜덕산에 묻힌 일본 수군의 후손들 20여 명이 진도를 찾아와 묘소를 참배하고 동네 주민들에게 고마움을 표했다고 한다. 이 이야기를 들었을 때, 가슴속에서 무엇인가가 뭉클했고 코끝이 찡했다. 사람은 죽어서 흙으로 돌아간다는 말의 물리적·화학적 객관성 위에, 미처 생각해본 적 없던 도덕적 차원이 처음으로 다가왔다. 일면식도 없던, 심지어 적군이었던 죽은 이에게 사람 대 사람으로 예를 다해 논과 밭과 숲의 한쪽을 양보한 진도 사람들은 죽은 사람과도 귀한 땅을 나누는 것이 사람다운 본성임을 보여주었다. 진도 사람들이 외면했더라도 시신들은 자연의 법칙에 따라 먼지로 수렴했겠지만, 무덤은 남지 않았을 것이고, 그 무덤이 입증하는 진도인의 고귀한 사람됨도, 500년 후의 추모와 감사도, 시대를 뛰어넘는 화해와 치유도 없었을 것이다.

버려지는 땅

인구밀도가 높은 한국에서 죽은 이가 모두 영구적으로 존속하는 분묘에 묻힌다면, 땅은 산 자와 죽은 자 모두를 위한 것이 아니라 점차 죽은 자의 것이 될 것이다. 그래서 2025년 4월 현재 한국의 장묘법은 화장이나 납골을 장려하면서, 분묘의 존속 기간을 30년으로 제한하고 30년 후 한 번 연장 가능하게 함으로써, 최장 60년의 분묘 설치를 허가한다. 설치 기간이 지나면 1년 이내에 시설물을 철거하고 매장된 유골을 화장하거나 봉안하도록 해서 장기적으로 분묘를 화장과 납골로 대치하도록 유도하고 있다.

내가 유학을 떠나던 1997년 당시 개인 묘지의 평균 면적이 80제곱미터였는데, 개정된 현행법은 개인 묘지가 30제곱미터를 초과해서는 안 된다고 못 박고 있다. 장사법 총칙 1조는 장사법의 목적이 "보건위생상의 위해를 방지하고, 국토의 효율적 이용과 공공복리 증진에 이바지하는 것"임을 밝히는데, 이에 따른 국가와 지방자치단체의 책무(4조)는 "묘지 증가에 따른 국토 훼손을 방지하기 위하여 화장·봉안 및 자연장의 장려와 위법한 분묘설치의 방지를 위한 시책을 강구·시행"하는 것이다.

산 자와 죽은 자의 땅을 관리하는 새로운 규칙들의 기본은 묘지 증가에 따른 국토의 훼손을 방지하는 것, 말하자면 땅이 귀해지면서 높아지는 땅을 둘러싼 산 자와 죽은 자의 긴장을 산 자의 처지에서 푸는 것이다. 한편, 조금 더 내려가 깊은 곳에서 보면, 땅이 아무리 귀해도 죽은 자를 위한 자리는 어떻게든 남겨놓아야 한다는 의식이 여전히 보이는 것이 장사법이기도 하다.

땅이 귀하다는 관점으로만 본다면 500년 동안 왜덕산의 연고 없는 무덤이 존재할 수 있었던 시대를 이해하기 힘들 수도 있다. 하지만 땅을 중심으로 맺은 산 자와 죽은 자의 관계, 그리고 죽은 자와 그의 공간을 존중하고 두려워하는 인간의 본성을 생각하면서 진도 사람의 이야기를 듣다 보면, 산 자와 죽은 자의 땅을 둘러싼 관계의 다양한 면을 발견하게 된다.

진도 노인들이 들려준 옛이야기에 따르면, 당신들의 유년기와 젊은 시절은 산 사람과 죽은 사람이 땅을 두고 경쟁하고, 이 경쟁에서 산 사람이 압도적으로 우위를 점한 시대였다. 1925년생인 노인은 지금의 진도군청 근처가 일제강점기 일본인 화장터였다며, 그 옆 공동묘지를 밭으로 개간하다가 죽은 아기를 넣어 묻은 항아리가 나온 기억을 들려주었다. 개간을 통해 밭 또는 논으로 재탄생한 마을 공동묘지는 노인들의 기억 속에서 심심치 않게 나오는 주제인데, 개간으로 옮겨간 못자리가 또다시 개간되어 재차 이장되기도 했다. 새로 내는 길 위에 연고 없는 묘가 있어 이장하기도 했는데, 결국에는 돌보는 이가 없어 엉망이 되기도 했다. 그래도 이장이라도 되었으니 복 받은 사람들이라고 했다. 개간은 볼품없는 묘만 건드린 게 아니어서, 어사또가 묻혔다던 "징하게" 컸던 묘 또한 밭 임자들이 파서 없애버렸다. 묘지에서 밭으로 개간된 땅이 농지정리로 파헤쳐지는 과정에 그간 묻혀 있던 비석이 튀어나오기도 했고, 경지를 정리하던 굴착기 기사가 허문 담 밑에서는 사람 뼈가 한 뭉치 나왔는데, 기사가 잘 묻어드리겠다고 약속하고서야 굴착기가 움직였다는 일화도 있다. 묘를 파 밭을 만들려는 이에게 죽은 사람이 꿈에 나와 호통을

그림 10-4 대파 밭 한가운데의 버려진 무덤. 진도 소포리. 지난 50년 동안 일어난 밭의 토양침식으로 무덤이 주변보다 50센티미터나 높다.

쳤다는 일은 비일비재했다. 개간되었던 땅이 숲으로 돌아갔다 다시 밭으로 개간되는 과정을 다 본 사람도 있으니, 진도 땅 어느 구석 하나―간척지만 빼고선―못자리가 아니었다고 장담할 수 있는 곳이 없다.

개간, 경지 정리, 도로 건설, 마을 개량 등등으로 묘지가 파헤쳐지고 옮겨지고 소리 소문 없이 없어졌다는 노인들의 증언은 지금의 진도 사정과는 크게 다르다. 돌봄을 받지 못해 봉분의 형태마저 흐트러진 무덤이라도 여전히 밭 한가운데 자리를 보전하고 있는 것이 진도의 흔한 풍경이다. 사실 이건 진도만이 아니라 급격한 인구 감소를 겪는 한국의 농촌 마을 어디에서나 흔히 볼 수 있는 모습이기도 하다.

진도 소포리 윗당메의 밭 한복판에서 만난 무덤은 아직 동그랗게 솟은 모습이 뚜렷했지만, 억새와 풀이 웃자라 주변의 벌건 황토 위에 줄을 맞춰 자라는 푸른 대파와 묘한 대비를 이루고 있었다. 마침 밭을 보러 나오신 동네 노인에게 물으니 "50년 정도 됐습니다" 하였다. 무덤 주인의 아이는 듣지도 말하지도 못하는 장애가 있었는데, 그 가족은 떠난 후 다시는 돌아오지 않았다고 했다. 밭 하나 건너 하나꼴로 버려진 무덤이 있었다. 대파를 심은 밭이랑은 무덤 앞에서 끊겼다가 무덤 건너에서 무심히 이어졌고, 지난 수십 년 동안 일어난 밭의 침식으로 무덤 가장자리는 주변의 밭보다 무릎, 때로는 허벅지만큼이나 높았다. 어떤 무덤은 밭일하다 실수로 갈아엎어도 누구도 눈치채지 못할 만큼 밭의 일부가 되어 있었다.

그런데도 이 무덤들이 남아 있는 것이 신기했다. 노인들의 옛이야기에 따르면 이렇게 버려진 무덤들은 언제 누가 개간이나 다른 구실로 갈아엎을지 알 수 없는 운명에 처해 있었다. 그러나 지금은 그때와 사정이 다르다. 밭, 도로, 개량 주택에 갈증을 느끼고 경쟁하는 사람들이 없다. 땅이 아니라 사람이, 일손이 귀하다. 형편이 그러니 오히려 밭이 무덤보다 먼저 버려지는 판이다. 무덤이 밭과 함께 칡덩굴에 뒤덮인 곳이 비일비재했다. 소포리 마을 뒤 망매산에는 30년은 족히 자란 소나무 숲이 있는데, 거기서도 어김없이 버려진 무덤이 산재했고, 숲의 땅을 파보면 찢어진 비료 봉투가 나오기 일쑤였다. 해가 잘 들고 경사가 급한 비탈은 나무가 자라기에는 흙이 메말라 있어 초지가 숲을 대신했다. 소포리 옆 안치리는 밀양 박씨 집성촌으로, 밀양 박씨 선산이 있다. 다른 마을과 마찬가지로 인구가 줄고 노인만 남은 마을에서, 선산을 유지하는 것이 벅찬 일이 된 지는 오래였다. 안치리의 한 노인은 벌초할 힘도 없고 돈도 드는데, 명색이 박씨네가 살았던 마을이라 밖의 눈이 두려워 어쩔 수 없이 선산을 유지하고 있다고 한탄하였다.

진도 인구는 1970년을 전후로 11만 명에서 정점을 찍었다. 지금이 3만 명이니 거의 네 배의 인구였다. 광범위한 개간으로 파헤쳐지던 무덤 이야기를 들려주신 노인들은 1925~1940년대에 출생해 1960~1970년대에 청장년기를 지냈다. 일제강점기 1925년의 진도 인구는 5만 4474명이었다가 광복 직전인 1944년에 6만 5199명으로 늘었으며, 한국전쟁 후 잠시 줄었다가 1960년대부터 빠른 속도로 증가했다.[3] 진도의 전무후무한 폭발적인 인구 팽창기가 바로 노인들의 청장년였다. 그들의 유년기와 청장년기는 일제강점기, 광복, 전쟁, 군정과 쿠데타를 통과하는 정치적 불안정의 종합선물세트이기도 했다. 인구 폭발과 정치적 불안정은 섬이라는 한정된 토지 위에서 경지 면적의 절대적 부족과 함께 산 자와 죽은 자의 땅 분배를 조절하는 행정의 공백을 초래했고, 노인들의 기억에만 남은 수많은 공동묘지와 무연고 무덤들이 개간되는 배경이 되었다.

1984년 진도대교가 완공되고 진도가 섬이 아닌 섬이 되면서, 뭍을 향한 노동인구의 대이동이 시작되었다. 2000년대에 이르러서야 인구 감소 속도가 줄었지만, 나갈 사람은 이미 다 나갔기 때문이었다. 인구가 1970년의 3분의 1 아래로 줄어든 상황에서, 60세 이상의 노년 인구가 전체의 40퍼센트 이상을 차지하는데, 이 비율은 진도읍에서 리 단위로 내려가면 더욱 높아진다. 소포리의 경우, 간척지의 논은 유지되지만 많은 밭이 손을 탄 지 오래되었고, 계속해서 버려지고 있다. 기계화에 최적화된 평지의 간척지 농사는 노인도 할 수 있지만, 급한 경사지에 흩어져 있는 밭은 기계화가 태생적으로 힘들다. 따라서 없는 일손은 더욱더 간척지 논으로 집중되고, 밭과 무덤이 있는 산지의 가치는 떨어져 그만큼 더 빠르게 버려지고 있었다.

농촌의 과소화로 밭과 무덤이 숲으로 천이하는 과정이 진도 그리고 한국 시골 마을의 마지막 길일까? 때마침 한국의 국가 단위 인구도 2020년 정점을 찍고 내리막길을 걷기 시작했다. 한국의 산과 언덕들이 높은 인구밀도가 초래한 토지 사용의 압박에서 벗어나 숲으로 돌아가는 때가 온 것일까? 아니면 지금 자라나는 숲이 또다시 잘리고 갈아엎어져 아파트 단지 또는 밭으로, 아니면 심지어 다시 무덤으로 돌아가는 순환이 기다리고 있을까? 아이러니하게 들리겠지만, 나는 밭과 무덤 위에 자라는 숲의 적잖은 면적이 머지않아 다시 무덤으로 돌아갈 것이라고 본다.

이유는 진도가 겪은 급격한 인구 감소가 한국의 미래라는 데 있다. 진도의 인구가 1970년에 절정에 달했다면, 한국의 전체 인구는 그보다 50년 후인 2020년에 정점을 찍고 줄기 시작했다. 2020년, 한국의 사망자 수는 30만 5085명으로 신생아 수인 27만 5815명보다 3만 명이 많다. 연도별로 보면 한국의 출생자 수는 1960년 109만 9294명으로 정점을 찍었는데, 1960년생은 2043년에 한국인의 평균 수명인 83세가 된다. 사람들은 전보다 오래 살지만, 한국전쟁 후 폭증한 출생 인구 때문에 사망 인구는 해마다 느는 중이고, 증가세는 수십 년을 이어갈 것이다. 앞으로 죽을 이 많은 사람은 다 어디로 갈까?

2019년 진도에 갔을 때, 한 마을 주민이 버려지는 산의 밭을 가리키며 장묘 사업 이야기를 꺼냈다. 거기에는 한국에서 유명한 진도의 장례문화가 가질 브랜드 효과와 탁 트인 다도해의 전경이 조망되는 풍수까지 들어 있었다. 진도에서 태어나 어린 시절을 보내고, 청장년기에 드디어 개통된 진도대교를 타고 도시로 갔던 그들은 죽어서 고향으로 돌아와 새롭게 조성된 공원묘지에 묻히게 될까? 시골의 지자체들은 관광객과 귀농인에 이어 죽은 사람을 유치하기 위해 서로 경쟁하게 될까? 땅을 중심으로 한 산 자와 죽은 자의 관계는 지금도 계속 변화하고 있다.

아장목, 아이 장사 지내는 나무

상만리 앞산의 아장목에 대해 말하자면 이은진 할아버지 댁의 앞마당으로 돌아가게 된다. 들를 때마다 아장목을 가리키며 물으면, 할아버지는 이미 해준 말씀을 토씨 하나 다르지 않게 열정적으로 되풀이하고, 나는 남도의 따스한 햇볕이 노란빛으로 물들이는 앞마당에

그림 10-5 상만리 이은진 할아버지(아래) 댁 마당에서 바라본 아장목(위).

서 홀린 듯 아장목을 바라본다. 아장목은 '아이 장사 지내는 나무'라는 뜻이다.

> "아마 옛날에는 애들이 급체라든가 혹은 질식사 그런 것으로 죽으면, 중달(바구니)이라고 중달에다가 담아서, 산 높은 데 공기 좋고 통풍 잘된 데 갖다 걸어놓으면 혹시 살아난다 그래서 그런 기적을 바래서, 애들을 중달에 담아 갖다 걸어놨어."[4]

상만리 마을에서 바라보는 아장목은 찾으려 애쓰지 않아도 스스로 존재를 맘껏 드러내고 있었다. 이 우아한 소나무는 주변의 고르게 자라 있는 나무들보다 적어도 한 키가 더 컸다. 아장목을 중심으로 한 반경 20~30미터의 공간에는 같은 키로 촘촘히 자란 주위의 작은 나무들이 아장목의 위세에 눌려 있는 듯 보였다. 이은진 할아버지는 앞산이 40~50년 전만 하더라도 벌거숭이 민둥산이었다고 했다. 진도 특산물이었던 화염 생산을 위한 장작을 얻고자 숲은 벌채되었고, 땔감으로 가치가 없는 풀과 작은 관목만이 남았다. 그러나 아장목을 쳐낼 만큼 겁 없는 사람은 없어서, 아장목은 민둥산 꼭대기 능선을 홀로 지키고 살아남았다.

화염 사업이 쇠퇴하고 마을 집의 난방 연료가 바뀌고 나무 심기가 권장되면서 숲은 돌아왔다. 주변 나무가 아장목보다 한 키가 작은 이유다. 마을 노인들 마음속에는 아직도 그 아이들의 이야기가 살아 있다. 아장목이 마을에서 잘 보이도록 주변에는 나무를 심지 않았고, 지금도 마을 사람들이 그 주변을 돌본다고 했다.

상만리 이은진 할아버지 댁의 툇마루에 앉으면, 헐벗은 앞산에 홀로 선 아장목과 나무에 매달린 사랑하는 아이의 바구니를 바라보는 젊은 부부의 심정이 되었다. 그 경관도 바라보는 사람의 마음도 나란히 슬펐다. 그와 같은 옛 광경은 진도 어디서나 불쑥불쑥 튀어나오곤 했다. 진도 남서쪽의 작은 섬인 금호도에서는 '추장'이라고 해서, 아기들이 죽으면 나무 위에 아이를 업혀놓았다고 한다. 초등학교 때 추장이 행해지던 숲에 들어갔더니, 아기들 해골이 많았다고 하시는 분도 있었다. 거제마을의 한 분도 그때는 어린아이들이 잘 죽었다며, 멀리 안 가고 망태에 담아 동구 밖 숲에 걸어놓았다고 하면서 말했다. "그러나 이미 죽어븐 사람이 살아나것이오?"[5]

아장목에는 죽은 아이가 살아나길 바라는, 또는 우리 아이가 살아났을 때 그 순간을 놓칠까 눈길을 뗄 수 없는 애절한 마음이 비친다. 한편으로, 아장목은 사후의 세계와 현세 사이에 길이 있어 오갈 수 있다는 소원에 가까운 믿음의 증거이기도 하다. 아파트나 주택단지에 사는 우리에겐 산 자와 죽은 자의 땅이 법과 관습으로 엄격히 분리되어 있어 그 길이 열리든 말든 상관이 없지만, 주변이 온통 죽은 자의 땅이었던, 심하게 말하면 무덤들 사이에 산 사람이 끼어 살았던 근대까지의 풍경에서, 그 길은 간절한 소원이기도 하고 두려움의 원천이기도 했다.

노인들이 들려준 이야기에는 유독 도깨비에 관한 것이 많다. 그들이 자랐던 풍경에서는, 건넛마을 가는 길에 전쟁이나 병으로 원통하게 죽은 이들의 공동묘지를 지나는 것은 당연했다. 삼별초 군사들의 것이라고 전해지던 무덤을 등 뒤에 두고 밭을 매었으며, 용하다는 점쟁이의 말에 밤사이 죽은 자식을 저잣거리 한복판에 누군가 매장했다는 소문이 돌았다. 젊은이가 죽으면 길가에 묻는 풍습 때문에, 혼례를 못 치르고 죽은 총각과 처녀들 또는 자살한 청년의 묘 옆을 매일 지나야 했다. 그러니 동네 마실이 늦어져 밤길을 걸어야 하면 두려움에 떠는 게 당연했다. 칠흑 같은 어둠 속에서 도깨비와 씨름을 해야 할 때도 있었고, 도깨비에게 홀려 밤새 집에 돌아가지 못하기도 했으며, 큰물에 불어난 개천을 도깨비가 업어 날라주기도 했고, 술 한잔을 따라주니 길을 비켜준 도깨비도 있었다.

진도 노인들의 도깨비 이야기를 듣다 보면, 집에 기생해 사는 귀신이 공포영화의 흔한 역할로 나오는 현상도 같이 이해된다. 산 자와 죽은 자의 땅이 시공간에 걸쳐 섞여버린 근대 이전의 공간에서는 어디서나 맞닥뜨릴 존재가 귀신이었다. 땅, 흙, 그곳이 죽은 이의 마지막 거처인 이상 피할 수 없었을 것이다.

흙을 대하는 태도

아무리 그래도 진도는 산 사람의 땅이었다. 죽은 자의 땅으로 가는 내 시선을 산 자의 땅으로 돌려놓은 인물은 소포리의 전 이장 김병철이었다. 코로나로 2년을 건너뛰고 2022년에 만났을 때, 그는 병색

그림 10-6 대흥포 간척논을 배경으로 선 전 소포리 이장 김병철.

이 분명했고 지쳐 있었다. 말을 끝낼 때면 아쉬움이 짙게 묻은 한숨이 터져 나오곤 했다. 그는 실험가였다. 지역문화운동 실험가이기도 했고, 유기농 실험가이기도 했으며, 전국의 갯벌이 간척으로 묶였을 때 논을 갯벌로 되돌리는 거대한 실험을 제안하기도 했다. 그의 실험은 모두 폭발적인 잠재력을 가졌다고 나는 믿지만, 적어도 그의 눈앞에서는 꺼져가는 불씨였다.

모두가 반듯한 간척 논에 화학비료와 농약을 뿌려가며 소득 증대에 열을 올리고 있을 때, 김병철은 사람이 흙에 하는 것이 곧 물에 하는 것이며 진도를 둘러싼 바다에 하는 것이라고 열을 올렸다. 그에게는 흙을 대하는 태도가 곧 사람을 대하는 태도여서, 사람에게 먹일 수 없는 것을 흙에 줄 수 없었다. 진도읍에 있던 김병철의 논에는 1미터 깊이 둠벙과 그 둠벙에 심은 연꽃이 있었다. 흐르는 무논의 물은 둠벙과 연꽃을 보고 가야 했고, 거기서 정화 작용을 거친 후에야 도랑을 지나 바다로 갈 수 있었다. 물은 흐르기에 김병철은 물이 공유재라고 했다.

진도 사람답게 노래와 춤, 북에 능통한 김병철의 말씨에서는 언제나 운율이 느껴져, 나는 그의 말치고 노래가 아닌 것이 없다고 느꼈다. 슬픈 이별가처럼 그가 말했다.

"제초제 좀 덜 했으면 좋겠고. 토양 1센티미터를 잃는 건 잠깐이지만 자연에서 만들어지는 것은 만년이 걸려요. 친환경 농업 합시다. 펄도 같이 개선해나가도록 합시다. 결국은 사람들이 다 나자빠지더라고. 왜냐하면 소득에 도움이 안 돼. 나도 유기농 20년 하면서 논 다 팔아먹었어요. 아버지께 물려받은 논까지 다 팔아먹고, 더 해야 할지 말아야 할지 고민이에요. 우리가 물려받은 것처럼 깨끗한 흙과 물을 후손들한테 물려주는 데 소비자들도 같이 거들어야 하거든요. 그게 결국은 유기농에 대한 가격 지지로 나와야 하거든요. 소비를 해주고. 그래야 유기농을 진행할 수 있어요. 근데 인건비 비싼데 제초제 안 해야 하니 손으로 다 매야 하잖아요. 화학비료 안 해야 하잖아요. 나는 누군가 해야 할 일이고 앞으로도 하려고 하지만, 식구들이 너무 힘들어해요. 자존심 상할 때가, 팔 데가 없어. 팔아야 할 텐데 돈은 필요하고. 그러니까 품위가 떨어지잖아요. 그럴 때 제일 속상해요. 대접 못 받을 때."

김병철은 대흥포의 역간척에 대한 나의 질문에 잠시 뜸을 들이고 말했다. "다시 추진해야 하는데, 아, 내가 이제 원동력이 없어져 버렸어요." "지금도 미련이 있죠." "그런데 제가 그때 상처를 너무 받아서." 쌀이 남아돌고 쌀값이 떨어지자, 그는 바뀐 경제 상황을 오래된 생태 관찰과 엮을 기회를 보았다. "대흥포로 인한 생태 변화가 정말 커요. 짱뚱어, 논게, 갈기, 망둥이, 비토리 등등 내가 어릴 때 연안 수역에서 살던 토종 동식물들이 다 없어졌어요. 논과 밭에서 나오는 오염물질이 바다까지 영향을 미쳐요." "바다의 기능을 못하는 거죠." 한때 마을 사람들이 맨손으로 지은 대흥포를 터서 간척논을 갯벌로 되돌릴 때 만들어지는 것이 밭과 논에서 나오는 것보다 크겠다고 그는 생각했다. 역간척 발상은 주요 일간지와 뉴스에 나올 만큼 큰 주목을 받았다. 교육부는 소포리로 학생 답사를 보내주겠다고 약속했고, 마을 사람들은 생태 관광으로 새로운 세상을 시작할 꿈에 부풀었다. 그러나 계획은 마을 사람들 사이의 갈등에 부딪혀 좌초되었고, 그때 받은 상처는 오래도록 그를 괴롭혔다.

진도 사람이 되어부렀습니다

산 자와 죽은 자 사이 흙을 통한 연결고리를 탐구하는 다큐멘터리 영화[6]를 진도에서 찍었다. 제목은 〈흙의 숨: 진도 이야기〉가 되었다. "흙은 숨을 쉰다. 인간은 죽어서 흙이 된다. 죽어서 흙이 된 인간은 흙의 숨을 쉰다"가 영화의 요약문이었다. 흙구덩이에 내가 누워 있는 모습으로 영화는 끝난다. 캘리포니아 해안 언덕에서 20여 년 전에 했던 무덤 실험의 반복이었다. 소포리 전 이장 김병철이 자신의 밭을 파도록 허락했고, 친구의 굴삭기까지 빌려주었다.

그날 밤, 김병철을 포함한 마을 사람들과 쉬미항의 허름한 식품점에 차린 식탁에 둘러앉아 저녁을 함께했다. 그때였다. 처음 뵙는 마을 주민이 어디선가 불쑥 나타나 내 얼굴을 빤히 보며 한쪽 눈을 찡긋하면서 손을 내밀라고 했다. 뭘 주시려나 내민 내 손에 다짜고짜 살아 있는 커다란 문어를 올려놓았다. 어쩔 줄 모르는 웃음 섞인 비명에 혼란이 빚어졌고, 그 소동에 가게에 있던 모든 사람이 깔깔 웃었다.

몰입의 즐거운 순간이 지나고 숨을 고를 때, 옆자리의 김병철이 자신의 휴대전화를 건네며 진도에서 평생 인류학 연구를 진행해온 전경수 교수에게 자기가 보낸 카카오톡 문자를 보여주었다. 그날 흙구덩이에 누운 내 사진과 함께, 이렇게 쓰여 있었다. "유 교수가 드디어 진도에 묻혀버렸습니다." "진도 사람이 되어부렀습니다." 잠시 말을 잃었다. 뜨거운 것이 올라왔다. 김병철 이장이 그 순간 어느 때보다도 정겹게 느껴졌다. 그의 카톡 두 마디는 따뜻한 힘으로 캘리포니아의 무서웠던 무덤 체험을, 우르술라와 호세의 대화가 일깨운 나의 불안한 처지에 관한 상념을 소환해 녹여버렸다. 그 힘을 말로 표현하자면, 오래 떠돌아다닌 나에게 고향이 생긴 느낌이 아니었을까?

두 번째 무덤 체험을 한 김병철의 밭은 대흥포를 내려보는 양지바른 곳이었다. 굴삭기가 파놓은 흙구덩이는 자세를 바로 하고 누워도 좁지 않았다. 황토 사이로 보이는 푸른 하늘에 점점이 하얀 구름이 흘러갔다. 흙의 감촉이나 온도 같은 데 신경이 쓰이기보다, 시간이 많이 흘렀구나 싶었다. 삼십이 채 못 되었던 젊은이는 오십을 훌쩍 넘겨 있었다. 그 시간을 사이에 두고 이 가깝고도 먼 곳에서 또 한 번 흙구덩이에 누워 있는 것이 기적처럼 느껴졌다. 두려움이나 이질감은 없었다. 이미 씨를 뿌린 당신의 밭에 누울 자리를 내준 마음이 고마웠다. 내가 정말 죽어 묻힐 때도, 바로 지금처럼 내가 온 곳으로 나를 보내주는 사람들에 대한 고마운 마음이 차오르길 바랐다.

　김병철은 2023년 1월에 흙의 숨으로 돌아갔다. "진도 사람이 되어부렀습니다"라고 썼을 때, 그는 우리가 살아서나 죽어서나 이웃으로 살아도 될 만큼 가까워졌음을 의미했을 것이다. 죽기 전에 김병철은 나를 같은 고향 사람으로 받아준 것이다. 그가 떠나고 다섯 달이 지난 여름에야 유족과 안식처를 방문했다. 이번에는 내가 아닌 그가 땅속에 있었다. 나도 누군가에게 카톡을 보내고 싶어졌다. "김병철 이장이 그토록 사랑하던 진도에 묻혀부렸습니다." "살아서도 죽어서도 진도 사람이 되어부렀습니다." 김병철과 진도 사람들은 산 사람과 죽은 사람의 운명이 흙에서 교차함을 보여주었다. 그들의 이야기를 듣고 따라다니면서, 흙의 어두운 면에 대한 두려움마저 삶의 한 부분으로 받아들이지 않을 수 없었다.

　귀한 땅 조각을 연고도 없는 죽은 이에게 내주었던 진도 사람의 마음이 없었다면, 죽은 이를 흙의 순환으로 돌려보내는 것을 사람의 당연한 모습으로 여겼던 섬사람의 마음이 없었다면, 아직 보지도 못한 미래 세대를 위해 땅과 흙을 아낄 숭고한 능력이 우리에게 있다고 어찌 말할 수 있을까? 죽은 사람과 한 평의 땅조차 나눌 마음도 없으면서, 아직 태어나지도 않은 미래 세대와 한 평의 땅도 아닌 지구를 나눈다는 생각을 어찌 할 수 있을까? 진도에서 보고 들은 것은 지금의 우리와 지구 그리고 미래 세대와의 관계에 드리우는 한 줄기 희망이었다. 미래는 흙에서 과거와 닿아 있었다. 김병철도 같은 생각이 아니었을까? 그는 나의 추상적인 생각에 근육을 붙여 이렇게 말했다. "유기농을 하는 것은 전통문화를 지키는 것과 똑같습니다." 그만이 할 수 있는 말이다.

맺음말

> 내가 가천마을에 묻혀 있는데
> 그 위로 우마의 통행이 잦아 일신이 불편하여
> 견디기 어려우니
> 파내어 세워주면 필히 좋은 일이 있을 것이다.
> _남해 현령 조광진의 꿈에 나타난 노인[1]

"열 길 물속은 알아도 한 길 사람 속은 모른다"는 속담이 있다. 나는 이 말을 "한 길 사람 속만큼이나 한 길 땅속도 모른다"로 바꿔 쓰려고 한다. 그러고는 미지의 세계인 한 길 사람 속이 역시 미지의 세계인 한 길 땅속에 닿아 있다는 이야기로 이 책을 마무리하고자 한다.

우리나라는 면적으로 볼 때 큰 나라는 아니지만, 3383개의 섬이 있는 섬 부자다.[2] 그중 유인도는 500개가 못 되는데, 섬 주민의 노령화와 과소화로 그 숫자는 앞으로 더욱 줄어들 것이다. 목포에서 부산까지 이어지는 한국의 남해안은 복잡한 해안선과 수많은 섬으로 절경을 이룬다. 산에 오르길 좋아하는 나에게 남해의 섬들은 특별한 보물이다. 가성비가 최고이기 때문이다. 가령 해남의 달마산은 489미터, 남해의 금산은 705미터로 특별히 높은 산은 아니지만, 암석이 많고 험해 산 타는 재미가 쏠쏠하고 끝없이 펼쳐진 다도해를 보며 걷기 때문에 조금만 올라도 경관의 시원함이 이루 말할 수 없다. 그러나 등산하는 나한테는 보물인 작은 섬 속 날카로운 돌산들은, 땅에서 생계를 지어야 했던 섬사람에게는 시련의 원천이었을 것이다.

남해의 섬들을 다녀보면, 해식애(파도로 만들어진 해안 절벽)에 간당간당 매달린 계단 논과 밭을 흔히 볼 수 있다. 산양도 아니고 도대체 저길 어떻게 갔을까 싶은 절벽에 돌담을 쌓아 만든 코딱지만 한 농지는, 섬사람들의 땅에 대한 갈증을 보여주기에 부족함이 없다. 파란 바다를 앞에 둔 가파른 해안가의 계단 논은 아름답기 그지없는데, 그중에서도 잘 알려진 곳이 남해도 가천 다랭이 마을이다.

남해군 남면의 남쪽 끝에 위치한 다랭이 마을의 북쪽은 설흘산(491미터)에서 응봉산(470미터)으로 이어지는 칼날 같은 능선이 병풍을 치고, 동쪽과 서쪽으로는 두 산에서 뻗은 산자락이 마을을 에워싸고 있다. 삼면이 산으로 둘러싸인 마을은 바다를 향해 남쪽으로 열려 있지만, 암석해안이 곧바로 큰 바다에 노출되어 파도가 거칠다. 그래서 마을 사람은 바다를 코앞에 두고도 어업이 아닌 농업에 종사해왔다. 설흘산과 응봉산 사이 골짜기에서 발원하는 개울 덕분에 물이 많아 가천加川이라는 이름이 붙었다는데, 개울물은 경사 급한 마을을 빠른 속도로 통과해 곧장 바다로 들어간다. 남해를 바라보는 이 골짜기 마을에 계단 논이 100여 층을 이루고 있다. 논을 셀 때는 논두렁으로 둘러싸인 구역을 일컫는 '논배미'라는 단위를 쓰는데, 이 마을의 계단식 논이 얼마나 작은지 옛 농부가 논배미 숫자가 모자라 찾다가 집에 오니 삿갓 밑에 숨어 있었다고 하여 '삿갓배미'라는 표현도 쓴다.

다랭이 마을에는 암수바위라고 불리는 큰 바위 두 개가 있다. 높이 580센티미터, 둘레 250센티미터로 서 있는 바위는 발기한 남자 성기 모양이다. 《한국민속대백과사전》은 숫바위를 표현하길 "자연석이지만 숫돌은 인공을 가한 것으로 착각할 정도로 귀두와 힘줄이 사실적이다"라고 했다.³ 숫바위 옆엔 아기를 밴 만삭의 여자 형상을 한 암바위가 비스듬히 누워 있는데, 높이 390센티미터, 둘레 230센티미터다. 암수 바위 앞에서 다산과 풍년을 기원하는 제사가 해마다 음력 10월 23일에 행해진다. 조선 영조 27년(1751년) 바로 그날 암수 바위가 땅에서 파내졌다고 전설은 전해준다. 암수 바위는 성숭배의 대상물이면서 한편으로는 불교의 미륵불로 일컬어지기 때문에, 민간신앙과 불교 신앙이 결합 절충된 양상을 보여주는 중요한 사례라고 한다.

제사가 기념하는 전설 속 1751년 음력 10월 23일에는 무슨 일이 있었을까? 당시 남해 현령으로 조광진이란 사람이 있었는데, 그의 꿈에 한 노인이 나타나 이르기를 "내가 가천마을에 묻혀 있는데 그 위로 우마의 통행이 잦아 일신이 불편하여 견디기 어려우니 파내어 세워주면 필히 좋은 일이 있을 것이다"라고 하였다. "현령이 가천마을에 가보니 꿈에 본 지세와 같았다. 일꾼을 시켜 땅을 파게 하여 보니 암수바위가 나왔다. 이들 바위를 일으켜 세워 미륵불로 봉안하여 논 다섯 마지기를 헌납하고 제사를 올렸다고 한다."[4]

  가족과 함께 가천에 머무는 동안, 나는 암수 바위의 형태가 다랭이 마을 곳곳에서 흙 밖으로 삐죽 나와 있는 암석과 크게 다르지 않음을 알게 되었다. 사실 다랭이 마을에 있는 돌들을 보면 대개 같은 암석이었다. 층과 층으로 늘어선 계단 논의 토양이 침식되면서 그 밑에서 계속 돌들이 나오는데, 모습들이 모나지 않고 둥글둥글해 어떤 돌은 구형이었고 어떤 돌은 한쪽으로 길이가 치우친 타원형이었다. 모가 난 돌들은 크게 두 가지 공급원이 있었다. 하나는 둥그런 핵석을 정으로 조각낸 돌이고, 또 하나는 마을을 둘러싼 응봉산과 설흔산 절벽에서 화강암이 굴러 내려온(지질학에선 중력이동이라고 한다) 쇄설물들이었다. 둥글둥글한 돌들은 코어스톤 core stone 또는 핵석이라고 한다. 다랭이 마을의 기반암은 마그마가 식으면서 굳은 화강암이었다. 겨울 가뭄에 마을을 관통하는 개울이 말라 있었고, 덕분에 개천 바닥에 드러난 매끄러운 화강암을 확인할 수 있었다. 용암이 완전히 균질하지는 않다 보니, 식어 돌이 되면서 풍화작용을 이겨낼 견고한 부분이 생기고, 토양 속 환경 또한 고르지 않기 때문에 흙으로 부스러지지 않고 단단한 암석으로 남는 부분들이 생긴다. 바로 이것이 핵석이고, 토양이 침식되면서 지표에 드러나게 된다.

  민박집은 응봉산 기슭에 있었는데, 그 집 밭 토양은 사정이 크게 달랐다. 우선 핵석이 보이지 않았다. 그러나 밭은 흙이 아니라 깊게 풍화되어 잘게 부스러진 화강암 파편으로 채워져 있었다.[5] 점토와 아직도 풍화되지 않은 운모(화강암의 주요 광물 중 하나로 풍화작용에 의

다랭이 마을을 관통하는 개울 바닥에 화강암이 드러나 있고, 주변의 흙 속에 박힌 핵석들이 보인다.

해 점토로 변한다)가 보였다. 집약적인 밭농사 때문에 흙은 이미 침식되어 사라졌지만, 화강암이 풍화된 부식암은 손으로도 부술 수 있을 정도로 약해서 밭농사가 그나마 가능해 보였다. 아랫마을 다랑논에는 반대로 핵석이 많았다. 계단 논의 축대도 온통 둥그런 핵석이거나, 핵석을 깨어 만든 돌, 또는 설흔산과 웅봉산에서 굴러 내려온 화강암 쇄설물이었다. 겨울 가뭄으로 드러난 개울 바닥에 서서 측면에 드러난 토양을 보면 많은 수의 작고 큰 핵석이 박혀 있었고 토양층의 두께는 30센티미터를 넘지 못했다.

내가 만약 수백 년 전 다랭이 마을의 농민으로 살았다면, 뒤통수에 걱정 하나를 달고 살았을 것이다. '우리 집 논배미에서 쟁기가 커다란 돌에 걸리기 시작했다. 몇 해 전엔 사촌의 논배미에서 동네 사람이 모여 돌을 파다 오촌 당숙이 다리를 다쳐 아직도 걷지를 못한다.' 토양침식으로 드러나는 핵석은 생계에 위협이 되었을 것이다. 핵석이 걸리면, 일단 쟁기질을 할 수가 없었고, 마을의 노동력을 총동원하고도 핵석을 빼내지 못하면, 그 논배미는 생산에서 제외되어야 했을 것이다.

우린 눈에는 천천히 진행되지만 토양침식은 언젠가는 이빨을 드러내고 만다. 경사 급한 산지의 얕은 흙. 토양침식과 함께 조금씩 조금씩 표면으로 다가오는 핵석과 기반암. 그러던 어느 날, 쟁기가 돌에 부딪히는 소리! 언제 생계의 위협이 닥칠지 모른다는 불확실성은 사람들의 무의식 속에 굉장한 스트레스였을 것이다. 300년 전 10월의 어느 날, 현령의 꿈에 나와 고통을 호소하던 노인은 흙의 침식을 걱정하는 마을 사람의 집단 무의식이 아니었을까? "우리 마을 사람만의 힘으론 안 되는 일이니, 도와주시오!"[6] 1751년 조광진 현령이 암수 바위의 꿈을 꾸었을 무렵에는 토양침식과 싸우거나 때로는 드러난 핵석을 빼내는 다랭이 마을 주민의 피나는 노력은 이미 오래된 것이어서, 한 길도 안 되는 땅속이 한 길 마음속 깊은 무의식에 검은 그림자를 드리우고 있었을 것이다.

다랭이 마을의 역사는 신라 신문왕 때로 거슬러 올라간다.[7] 서기로 따지면 690년이니까, 지금으로부터는 1300여 년 전, 암수 바위를 파낸 해로부터는 대략 1000년 전의 일이다. 1000년이면 강은 원래의 자리로 되돌아간다는 스페인 속담처럼, 1000년은 지표면에선 엄청난 일이 일어날 수 있는 시간이다. 세계 각지에서 연구된 토양침식률의 범위를 보자면, 다랭이 마을의 침식률을 한 세기당 0.1~1미터 사이로 어림짐작할 수 있다. 이건 숲이 잘 보존된 평지를 기준으로 보면 아주 높고, 경사지의 집약농으로 보면 중간보다 낮은 침식률이다. 한 해를 단위로 하면 0.1~1센티미터의 토양층이 사라지는 꼴이니, 사람이 눈치채기는 힘들다. 이 숫자에 따르면 1000년 동안 1~10미터의 토양이 침식으로 없어지는 것이다. 비탈이 급한 지형임을 고려할 때, 가천에 마을이 자리 잡기 전에도 토양의 두께는 1미터를 크게 넘지 못했을 것이다.

다랭이 마을 계단 논에서 대단한 것은 토양침식으로 드러난 핵석이 아니다. 아직도 남아 있는 흙이 놀라운 것이다. 토양침식을 막으려는 눈물겨운 노력이 없었다면 가천마을의 논흙은 모두 침식되어 오래전에 암석만 남았을 것이다. 눈물겨운 노력의 정점에는 가파르고 경사진 비탈을 깎아 비 온 뒤 빠르게 흐르는 표층수가 흙을 씻어가지 못하도록 평평한 계단 논을 만들고, 핵석을 파내고, 핵석과 쇄설물로 축대를 놓아 흙을 고정하는 작업이 있었다.

다랭이 마을 사람들에게 삼면이 산으로 둘러싸이고 남쪽으로는 바다를 향한 급한 비탈은 공동의 집이었고 그 땅의 침식은 공동의 문제였다. 다랭이 마을에서 내가 본 것은 공동의 집을 지키기 위해 공동의 문제에 맞선 사람들의 절실함과 감수성이었다. 마음을 모아 계단 논을 만들고 지킨 마을 사람들의 절실함은 현령의 꿈을 움직일 정도였고, 현령의 마음 또한 꿈속에서까지 마을 사람들의 고통에 민감했다. 토양학자인 나의 상상이 그렇게 치달릴수록, 다랭이 마을의 오랜 역사와 아름다움은 한 길 땅속의 지질 생태 작용과 한 길 사람 속의 성정이 함께 만들어낸 것으로 다가왔다.

우리에게 공동의 집과 공동의 문제는 무엇일까? 지구를 망가뜨리지 않고도 잘 먹고 잘 사는 길을 찾아야 하는 오늘날, 모두의 집인 지구는 남쪽의 큰 바다로 배수진을 친 다랭이 마을처럼 달리 갈 곳이 없는 유일한 거처이다. 다랭이 마을에서 그랬던 것처럼, 공동의 문제와 공동의 집을 향한 절실함이 한 길 사람 속에서 솟아오르길, 그리고 꿈에서조차 마을 사람들의 절실함에 반응한 현령처럼 우리의 과학과 문화가 한 길 사람 속을 향한 감수성을 살려나가길 소망하면서 책을 맺는다.

암석으로 만들어진 지구의 표면 그 어디에서 흙은 시작하는 것일까? 한 길 땅속, 한 길 사람 속. 바로 그곳에서 자연이자 문화인 흙은 시작하는 것이 아닐까? 그 교차점에서 건져 올린 문제 덩어리 암석이 다산과 풍요를 비는 대상물이 되었다. 흙이 시작하는 그곳, 자연과 사람이 만나는 교차점을 응시한다. 우리도 그들처럼 한 길 땅속 한 길 마음속에 묻힌 공동의 문제를 지상으로 끌어올릴 힘, 풍요로운 공동의 집을 향해 첫발을 디딜 힘이 있을 것이다.

주

1 똥

1 김현경.《사람, 장소, 환대》, 문학과지성사, 2015.

2 Ferguson, Dean T., "Nightsoil and the 'Great Divergence': Human Waste, the Urban Economy, and Economic Productivity, 1500–1900." *Journal of Global History* 9, no. 3 (November 2014): 379–402. https://doi.org/10.1017/S1740022814000175.

3 같은 곳.

4 같은 곳.

5 Mazoyer, M., *A History of World Agriculture: From the Neolithic Age to the Current Crisis.* New York: Monthly Review Press, 2006.

6 고광민.《제주도의 생산기술과 민속》, 대원사, 2004.

7 Wignarajah, K., Litwiller, E., Fisher, J. W., Hogan, J., *Simulated Human Feces for Testing Human Waste Processing Technologies in Space Systems*, 2006. https://doi.org/10.4271/2006-01-2180.

8 Ilango, A., Lefebvre, O., "Characterizing Properties of Biochar Produced from Simulated Human Feces and Its Potential Applications." *Journal of Environmental Quality* 2016, 45 (2), 734–742. https://doi.org/10.2134/jeq2015.07.0397.

9 'Manure characteristics.' https://extension.umn.edu/manure-management/manure-characteristics(2024년 7월 15일 접속).

10 David Fowler, Coyle Mhairi, Ute Skiba,, Mark A. Sutton, J. Neil Cape, Stefan Reis, Lucy J. Sheppard et al. "The Global Nitrogen Cycle in the Twenty-First Century." *Philosophical Transactions of the Royal Society B: Biological Sciences* 368, no. 1621 (July 5, 2013): 20130164. https://doi.org/10.1098/rstb.2013.0164.

11 Hug, Laura A., Brett J. Baker, Karthik Anantharaman, Christopher T. Brown, Alexander J. Probst, Cindy J. Castelle, Cristina N. Butterfield et

al. "A New View of the Tree of Life." *Nature Microbiology* 1, no. 5 (April 11, 2016): 1–6. https://doi.org/10.1038/nmicrobiol.2016.48. Woese, C. R. "Towards a Natural System of Organisms: Proposal for the Domains Archaea, Bacteria, and Eucarya." *PNAS*. 1990, 87, 4576–4579.

12 이 또한 예외가 있어서, 유기 질소에서 만들어진 암모니아를 혐기성에서 산화하여 질산염을 만드는 아나목스anammox 과정도 있다. Strous, Marc, J. Gijs Kuenen, Mike S. M. Jetten. "Key Physiology of Anaerobic Ammonium Oxidation." *Applied and Environmental Microbiology* 65, no. 7 (July 1999): 3248–3250. https://doi.org/10.1128/AEM.65.7.3248-3250.1999.

13 테네시 윌리엄스Tennessee Williams의 다음 글을 고쳐서 만들어낸 말이다. "Some mystery should be left in the revelation of character in a play, just as a great deal of mystery is always left in the revelation of character in life, even in one's own character to himself."

14 FAOSTAT. https://www.fao.org/faostat/en/#data/RFN(2023년 11월 27일 접속).

15 《연세한국어사전》.

16 박완서.《그 많던 싱아는 누가 다 먹었을까》, 웅진닷컴, 1997.

17 Naylor, R. "Agriculture: Losing the Links Between Livestock and Land." *Science* 2005, 310 (5754), 1621–1622. https://doi.org/10.1126/science.1117856.

18 Hannah Ritchie and Max Roser. "Land Use." OurWorldinData.org. https://ourworldindata.org/land-use.

19 "Nitrogen fertilizer use per hectare of cropland." OurWorldinData.org. https://ourworldindata.org/grapher/nitrogen-fertilizer-application-per-hectare-of-cropland(2024년 7월 15일 접속).

20 Rockström, J., W. Steffen, K. Noone, Å. Persson, F. S. Chapin, III, E. Lambin, T. M. Lenton, M. Scheffer, C. Folke, H. Schellnhuber, B. Nykvist, C. A. De Wit, T. Hughes, S. van der Leeuw, H. Rodhe, S. Sörlin, P. K. Snyder, R. Costanza, U. Svedin, M. Falkenmark, L. Karlberg, R. W. Corell, V. J. Fabry, J. Hansen, B. Walker, D. Liverman, K. Richardson, P. Crutzen, and J. Foley. 2009. "Planetary boundaries:exploring the safe operating space for humanity." *Ecology and Society* 14(2): 32. http://www.

ecologyandsociety.org/vol14/iss2/art32/.

21   Rockström, J., Steffen, W., Noone, K., Persson, Å., Chapin, F. S., Lambin, E. F., Lenton, T. M., Scheffer, M., Folke, C., Schellnhuber, H. J., Nykvist, B., de Wit, C. A., Hughes, T., van der Leeuw, S., Rodhe, H., Sörlin, S., Snyder, P. K., Costanza, R., Svedin, U., Falkenmark, M., Karlberg, L., Corell, R. W., Fabry, V. J., Hansen, J., Walker, B., Liverman, D., Richardson, K., Crutzen, P., Foley, J. A. A "Safe Operating Space for Humanity." *Nature* 2009, 461 (7263), 472–475. https://doi.org/10.1038/461472a.

22   근거인 다음 논문에선 land system change가 행성경계를 넘었다고 한다. 그 내용으로 들어가면 숲의 면적을 기본으로 하기 때문에, 이해를 돕기 위해 숲의 수축이 행성경계를 넘은 것으로 표현했다. Richardson, K., Steffen, W., Lucht, W., Bendtsen, J., Cornell, S. E., Donges, J. F., Drüke, M., Fetzer, I., Bala, G., Von Bloh, W., Feulner, G., Fiedler, S., Gerten, D., Gleeson, T., Hofmann, M., Huiskamp, W., Kummu, M., Mohan, C., Nogués-Bravo, D., Petri, S., Porkka, M., Rahmstorf, S., Schaphoff, S., Thonicke, K., Tobian, A., Virkki, V., Wang-Erlandsson, L., Weber, L., Rockström, J. "Earth beyond Six of Nine Planetary Boundaries." *Science Advances* 2023, 9 (37). https://doi.org/10.1126/sciadv.adh2458.

23   Spears, D. "Opinion | All of the Predictions Agree on One Thing: Humanity Peaks Soon." *The New York Times*. September 18, 2023. https://www.nytimes.com/interactive/2023/09/18/opinion/human-population-global-growth.html (2024년 7월 15일 접속).

24   김현경, 《사람, 장소, 환대》, 문학과지성사, 2015.

2 화전

1   Ao, T., Vineizotuao Z. Tase, Vithuse Temi. *Folklore of Eastern Nagaland*. Dimapur, Nagaland: Heritage Publishing House, 2017.

2   Norman Myers, Russell A. Mittermeier, Cristina G. Mittermeier, Gustavo A. B. da Fonseca, and Jennifer Kent. "Biodiversity Hotspots for Conservation Priorities." *Nature* 403, no. 6772 (February 2000): 853–858. https://doi.org/10.1038/35002501.

3   Sebu, Soyhunlo. *Geography of Nagaland*. Guwahati: Spectrum Publications, 2013.

4   열대의 우림을 밀어내고 농사를 짓는 것은 열대 토양의 특성들 때문에 여러 가지 난관에 부딪힐 수밖에 없다. 이 장의 후반부에 열대 토양의 특이점에 대한 설명이 있다.

5   Mertz, O., Bruun T. B., Jepsen, M. R. et al. "Ecosystem Service Provision by Secondary Forests in Shifting Cultivation Areas Remains Poorly Understood." *Human Ecology* 49, 271–283 (2021). https://doi.org/10.1007/s10745-021-00236-x. Pandey D. K., Dubey, S. K., Verma, A. K., Wangchu, L., Dixit, S., Devi, C. V., Sawargaonkar, G. "Indigenous Peoples' Psychological Wellbeing Amid Transitions in Shifting Cultivation Landscape: Evidence from the Indian Himalayas." *Sustainability*, 2023, 15(8):6791. https://doi.org/10.3390/su15086791.

6   Andreas Heinimann, Ole Mertz, Steve Frolking, Andreas Egelund Christensen, Kaspar Hurni, Fernando Sedano, Louise Parsons Chini, Ritvik Sahajpal, Matthew Hansen, and George Hurtt. "A Global View of Shifting Cultivation: Recent, Current, and Future Extent." Edited by Benjamin Poulter. *PLOS ONE* 12, no. 9 (September 8, 2017): e0184479. https://doi.org/10.1371/journal.pone.0184479.

7   Glancey, Jonathan. *Nagaland: A Journey to India's Forgotten Frontier*. London: Faber & Faber, 2011.

8   Malcolm Cairns, and Harold Brookfield. "Composite Farming Systems in an Era of Change: Nagaland, Northeast India: Composite Farming Systems." *Asia Pacific Viewpoint* 52, no. 1 (April 2011): 56–84. https://doi.org/10.1111/j.1467-8373.2010.01435.x.

9   화전은 투입된 에너지를 기준으로 보면 현대 농업보다 몇 배 높은 생산성을 자랑하지만, 노동 시간당 생산량으로 따지면 현대의 기계화 농업에 비해 지극히 낮은 효율성을 보인다.

10 Powers, Jennifer S. and Daniel Peréz-Aviles. "Edaphic Factors are a More Important Control on Surface Fine Roots than Stand Age in Secondary Tropical Dry Forests." *Biotropica* 45, no. 1 (2013): 1–9. https://doi.org/10.1111/j.1744-7429.2012.00881.x.

11 Havlin, John L., Samuel L. Tisdale, Werner L. Nelson, and James D. Beaton. *Soil Fertility and Fertilizers: An Introduction to Nutrient Management*. Delhi: PHI Learning, 2016.

12 Enzai Du, César Terrer, Adam F. A. Pellegrini, Anders Ahlström, Caspar J. van Lissa, Xia Zhao, Nan Xia, Xinhui Wu, and Robert B. Jackson. "Global Patterns of Terrestrial Nitrogen and Phosphorus Limitation." *Nature Geoscience*, February 10, 2020. https://doi.org/10.1038/s41561-019-0530-4.

13 한편, 산업 축산이 성행하는 미국과 같은 나라에선 가축의 분뇨 처리가 주요한 환경 문제로 대두한 지 오래다. 나갈랜드와 같은 산지에서는 대단위 목축이 불가능하기 때문에 퇴비를 만들기에 충분할 만큼의 가축 분뇨를 모을 수가 없다. 이 점은 다음 장에서 자세하게 다룬다.

14 이 장을 에티오피아에서 토양학을 가르치는 김동길 교수에게 보여주었을 때, 그는 이 학생이 매우 서구적인 관점으로 숲과 불의 관계를 본다고 지적했다. 김동길 교수의 말을 옮긴다. "독일에서 시작된 근대화된 지속가능한 숲 관리 방안에서는 불을 매우 위험한 존재로 규정하고 최대한 막으려 합니다. 저는 에티오피아에 와서야 꼭 그렇지도 않다는 것을 깨달았습니다. 에티오피아 원주민들은 숲을 건강하게 잘 가꾸기 위해서는 정기적으로 불을 놓아야 한다고 주장하고 실제 그리합니다. 그들은 숲에 불을 놓아야 숲도 젊어지고, 숲에서 얻어지는 서비스도 다양해지고, 숲을 큰불로부터 막을 수 있고, 극심한 가뭄에는 비도 오게 한다고 합니다. 곰곰이 생각해보면 일리가 있는 면이 많이 있습니다."

15 김필주(1937~2024)는 함경남도 출생의 재미 농학자로 56개 나라를 오가며 농업 기술을 보급했다. 1989년 3월 처음 북한을 방문한 이래 100차례 넘게 북한을 오가며 농업 기술을 전파했다. 다음 인터뷰에서 그녀의 헌신적인 인생을 엿볼 수 있다. "[그때 그 인터뷰] 김필주 박사 별세…北에 농업 기술지도 보급 힘쓴 '평화의 농학자,'" 〈인터뷰 365〉 2024년 8월 3일 자. http://www.interview365.com/news/articleView.html?idxno=108287.

16 다음 책에 더욱 자세히 설명되어 있다. Mazoyer, Marcel. *A History of World Agriculture: From the Neolithic Age to the Current Crisis*. New York: Monthly Review Press, 2006.

17 이 점에 대해 짧은 의견을 컨퍼런스 초록에 썼다. Yoo, Kyungsoo. "Soil Erosion in Nagaland and the Eastern Himalayas." *Integrated Land Use Mangement in the Eastern Himalayas*, 3:26 – 42. Akansha Publishing

House, 2019.

18 Sanchez, Pedro Antonio. *Properties and Management of Soils in the Tropics*. Cambridge University Press, 2019. https://doi.org/10.1017/9781316809785.

19 나갈랜드 농민의 노동 시간은 다음 논문을 참조하라. Malcolm Cairns, and Harold Brookfield. "Composite Farming Systems in an Era of Change: Nagaland, Northeast India." *Asia Pacific Viewpoint* 52, no. 1 (April 2011): 56-84. https://doi.org/10.1111/j.1467-8373.2010.01435.x.

20 Wood, James W. *The Biodemography of Subsistence Farming: Population, Food and Family*. 1 Edition. New York: Cambridge University Press, 2020.

21 *Shifting Cultivation, Livelihood and Food Security: New and Old Challenges for Indigenous Peoples in Asia*. Bangkok: the Food and Agriculture Organization of the United Nations and International Work Group For Indigenous Affairs and Asia Indigenous Peoples Pact, 2015.

3 쟁기

1 Joan Baez, *Donna Donna*.

2 Porter, P. M., Runck, B. C., Brakke, M. P., Wagner, M. "Agroecology Education by Bicycle on Two Continents: Student Perceptions and Instructor Reflections." *Natural Sciences Education*, 2015, 44 (1), 69-78. https://doi.org/10.4195/nse2014.05.0011.

3 White, L. *Medieval Technology and Social Change*, Reprinted. London: Oxford University Press, 1980.

4 Andersen, T. B., Jensen, P. S., Skovsgaard, C. V. "The Heavy Plow and the Agricultural Revolution in Medieval Europe." *Journal of Development Economics*, 2016, 118, 133-149. https://doi.org/10.1016/j.jdeveco.2015.08.006.

5 린 화이트의 용어 'heavy plow'를 그대로 번역한 말이다. '흙밀이 쟁기'는 'moldboard plow'를 번역한 말이다.

6　Frode Guul-Simonsen, Martin Heide Jørgensen, Henrik Have, and Inge Håkansson. "Studies of Plough Design and Ploughing Relevant to Conditions in Northern Europe." *Acta Agriculturae Scandinavica*, Section B-Soil & Plant Science 52, no. 2 (January 2002): 57-77. https://doi.org/10.1080/090647102321089800.

7　Andersen, T. B., Jensen, P. S., Skovsgaard, C. V. "The Heavy Plow and the Agricultural Revolution in Medieval Europe." *Journal of Development Economics* 2016, 118, 133-149. https://doi.org/10.1016/j.jdeveco.2015.08.006.

8　https://www.cambridgeairphotos.com/themes/celtic+fields를 보라(2024년 10월 1일 접속).

9　린 화이트의 책을 포함한 여러 고고학 논문이 여덟 마리의 황소로 쟁기를 끌었음을 명시하고 있으나, 중세의 농경 그림은 네 마리의 황소가 끄는 무거운 쟁기를 보여준다.

10　https://youtu.be/8uEwGmjhquU?si=4kgvqGu1piBpYM4o.

11　Vanwalleghem, T., A. Laguna, J. V. Giráldez, and F. J. Jiménez-Hornero. "Applying a Simple Methodology to Assess Historical Soil Erosion in Olive Orchards." *Geomorphology* 114, no. 3 (January 2010): 294-302. https://doi.org/10.1016/j.geomorph.2009.07.010.

12　Heimsath, Arjun M., William E. Dietrich, Kunihiko Nishiizumi, and Robert C. Finkel. "The Soil Production Function and Landscape Equilibrium." *Nature* 388, no. 24 July (1997): 358-361.

13　Juan Infante Amate, Manuel González De Molina, Tom Vanwalleghem, David Soto Fernández, and José Alfonso Gómez. "Erosion in the Mediterranean: The Case of Olive Groves in the South of Spain (1752-2000)." *Environmental History* 18, no. 2 (April 1, 2013): 360-382. https://doi.org/10.1093/envhis/emt001.

14　CDC, "Facts about Paraquat." https://emergency.cdc.gov/agent/paraquat/basics/facts.asp(2024년 9월 24일 접속).

15　US EPA, O. Glyphosate. https://www.epa.gov/ingredients-used-pesticide-products/glyphosate(2024년 9월 24일 접속).

16　IARC Monograph on Glyphosate. https://www.iarc.who.int/featurednews/media-centre-iarc-news-glyphosate(2024년 9월 24일 접속).

17　Costas-Ferreira, C., Durán, R., Faro, L. R. F. "Toxic Effects of Glyphosate on the Nervous System: A Systematic Review." *International Journal of Molecular Sciences* 2022, 23 (9), 4605. https://doi.org/10.3390/ijms23094605.

18　Farrell, Maureen. "Years After Monsanto Deal, Bayer's Roundup Bills Keep Piling Up." *The New York Times*, December 6, 2023, sec. Business. https://www.nytimes.com/2023/12/06/business/monsanto-bayer-roundup-lawsuit-settlements.html.

19　Food and Agriculture Organization of the United Nations, "Conservation Agriculture." https://www.fao.org/conservation-agriculture/en/(2024년 9월 24일 접속).

20　정해진 한국명은 없으나, 지표가 축축할 때 나오는 습성을 따서 'dew worm'이라고 부르는 것을 직역해 이슬지렁이라고 적었다.

21　Pleasant, J. Mt. "The Paradox of Plows and Productivity: An Agronomic Comparison of Cereal Grain Production under Iroquois Hoe Culture and European Plow Culture in the Seventeenth and Eighteenth Centuries." *Agricultural History* 2011, 85 (4), 460-492. https://doi.org/10.3098/ah.2011.85.4.460.

22　Pleasant, J. Mt., Burt, R. F. "Estimating Productivity of Traditional Iroquoian Cropping Systems from Field Experiments and Historical Literature." *Journal of Ethnobiology* 2010, 30 (1), 52-79. https://doi.org/10.2993/0278-0771-30.1.52.

23　마블시드는 농부들이 지속가능한 유기농 농업으로 성공할 수 있도록 교육하고, 영감을 주며 힘을 실어주는 것을 목적으로 하는 비영리 단체이다. 매년 2월 미네소타나 위스콘신에서 열리는 마블시드콘퍼런스는 미국에서 가장 큰 규모의 유기농 콘퍼런스이다.

4논

1　Talhelm, T., X. Zhang, S. Oishi, C. Shimin, D. Duan, X. Lan, and S. Kitayama. "Large-Scale Psychological Differences Within China

Explained by Rice Versus Wheat Agriculture." *Science* 344, no. 6184 (May 9, 2014): 603–608. https://doi.org/10.1126/science.1246850.

2 *Rice Almanac: Source Book for the Most Important Economic Activities on Earth*. Fourth Edition. Los Baños, Philippines: IRRI, 2013. 쌀에 관한 기본적 지식을 얻는 데 유용한 자료이다.

3 https://ourworldindata.org/grapher/land-area-per-crop-type. 쌀을 비롯한 주요 곡물의 생산량 및 생산성의 국가별 자료는 Our World in Data를 참조했다.

4 Callaway, Ewen. "The Birth of Rice." *Nature* 514, no. October 30 (2014): 58–59. 쌀의 최초 재배에 대한 학계의 논쟁이 간략히 정리되어 있다.

5 논벼와 구분되는 밭벼에 대한 설명은 한국민속대백과사전 웹사이트(https://folkency.nfm.go.kr)에서 표제어로 '밭벼'를 입력하면 얻을 수 있다.

6 관개수 상태에 따른 논의 분류 체계는 한국민속대백과사전 웹사이트(https://folkency.nfm.go.kr)에서 표제어로 '논'을 입력하면 얻을 수 있다. 2025년 4월 7일 접속 당시, '논' 항목의 집필자는 농학자 이은웅이다.

7 Takeshi Osawa, Takaaki Nishida, and Takashi Oka. "High Tolerance Land Use against Flood Disasters: How Paddy Fields as Previously Natural Wetland Inhibit the Occurrence of Floods." *Ecological Indicators* 114 (July 1, 2020): 106306. https://doi.org/10.1016/j.ecolind.2020.106306.

8 이철승. 《쌀, 재난, 국가: 한국인은 어떻게 불평등해졌는가》, 문학과지성사, 2021. 84쪽.

9 Sanchez, Pedro Antonio. *Properties and Management of Soils in the Tropics*, 2019. https://doi.org/10.1017/9781316809785. 논 토양의 효과에 대한 포괄적인 논의는 17장을 보라.

10 가령 다음 논문은 써레질이 투수율을 500분의 1로 줄임을 보여준다. Wopereis, M. C. S., J. H. M. Wösten, J. Bouma, T. Woodhead. "Hydraulic Resistance in Puddled Rice Soils: Measurement and Effects on Water Movement." *Soil and Tillage Research* 24, no. 3 (August 1992): 199–209. https://doi.org/10.1016/0167-1987(92)90087-R.

11 Lee, Mun-Woong. "우리나라 자연농의 큰 어른, 고(故) 한원식 선생을 기리며" 2020. https://www.youtube.com/watch?v=CZIQxS7TxZ0.

12 Fairhurst, Thomas, International Rice Research Institute. *Rice: A*

Practical Guide to Nutrient Management. Philippines: International Rice Research Institute, 2007. 벼와 논의 영양물질 관리에 대한 권위적인 매뉴얼이다.

13 질소 순환은 이 책의 1장 '똥'을 참고하라.

14 2장 '화전'에서 언급했지만, 평양과학기술대학 학장 김필주는 북한의 밭 산성화가 심각해 석회를 넣어주어야 하는데, 석회암을 분쇄할 기계가 모자란다고 말했다.

15 이 외에도 여러 이유가 있다. 가령 질소 순환의 한 과정인 질산화 또한 수소 이온(H^+)을 방출하여 토양의 산성화를 촉진한다.

16 이 점을 열대 토양의 특성 중 하나로 2장 '화전'에서 다루었다.

17 페르낭 브로델, 주경철 옮김. 《물질문명과 자본주의 I-1》, 1986, 까치글방.

18 채광석, 김홍상, 임영아, 김부영. 〈가뭄으로 인한 농업피해액 계측 연구〉, 한국농촌경제연구원, 2016.

19 이철승. 《쌀, 재난, 국가: 한국인은 어떻게 불평등해졌는가》, 문학과지성사, 2021. 제1판 85쪽의 문장을 인용했다.

20 Kritee Kritee, Drishya Nair, Daniel Zavala-Araiza, Jeremy Proville, Joseph Rudek, Tapan K. Adhya, Terrance Loecke, et al. "High Nitrous Oxide Fluxes from Rice Indicate the Need to Manage Water for Both Long-and Short-Term Climate Impacts." *Proceedings of the National Academy of Sciences* 115, no. 39 (September 25, 2018): 9720-9725. https://doi.org/10.1073/pnas.1809276115. 질소비료의 투입이 추가적인 메탄 생성을 초래한다는 이전 논문들에서는 메탄 배출량을 줄이는 방법으로 논물을 채웠다 비웠다 함으로써 혐기성과 호기성의 환경을 반복하기를 권장했다. 그러나 이 연구는 그와 같은 토양 관리가 더 강력한 기후변화 가스인 아산화질소 가스의 생성을 촉진한다는 사실을 보여주었다.

5 물

1 "General ice thickness guidelines." Minnesota Department of Natural Resources. https://www.dnr.state.mn.us/safety/ice/thickness.html(2024년 10월 13일 접속).

2   Jelinski, Nicolas. "Problems of Physical Movement in Soil Genesis: Application of Meteoric Beryllium-10 as a Component of Multi-Tracer Analysis," 2015. Doctoral dissertation. University of Minnesota.

3   Börker, J., J. Hartmann, T. Amann, G. Romero-Mujalli. "Terrestrial Sediments of the Earth: Development of a Global Unconsolidated Sediments Map Database (GUM)." *Geochemistry, Geophysics, Geosystems* 19, no. 4 (2018): 997–1024. https://doi.org/10.1002/2017GC007273.

4   Reinmann, A. B., Susser, J. R., Demaria, E. M. C., Templer, P. H. "Declines in Northern Forest Tree Growth Following Snowpack Decline and Soil Freezing." *Global Change Biology* 2019, 25 (2), 420–430. https://doi.org/10.1111/gcb.14420.

5   Groffman, P. M., Driscoll, C. T., Fahey, T. J., Hardy, J. P., Fitzhugh, R. D., Tierney, G. L. "Colder Soils in a Warmer World: A Snow Manipulation Study in a Northern Hardwood Forest Ecosystem." *Biogeochemistry* 2001, 56 (2), 135–150. https://doi.org/10.1023/A:1013039830323.

6   pH는 물속 수소 양이온의 농도를 음의 로그로 계산한 것으로, 값이 낮을수록 수소 양이온의 농도가 높고 산성을 띤다. 가령 식초와 레몬즙의 pH 값은 2~3이다.

7   pH 값이 7보다 작으면 산성, 7보다 크면 염기성이다. pH는 로그값이기 때문에, pH6은 pH7에 비해 10배 높은 수소이온 농도를 가리킨다.

8   콩팥에서 수소 이온을 오줌으로 배출하는 작용은 다루지 않았다.

9   동기가 권한 것은 다음 논문이다. Raymo, M. E., W. F. Ruddiman. "Tectonic Forcing of Late Cenozoic Climate." *Nature* 359, no. 6391 (September 10, 1992): 117–122. https://doi.org/10.1038/359117a0.

10 빙하기의 시작과 함께 대기의 온도가 떨어지면 지구 규모의 풍화율도 같이 떨어짐으로써 탄소의 흐름은 역전되고 빙하기는 다시 간빙기로 돌아갈 수 있다.

11 Farzana Ahmed, John S. Gulliver, J. L. Nieber. "Field Infiltration Measurements in Grassed Roadside Drainage Ditches: Spatial and Temporal Variability." *Journal of Hydrology* 530 (November 2015): 604–611. https://doi.org/10.1016/j.jhydrol.2015.10.012.

12 한강, 《흰》에서. "서리가 내린 흙을 밟을 때, 반쯤 얼어 있는 땅의 감촉이 운동화 바닥을 통과해 발바닥에 느껴지는 순간을 그녀는 좋아한다. 아무도 밟지 않

은 첫 서리는 고운 소금 같다." 이 문장에서 '그녀'를 '나'로 바꾸었다.

13 성체 지렁이는 몸에 두른 띠(클리텔리움)로 쉽게 식별할 수 있다.

14 Holmstrup, M. "Physiology of Cold Hardiness in Cocoons of Five Earthworm Taxa (Lumbricidae: Oligochaeta)." *Journal of Comparative Physiology B* 1994, 164 (3), 222–228. https://doi.org/10.1007/BF00354083.

15 Holmstrup, M., Bayley, M., Ramløv, H. "Supercool or Dehydrate? An Experimental Analysis of Overwintering Strategies in Small Permeable Arctic Invertebrates." *Proceedings of the National Academy of Sciences* 2002, 99 (8), 5716–5720. https://doi.org/10.1073/pnas.082580699.

16 Beer, C., Zimov, N., Olofsson, J., Porada, P., Zimov, S. "Protection of Permafrost Soils from Thawing by Increasing Herbivore Density." *Scientific Reports* 2020, 10 (1), 4170. https://doi.org/10.1038/s41598-020-60938-y.

17 Zimov, S. A. "Pleistocene Park: Return of the Mammoth's Ecosystem." *Science* 2005, 308, 4.

18 Zimov, S. A., Zimov, N. S., Tikhonov, A. N., Chapin, F. S. "Mammoth Steppe: A High-Productivity Phenomenon." *Quaternary Science Reviews* 2012, 57, 26–45. https://doi.org/10.1016/j.quascirev.2012.10.005.

19 매머드 스텝에서 형성된 유기물 함량이 높은 토양을 예도마Yedoma라고 부른다. 여기서는 초식동물의 역할에 중점을 두었지만, 예도마의 형성 과정에 대한 논란은 아직도 진행형이다. 가령, 예도마의 형성을 다룬 다음 논문은 초식동물의 역할을 아예 다루지 않는다. Yuri Shur, Daniel Fortier, M. Torre Jorgenson, Mikhail Kanevskiy, Lutz Schirrmeister, Jens Strauss, Alexander Vasiliev, Melissa Ward Jones. "Yedoma Permafrost Genesis: Over 150 Years of Mystery and Controversy." *Frontiers in Earth Science* 9 (January 12, 2022). https://doi.org/10.3389/feart.2021.757891.

6강

1 김훈.《자전거 여행》, 문학동네, 2014.

2 "4 Dakota landmarks hide in plain sight along the Mississippi River." https://www.startribune.com/4-dakota-landmarks-hide-in-plain-

sight-along-the-mississippi-river/491059421(2024년 11월 23일 접속).

3   Fisher, T. G. "Chronology of Glacial Lake Agassiz Meltwater Routed to the Gulf of Mexico." *Quatenary research* 2003, 59 (2), 271–276. https://doi.org/10.1016/S0033-5894(03)00011-5.

4   N. H. Winchell. "The Recession of the Falls of Saint Anthony." *Quarterly Journal of the Geological Society of London 1878*, 886–901.

5   "A Secret Hidden in Centuries-Old Mud Reveals a New Way to Save Polluted Rivers." 2021. https://doi.org/10.1126/science.abe3864.

6   Walter, R. C., Merritts, D. J. "Natural Streams and the Legacy of Water-Powered Mills." *Science* 2008, 319 (5861), 299–304. https://doi.org/10.1126/science.1151716.

7   같은 곳.

8   오래된 생태 지식을 토대로 한 지속가능한 전통 화전과 구분하기 위해 '약탈 화전'이란 용어를 사용했다.

9   염화나트륨과 같이 물에 잘 녹는 염류가 축적된 하부 토양층을 가리키는 용어.

10 얀 마텔의 2001년 소설《파이 이야기》를 리안 감독이 2012년 영화화했다. 주인공인 파이 파텔은 호랑이 한 마리와 함께 바다를 표류한다.

11 Havlin, J. L., Tisdale, S. L., Nelson, W. L., Beaton, J. D. *Soil Fertility and Fertilizers: An Introduction to Nutrient Management.* PHI Learning: Delhi, 2016.

12 Jacobsen, T., Adams, "A. Salt and Silt in Ancient Mesopotamian Agriculture." *Science* 1958, 128, 1251–1258.

13 〈판관기〉 9장 45절. 가톨릭 성경을 따랐다.

14 Alter, R. *Ancient Israel: The Former Prophets: Joshua, Judges, Samuel, and Kings: A Translation with Commentary,* W. W. Norton & Company, 2014.

15 높은 수준의 토양 염화가 일어났을 때, 물 1리터당 12그램의 소금이 녹아 있다는 것을 기준으로 한 계산이다. 흙에 있는 소금이 물에 다 녹는 것이 아니므로, 실제 양은 여기서 계산된 양보다 많아야 한다.

16 1000미터를 가면 1미터 고도가 떨어지는 경사이다.

17 〈창세기〉 9장 21절.

18 Wilkinson, T. J., Rayne, L., Jotheri, J. "Hydraulic landscapes in Mesopotamia: the role of human niche construction." *Water History* 2015, 7(4), 397–418를 인용했다.

19 Lang, C., Stump, D. "Geoarchaeological Evidence for the Construction, Irrigation, Cultivation, and Resilience of 15th-18th Century AD Terraced Landscape at Engaruka, Tanzania." *Quaternary Research* 2017, 88 (03), 382–399. https://doi.org/10.1017/qua.2017.54.

20 Spriggs, M. "Land Catastrophe and Landscape Enhancement: Are Either or Both True in the Pacific?" *Historical Ecology in the Pacific Islands*, Yale University Press, 1997, 80–104.

21 대형 댐의 통계 및 정의는 이곳을 보라. International Commission on Large Dams. "Number of Dams by Country." http://www.icold-cigb.org/article/GB/world_register/general_synthesis/number-of-dams-by-country(2024년 12월 16일 접속).

22 Patrick McCully. *Silenced Rivers: The Ecology and Politics of Large Dams*. Enlarged and Updated ed. London New York: Zed, 2001.

7 지렁이

1 Holdsworth, Andrew R., Lee E. Frelich, Peter B. Reich. "Leaf Litter Disappearance in Earthworm-Invaded Northern Hardwood Forests: Role of Tree Species and the Chemistry and Diversity of Litter." *Ecosystems* 15, no. 6 (September 2012): 913–926. https://doi.org/10.1007/s10021-012-9554-y.

2 땅속에 굴을 파고 식물의 뿌리를 먹고 사는 설치류로 미국 중서부의 초지에서 흔하다.

3 Hale, Cindy M., Lee E. Frelich, Peter B. Reich, John Pastor. "Effects of European Earthworm Invasion on Soil Characteristics in Northern Hardwood Forests of Minnesota, USA." *Ecosystems* 8, no. 8 (December 2005): 911–927. https://doi.org/10.1007/s10021-005-0066-x.

4 Loss, Scott R., Robert B. Blair. "Reduced Density and Nest Survival of Ground-Nesting Songbirds Relative to Earthworm Invasions in

Northern Hardwood Forests: Relation between Earthworms and Birds." *Conservation Biology* 25, no. 5 (October 2011): 983–992. https://doi.org/10.1111/j.1523-1739.2011.01719.x.

5   Maerz, John C., Victoria A. Nuzzo, and Bernd Blossey. "Declines in Woodland Salamander Abundance Associated with Non-Native Earthworm and Plant Invasions." *Conservation Biology* 23, no. 4 (August 2009): 975–981. https://doi.org/10.1111/j.1523-1739.2009.01167.x.

6   Frelich, Lee E., Cindy M. Hale, Stefan Scheu, Andrew R. Holdsworth, Liam Heneghan, Patrick J. Bohlen, Peter B. Reich. "Earthworm Invasion into Previously Earthworm-Free Temperate and Boreal Forests." *Biological Invasions* 8, no. 6 (October 17, 2006): 1235–1245. https://doi.org/10.1007/s10530-006-9019-3.

7   Larson, Evan R., Kurt F. Kipfmueller, Cindy M. Hale, Lee E. Frelich, Peter B. Reich. "Tree Rings Detect Earthworm Invasions and Their Effects in Northern Hardwood Forests." *Biological Invasions* 12, no. 5 (May 2010): 1053–1066.

8   Dempsey, Mark A., Melany C. Fisk, Timothy J. Fahey. "Earthworms Increase the Ratio of Bacteria to Fungi in Northern Hardwood Forest Soils, Primarily by Eliminating the Organic Horizon." *Soil Biology and Biochemistry* 43, no. 10 (October 2011): 2135–2141. https://doi.org/10.1016/j.soilbio.2011.06.017.

9   Kit Resner, Kyungsoo Yoo, Stephen D. Sebestyen, Anthony Aufdenkampe, Cindy Hale, Amy Lyttle, Alex Blum. "Invasive Earthworms Deplete Key Soil Inorganic Nutrients (Ca, Mg, K, and P) in a Northern Hardwood Forest." *Ecosystems* 18, no. 1 (January 2015): 89–102. https://doi.org/10.1007/s10021-014-9814-0.

10 Steckley, Joshua. "Cash Cropping Worms: How the Lumbricus Terrestris Bait Worm Market Operates in Ontario, Canada." *Geoderma* 363 (April 2020): 114128. https://doi.org/10.1016/j.geoderma.2019.114128.

11 같은 곳.

12 Wackett, Adrian A., Kyungsoo Yoo, Johan Olofsson, Jonatan Klaminder. "Human-Mediated Introduction of Geoengineering Earthworms in the

    Fennoscandian Arctic." *Biological Invasions*, December 6, 2017. https://doi.org/10.1007/s10530-017-1642-7.

13 Dagmar Egelkraut, Kjell-Åke Aronsson, Anna Allard, Marianne Åkerholm, Sari Stark, Johan Olofsson. "Multiple Feedbacks Contribute to a Centennial Legacy of Reindeer on Tundra Vegetation." *Ecosystems* 21, no. 8 (December 2018): 1545–1563. https://doi.org/10.1007/s10021-018-0239-z.

14 순록의 젖을 짜고 도축하던 이들 장소를 5장의 '매머드 스텝'에서 다루었다.

15 고치의 놀라운 추위 적응 능력에 대해선 앞서 5장에서 설명했다.

16 Wackett, Adrian A., Kyungsoo Yoo, Johan Olofsson, Jonatan Klaminder. "Human-Mediated Introduction of Geoengineering Earthworms in the Fennoscandian Arctic." *Biological Invasions*, December 6, 2017. https://doi.org/10.1007/s10530-017-1642-7.

17 Gesche Blume-Werry, Eveline J. Krab, Johan Olofsson, Maja K. Sundqvist, Maria Väisänen, Jonatan Klaminder. "Invasive Earthworms Unlock Arctic Plant Nitrogen Limitation." *Nature Communications* 11, no. 1 (December 2020): 1766. https://doi.org/10.1038/s41467-020-15568-3.

18 Wackett, Adrian A., Kyungsoo Yoo, Johan Olofsson, Jonatan Klaminder. "Human-Mediated Introduction of Geoengineering Earthworms in the Fennoscandian Arctic." *Biological Invasions*, December 6, 2017. https://doi.org/10.1007/s10530-017-1642-7.

19 극지의 호수나 강에 사는 연어과의 민물고기.

20 토양 보호를 위해 땅 위에 덮어놓는 것으로, 여기서 말하는 멀치는 잘게 부순 나뭇조각으로 만들어졌다.

8 흙의 몸

1 층위를 영어 표현으로는 horizon이라고 한다.

2 하와이 현무암의 주요 광물인 감람석의 생성 온도와 압력이다.

3 마후코나와 후아랄라이는 빅아일랜드의 지명이다.

4 하와이 열도의 흙과 생태계에 대한 연구의 일목요연한 정리를 찾는다면 다음

책을 보라. Vitousek, Peter Morrison. *Nutrient Cycling and Limitation: Hawai'i as a Model System*. Princeton Environmental Institute Series. Princeton, NJ: Princeton University Press, 2004.

5   순상화산 지대의 하천 지형에 대한 개괄적 안내로는 다음의 자료를 보라. Jefferson, Anne J., Ken L. Ferrier, J. Taylor Perron, Ricardo Ramalho. "Controls on the Hydrological and Topographic Evolution of Shield Volcanoes and Volcanic Ocean Islands." *Geophysical Monograph Series*, edited by Karen S. Harpp, Eric Mittelstaedt, Noémi d'Ozouville, David W. Graham, 185–213. Hoboken, New Jersey: John Wiley & Sons, Inc, 2014. https://doi.org/10.1002/9781118852538.ch10.

6   카우아이강의 침식률은 다음 논문에서 따왔다. Ferrier, Ken L., Kimberly L. Huppert, J. Taylor Perron. "Climatic Control of Bedrock River Incision." *Nature* 496, no. 7444 (April 10, 2013): 206–209. https://doi.org/10.1038/nature11982.

7   실제 실험실에서 행해진 실험의 과정과 결과는 다음 논문을 참조하라. Sklar, Leonard S., William E. Dietrich. "Sediment and Rock Strength Controls on River Incision into Bedrock." *Geology* 29, no. 12 (2001): 1087–1090.

8   비탈 흙의 나이에 대한 논의를 더 알고 싶다면 다음 논문이 시작점을 제공한다. Yoo, Kyungsoo, Simon Marius Mudd. "Discrepancy between Mineral Residence Time and Soil Age: Implications for the Interpretation of Chemical Weathering Rates." *Geology* 36, no. 1 (2008): 35–38.

9   고도를 따라 오르는 습한 공기가 비를 뿌리고 난 후에 도달하는 산의 반대편 건조한 지역을 비 그림자라고 한다.

10 여기서 다루는 내용을 자세히 보고 싶다면, 다음 두 논문을 보라. Vitousek, Peter M., Oliver A. Chadwick. "Pedogenic Thresholds and Soil Process Domains in Basalt-Derived Soils." *Ecosystems* 16, no. 8 (December 2013): 1379–95. https://doi.org/10.1007/s10021-013-9690-z. 그리고 Chadwick, Oliver A., Jon Chorover. "The Chemistry of Pedogenic Thresholds." *Geoderma* 100, no. 3–4 (May 2001): 321–353. https://doi.org/10.1016/S0016-7061(01)00027-1.

11 Jesse Bloom Bateman, Oliver A. Chadwick, and Peter M. Vitousek. "Quantitative Analysis of Pedogenic Thresholds and Domains in Volcanic Soils." *Ecosystems* 22, no. 7 (November 2019): 1633–1649.

https://doi.org/10.1007/s10021-019-00361-1.

9 흙의 숨

1   우리나라에서는 《마음챙김 명상과 자기치유》(학지사, 2017)라는 제목으로 번역 출간되었다.

2   이상기체 방정식에 대기압과 온도 그리고 한 번 내쉬는 공기의 부피를 넣어 계산한 값이다.

3   Pepper, I. L., M. L. Brusseau. "Physical-Chemical Characteristics of Soils and the Subsurface." *Environmental and Pollution Science*, 9–22. Elsevier, 2019. https://doi.org/10.1016/B978-0-12-814719-1.00002-1.

4   Wisconsin Department of Health Services. "Carbon Dioxide," January 2, 2018. https://www.dhs.wisconsin.gov/chemical/carbondioxide.htm.

5   "Shipyard Employment ETool 〉 Confined or Enclosed Spaces and Other Dangerous Atmospheres: Oxygen-Deficient or Oxygen-Enriched Atmospheres." https://www.osha.gov/SLTC/etools/shipyard/shiprepair/confinedspace/oxygendeficient.html (2021년 5월 6일 접속).

6   Martin Cheek, Eimear Nic Lughadha, Paul Kirk, Heather Lindon, Julia Carretero, Brian Looney, Brian Douglas, et al. "New Scientific Discoveries: Plants and Fungi." *Plants, People, Planet* 2, no. 5 (September 2020): 371–388. https://doi.org/10.1002/ppp3.10148.

7   Karl Ritz, Iain M. Young. "Interactions between Soil Structure and Fungi." *Mycologist* 18, no. 2 (May 2004): 52–59. https://doi.org/10.1017/S0269915X04002010.

8   1장 '똥'에서 질소 순환 관련 내용을 다루었다.

9   Stilianos Louca, Florent Mazel, Michael Doebeli, Laura Wegener Parfrey. "A Census-Based Estimate of Earth's Bacterial and Archaeal Diversity." Edited by Janet K. Jansson. *PLOS Biology* 17, no. 2 (February 4, 2019): e3000106. https://doi.org/10.1371/journal.pbio.3000106.

10 Yoo, K., Amundson, R., Heimsath, A. M., Dietrich, W. E. "Process-Based Model Linking Pocket Gopher (Thomomys Bottae) Activity to Sediment

Transport and Soil Thickness." *Geology* 2005, 33 (11), 917–920.

11 산소를 떼어내고 탄소만 따진다면 약 270그램이다.

12 Carbon Dioxide Emissions Coefficients by Fuel, US energy information administration. https://www.eia.gov/environment/emissions/co2_vol_mass.php(2021년 4월 22일 접속).

13 시시각각 늘어나는 세계 인구는 다음을 참조했다. https://www.worldometers.info/world-population/.

14 광합성으로 1년간 식물이 생산한 유기물의 양, 즉 한 해 동안 식물이 광합성한 탄소와 호흡으로 내보낸 탄소의 차이를 말한다. 지구 규모에서 식물의 몸무게가 늘지도 줄지도 않는 평형 상태에 있다면, 식물 총생산량은 흙으로 들어가는 죽은 식물 유기물의 총합이 된다.

15 Jonathan Sanderman, Tomislav Hengl, Gregory J. Fiske. "Soil Carbon Debt of 12,000 Years of Human Land Use." *Proceedings of the National Academy of Sciences* 114, no. 36 (September 5, 2017): 9575–9580. https://doi.org/10.1073/pnas.1706103114.

16 탄소 순환에 관해 쓸 때 성가신 문제 중 하나는 탄소의 양과 이산화탄소의 양을 구분하는 것이다. 논문에 따라 탄소량을 적을 때도 있고 이산화탄소량으로 보고할 때도 있다. 탄소량은 이산화탄소량의 12(탄소의 원자량)/44(이산화탄소의 분자량)이다.

17 3장 '쟁기'를 참조할 것.

18 질소 문제는 1장 '똥'에서 다루었다.

19 Poore, J., Nemecek, T. (2018). "Reducing food's environmental impacts through producers and consumers." *Science*, 360(6392), 987–992. 그리고 Crippa, M., Solazzo, E., Guizzardi, D. et al. "Food systems are responsible for a third of global anthropogenic GHG emissions." *Nature Food* (2021).

20 앞서 언급했듯, 기후변화의 주범인 화석연료를 태워 나오는 이산화탄소의 양이 2023년을 기준으로 368억 톤이다.

21 이 책의 1장 '똥' 그리고 3장 '쟁기'에서 다룬 새로운 농업의 과학들이 지향하는 것 또한 탄소중립의 농업이다.

22 Monroe, Robert. "The Keeling Curve." https://keelingcurve.ucsd.edu(2025년 3월 8일 접속).

10 땅

1 KBS 9시 뉴스, 1996년 9월 28일.
2 〈조선일보〉 1996년 11월 27일 자.
3 디지털진도문화대전. '인구' 항목(2020년 4월 17일 접속).
4 진도문화원,《보배섬 진도설화 3》, 진도문화원, 2018, 193쪽, 이계진 인터뷰.
5 진도문화원,《보배섬 진도설화 3》, 진도문화원, 2018, 323쪽, 박청 인터뷰.
6 〈흙의 숨: 진도 이야기〉, 2024, 감독 김대현, Indeline.

맺음말

1 '남해가천암수바위', 한국민속대백과사전. https://folkency.nfm.go.kr/topic/detail/1870(2025년 5월 11일 접속).
2 한국섬진흥원, https://www.kidi.re.kr/(2025년 5월 11일 접속).
3 '남해가천암수바위', 한국민속대백과사전.
4 같은 곳.
5 1장 '똥'에서도 이 민박집의 흙을 잠시 다루었다.
6 현령의 꿈에 대한 해석은 순전히 나의 토양학적 상상이다. 계단 논이 토양침식을 줄이기 위한 방편임은 잘 알려져 있으나, 다랭이 마을의 역사와 함께 토양침식을 다루는 정보는 찾지는 못했다.
7 마을 입구에 있는 안내문에 실려 있는 내용으로, 한국민족문화백과사전 또한 마을의 기원을 고려 시대 이전으로 잡았다. 김학범, '남해 가천마을 다랭이논(南海 加川마을 다랭이논)' 한국민족문화대백과사전, https://encykorea.aks.ac.kr/Article/E0069813(2025년 5월 11일 접속).

도판 출처

* 별도의 출처 표시가 없는 도판은 저자가 직접 생산한 것이다.

2-1 사마당라 아오 Samadangla Ao.

2-4 아래: 사마당라 아오.

3-1 위: The Metropolitan Museum of Art. Model of a Man Plowing (https://www.metmuseum.org/art/collection/search/544255) / 가운데: 폴 포터 Paul Porter / 아래: 부경근대사료연구소. 1912년 조선의 소를 이용한 밭갈이_쟁기질 (https://gongu.copyright.or.kr/gongu/wrt/wrt/view.do?wrtSn=13160352&menuNo=200026).

3-2 Brooklyn Museum. L'homme à la charrue (https://www.brooklynmuseum.org/ko-KR/objects/4473).

3-3 긁개 쟁기(위): 다음 책의 그림을 토대로 새로 그림. P. Fowler. *Farming in the First Millennium AD*, Cambridge University Press, UK (2002). 흙밀이 쟁기(아래): shutterstock.

3-4 구글 어스 Google Earth 화면 갈무리.

3-6 John Deere Plow. The Project Gutenberg EBook of John Deere's Steel Plow, by Edward C. Kendall (https://www.gutenberg.org/files/34562/34562-h/34562-h.htm#Fig_7).

4-1 한국민족문화대백과사전.

5-1 아래: 유신 먀오 Yuxin Miao.

5-4 아래: 에이드리언 워킷 Adrian Wackett.

5-6 Barak, P., and E. A. Nater. 2005. "The Virtual Museum of Minerals and Molecules: Molecular visualization in a virtual hands-on museum". J. Nat. Resour. Life Sci. Educ. 34:67-71.

5-8 L. terrestris earthworm egg cocoons. Clive A. Edwards, The Ohio State University, Columbus.

5-9　Mauricio Anton, Sedwick C.(2008) What Killed the Woolly Mammoth? PLoSBiol 6(4): e99(https://doi.org/10.1371/journal.pbio.0060099).

6-3　Captured Sioux Indians in fenced enclosure on Minnesota River below Fort Snelling. Bromley, Edward Augustus(https://www.mnhs.org/search/collections/record/18303a0b-4b64-48b6-a3cb-dec410680ef2?).

6-8　구글 어스 화면 갈무리.

6-9　다음 논문의 그림을 원지도에 포함, 변형하였다. Wilkinson, T. J., Rayne, L., & Jotheri, J. (2015). Hydraulic landscapes in Mesopotamia: the role of human niche construction. Water History, 7(4), 397-418.

7-4　김대현.

7-8　에이드리언 워킷 Adrian Wackett.

8-3　구글 어스 화면 갈무리.

8-4　류태욱.

8-5　구글 어스 화면 갈무리.

8-6　캐시 플라이슈트 Kathy Fleischut.

9-2　Credited to the Scripps Institution of Oceanography at UC San Diego.

10-2　위: 국토지리 정보원 국토 정보 플랫폼. 아래: 네이버 지도 위성 이미지 갈무리.

10-3　위: 김대현.

찾아보기

ㄱ

가문비나무 264, 265
〈가뭄으로 인한 농업피해액 계측 연구〉 161, 162
가천마을 384, 386, 391
감람석 408
건답 146, 163
걸리버, 존 195
계단논 88
공동의 집 391, 392
관개 128, 155, 161, 162, 166, 167, 231, 234-241, 245
관개수로 238-241, 245
광합성 48, 59, 146, 147, 155, 157, 184, 205, 208, 328, 333, 338, 340, 342-344
굽타, 사티시 166
균근 329-331, 333, 334
균사 329, 331, 336
그로스, 페터 91, 99
그로스만, 줄리 132, 134
근권 100, 334
긁개 쟁기 108, 113-116
길가메시 241
김동길 397
김병철 363, 377-383
김춘식 361, 362
김필주 86, 397, 402
김현경 35, 65

ㄴ

나갈랜드 24, 69-100, 107, 120, 123, 145
낚시 175-177, 207, 242, 258-263, 269-271, 274, 279, 283
낚시 허가 260
남세균 157
네팔 오리나무 95-97
노아 241
녹색혁명 54, 132, 133, 140, 164-169, 210, 243
논배미 385, 389
논벼 88, 145, 401
놈(알래스카) 275-278, 282
농업혁명 55, 112, 116
니콜스, 존 279
니푸르 75, 235, 238-241
니하우섬 302

ㄷ

다랭이 마을 37, 385-391
다루왕 146
다코타 사람 213, 215-218, 242, 245
대파법 153
대홍포 361, 362, 378, 380, 381
댐 23, 218, 224-227, 230, 243-245, 278, 406
덴드로바에나 옥타에드라(지렁이) 199, 268, 269
동히말라야 24, 27, 70, 94

두물머리 23, 211, 213, 214, 246
듀폰, 이레네 224
디어, 존 124, 125, 133
똥 수집가 37, 38

ㄹ

라당 73
라운드업 131
라이트 주니어, 허버트 에드거 174
라타산 303, 317
라포천, 벨라민 276
라플란드 27, 175, 203, 206, 266, 272, 273
램버튼실험농장 132
럼브리커스 테레스트리스(지렁이) 199
레이 73
록스트룀, 요한 62
루아텔레 분화구 303, 304
리드, 릴리안 273
리비히, 유스투스 폰 39
리치 호수 332

ㅁ

마르케스, 가브리엘 349
마블시드 400
마우나로아산 297, 301
마타누스카 빙하 181
마티아스 269, 270
말테우리 43
매머드 스텝 202-206, 208, 404
먀오, 유신 133
메소포타미아 118, 233-245
모세관 114, 149, 150, 152, 153, 231-233, 236, 237

몬샌토 131
몰로카이섬 297, 301
무거운 쟁기 114-119, 125, 133, 398
무경운 농법 63, 130, 131
무논 19, 80, 88, 94, 95, 139, 140, 145-160, 164-166, 378
물개구리밥 157
물방아 댐 224-227, 245
미네소타역사협회 105
미니애폴리스 183, 219-222, 259, 321
미툰 120-123
밀파 73

ㅂ

바령밧 43
바에즈, 조안 105
바이엘 131
박완서 56
반데르발스 힘 186
반왈레겜, 톰 24, 126-128
밭벼 80, 88, 95, 145, 401
《백 년 동안의 고독》 349, 355, 356
《보배섬 진도설화》 364
보슈, 카를 53
보존 화전 73
보존농업 131-133
보트니아만/보트니아해 177, 179, 264, 265
부영양화 54, 166
북유럽 농업혁명 116
브도트 213-218, 222, 242-246
브랜디와인강 24, 223, 224
브로델, 페르낭 160
비 그림자 234, 312, 314, 409

비옥한 초승달 지역 108, 234
빅아일랜드 296, 297, 300, 301, 303, 306, 307, 312, 313, 317, 408
빙하 22, 46, 57, 114, 135, 177, 179-182, 193-195, 197, 202-207, 218-222, 242, 248, 251, 253, 255, 257, 264, 279, 283
뿌리혹박테리아 332-334

ㅅ

《사람, 장소, 환대》 35
사미족 203, 204, 266-270, 273
사이크스, 데릭 275
사토시 이시 44, 332
산성화 62, 86, 87, 158, 159, 315
산성 토양 86, 87, 158, 159
산업혁명 112, 340
산체스, 페드로 93, 94
산화질소 55, 62, 85, 86, 157, 341
삼중결합 51, 52
삼투압 150
샤트 239, 240
설탕단풍나무 184, 250, 258, 259, 333
세인트앤서니 폭포 219, 222, 245
세인트폴 213, 219-221, 313
세인트피터 사암 220
수리안전답 146
수소결합 186
수풍녹시 91
수확 잠재력 135
순록 201-207, 266, 267, 270, 273
순록 캠프 203
순상화산 305, 306, 409
스넬링 요새 215-218, 243
스멕타이트 187, 188

스크립스해양학연구소 343
스페인 독감 276
시트나수악 원주민 275
식량농업기구(FAO) 100, 131
신문왕 37, 390
심수답 145
《쌀, 재난, 국가》 148, 162
써레질 150-157, 159, 169, 401

ㅇ

아나목스 394
아마존 62, 71, 72, 90, 219, 352
아민사스(지렁이) 280
아비멜렉 237, 238
아비스코 24, 182, 271-274, 283
아산화질소 55, 62, 341
아아 용암 298
아오, 사마당라 24, 28, 31, 74
아장목 373-376
아포렉토데아(지렁이) 277, 278
안달루시아 24, 125, 126, 128, 130
안승택 361
알루미늄 82, 87, 159, 187, 188, 299, 315
알피솔 114
암모늄 51, 53, 157, 158, 166
암모니아 48, 49, 53, 55, 95, 97, 331, 332
약탈 화전 73, 230, 405
얀탄, 마퉁 70
에드워드 1세 118
에딩턴, 아서 349
에릭슨, 존 195
에이커 117, 118
에티오피아 30, 108, 109, 118, 244, 397

역간척 380
열점 297, 298, 303, 307, 311
영속 농업 63
예도마 404
오리나무 95-97, 264, 265, 331
오리자 루피포곤(벼) 144, 145
오리자 사티바(벼) 144
오언스 호수 231
오지브웨족 279, 280
오터테일반도 195, 253, 255, 258, 259, 261, 262, 279
옥수수 50, 57, 106, 133-135, 143, 146, 149, 150, 158, 235, 332
올로프손, 요한 203, 267
올리버, 메리 289
올리버켈리농장 105
올리브 밭 129
와이즈먼 282
왜덕산 363-367
우르 243
운영분류단위(OTU) 333
워런(빙하강) 218-221, 242
워킷, 에이드리언 265
원심분리기 336
윌리엄펜 나무 228-230
유기농 22, 30, 63, 64, 85, 131-134, 136, 263, 378, 379, 383
유프라테스강 233-235, 243, 244
이누피아트 원주민 275
이로쿼이족 135
이문웅 30, 31, 152
이산화탄소 농도 22, 194, 202, 325, 326, 338-340, 343, 344
이성복 211

이슬지렁이 132, 198, 261-263, 269, 270, 400
이앙법 154, 162
이은진 373, 376
이중질소 51, 52, 55
이철승 148, 162
이타스카 182, 183
이힐, 클라우디아 275, 278, 282
인 45, 46, 82-86, 156, 158, 159, 165, 316
인디카(쌀 품종) 142, 144, 145
인분 36, 39, 40, 42, 43, 45, 56, 57

ㅈ

자포니카(쌀 품종) 142, 144, 145
작물-가축 통합 농업 63
장원 119
재생 농업 63
재야생화 203
쟁기질 13, 88, 104-109, 111-113, 115-118, 123, 125, 128-132, 134, 136, 152, 156, 228, 230, 341, 342, 389
쟁기질 없는 유기농 136
〈쟁기질하는 남자〉 113
쟁기-트랙터 시스템 125
적철석 354, 355
전경수 360, 381
점토 13, 54, 82, 106, 114, 124, 150-153, 177, 178, 187, 188, 194, 233, 236, 237, 306, 307, 309, 354, 387, 389
점핑웜 280, 284
정밀농업 133, 134
정원 가꾸기 259, 263, 279
정유재란 364
제임스, 새뮤얼 268

제초제　80, 92, 110, 111, 129-134, 341, 379
조광진　384, 386, 390
존디어 쟁기　124, 125, 133
줄레키　93
줌　73-81, 87-100
줌 달력　77-81
중력　44, 128, 149-153, 172, 180, 186-188, 208, 285, 310, 311, 326, 336, 387
《중세 기술과 사회 변화》 112
지렁이 고치　197, 198, 200, 208, 263
지에블렌　271-273
질산염　48, 51-55, 157, 166
질산화　87
질소고정　51-55, 95-97, 157, 158, 331
질소고정 박테리아　95, 96, 331
질소비료　48, 54, 56, 59, 62, 97, 135, 136, 157, 164-167, 169, 341
질소 순환　51, 53, 55, 60, 65, 157, 158, 402

ㅊ

참피나무　195, 250-253, 333
〈창세기〉　106, 107, 241
창키자, 사푸　91
채식주의　136
체쿠아메곤-니콜렛 국유림　257
층위　290, 291
치테메네　73
침철석　354, 355

ㅋ

카밧진, 존　321
카우아이섬　297, 301

카인진　73
켈트식 밭　116, 119
코할라산　313
코히마사이언스칼리지　69, 70, 74, 77, 120
콩고　72, 90
콩과작물　54, 95, 158, 331, 332
크리스토프 데 마제리호　282
클라민더, 조나탄　28, 174, 179, 206, 263
클라크, 아서　141, 154
클리텔리움　268, 280, 404

ㅌ

타비　73
타우섬　27, 303, 316
탄산염　194
탄산칼슘　191-193, 314, 315
탄소중립　21, 338, 340, 342, 345
템젠와방　69
토양 비옥도　18, 34, 39, 41-43, 57, 85, 90, 108, 159, 160, 166
토양 산성화　86, 87, 158, 159
토양 염화　235-238, 245
토양 호흡　320, 324-326, 329, 334-344
토양침식　60, 91-94, 126, 128, 135, 161, 228, 230, 243, 369, 389, 390
통기조직　147, 152, 155
툰드라　32, 203, 205, 275-278, 337
트랙터　77, 80, 105, 123-125, 128, 129, 134-136, 143, 150, 256
트윈시티스　24, 190, 219
티그리스강　233-235

ㅍ

파디엘란타 국립공원 204, 266, 270
파라콰트 130, 131
파인버그, 죠슈아 215
파호이호이 용암 298
〈판관기〉 237
펀자브 166-168
페어뱅크스 275, 278, 282, 284
〈평원을 깬 쟁기〉 124, 125
포켓고퍼 252, 335
포터, 폴 107, 108, 123
풀리바드제 야생생물보호구역 92
풍화 37, 46, 83, 85, 114, 165, 180, 192-194, 230, 246, 315, 387, 389
프렌치히, 리 28, 252, 258, 280
프륄리히, 존 125
플라테빌 석회암 220
플로이드, 조지 321
피드몬트 222, 224-228, 230, 245
피복 작물 63, 134
피시트랩 호수 277
피에이치(pH) 189-192, 315, 403
필그림 온천 274-278

ㅎ

하딩 빙하 181
하버, 프리츠 53
하버-보슈 공법 54
하와이 24, 295-315, 339, 343, 344
한강(작가) 23, 173, 403
한강 23, 24, 211, 213, 214, 223
한원식 152
해들리 순환 312
해리엇 호수 259
핵석(코어스톤) 387-391
행성경계 62, 395
헤이즈, 캣 215
혁신 19, 94, 97, 104, 112, 113, 116, 119, 124, 132-136, 144, 164
현무암 43, 298, 299, 301, 304-309, 311, 313, 314, 316, 317
혐기성 미생물 156
호기성 미생물 156
호미모 153
홀, 프랜시스 107
홀름봄, 요한 273
홀리 그레일 130, 132, 133
화염 361, 375
화이트, 린 112, 113, 398, 399
화학비료 39, 40, 48, 51, 54-60, 62, 63, 97, 105, 133, 135, 136, 157, 164-167, 169, 341, 342, 378, 379
후아이 용암지대 313
후진성 86, 87
흑운모 354, 355
흙밀이 쟁기 114, 115, 398
〈흙의 숨: 진도 이야기〉 29, 380
히말라야 24, 27, 69, 70, 75, 91, 92, 94, 120, 123, 144, 145, 167, 193, 194
히세, 네스탈루 92